三菱PLC机械电气控制及应用实例

陈继文　魏文胜　秦广久　等 编著

化学工业出版社

·北京·

全书主要介绍三菱 PLC（FX 系列）控制原理、编程、控制设计、应用实例等，以帮助从事工程技术人员利用 PLC 来进行机械电气控制系统设计及应用。主要包括：可编程控制器和电气技术基础，三菱 PLC 技术规格、特点和硬件结构，三菱 PLC 的基本指令系统，三菱 PLC 的编程工具，三菱 PLC 控制系统设计方法，三菱 PLC 步进指令，三菱 PLC 应用实例等。其中三菱 PLC 控制系统分析、设计方法是本书的特色之一，所选实例丰富、具有代表性，对实例的分析深入具体。

本书可供电气控制、机械设计的工程技术人员阅读，也可作为高等院校机械工程及其自动化、机械电子工程、智能制造工程、机器人工程及相关专业师生的参考书。

图书在版编目（CIP）数据

三菱 PLC 机械电气控制及应用实例/陈继文等编著. —北京：化学工业出版社，2020.5

ISBN 978-7-122-36221-6

Ⅰ. ①三… Ⅱ. ①陈… Ⅲ. ①可编程序控制器-电气控制系统 Ⅳ. ①TM571.61

中国版本图书馆 CIP 数据核字（2020）第 032316 号

责任编辑：张兴辉　　　　文字编辑：陈　喆
责任校对：王鹏飞　　　　装帧设计：王晓宇

出版发行：化学工业出版社（北京市东城区青年湖南街 13 号　邮政编码 100011）
印　　刷：三河市航远印刷有限公司
装　　订：三河市宇新装订厂
787mm×1092mm　1/16　印张 13½　字数 307 千字　　2020 年 7 月北京第 1 版第 1 次印刷

购书咨询：010-64518888　　　　售后服务：010-64518899
网　　址：http://www.cip.com.cn
凡购买本书，如有缺损质量问题，本社销售中心负责调换。

定　　价：79.00 元

前言

可编程逻辑控制器（Programmable Logic Controller，PLC），是在继电器控制技术、计算机技术、通信技术和大规模集成电路技术的基础上发展起来的一种新型工业自动化控制装置，已经形成了完整的工业产品系列。 PLC 以微处理器为核心，通过程序进行逻辑控制、定时、计数、算术运算、人机对话、网络通信等，并通过数字量和模拟量的输入/输出来控制机械设备或生产过程。 目前，PLC 技术已广泛应用于机械制造等行业，成为从事机械电气控制的研发人员必须掌握的一门专业技术。

本书从可编程逻辑控制器机械电气控制的实际情况出发，理论联系实际，实用性强，力求内容新颖、系统和详尽，原理介绍深入浅出，图文并茂，难易适度，便于自学和实践。

全书共分 7 章，主要内容包括：可编程控制器概述与电气技术基础，三菱 PLC 技术规格、特点和硬件结构，三菱 PLC 的基本指令系统，三菱 PLC 的编程工具，三菱 PLC 控制系统设计方法，三菱 PLC 步进指令，三菱 PLC 应用实例等。

本书可供从事电气控制、机械设计的工程技术人员阅读，也可作为高等院校机械工程及其自动化、机械电子工程、智能制造工程、机器人工程及相关专业师生的参考书。

本书由陈继文、魏文胜、秦广久、杨红娟、李丽编写。 感谢山东省绿色建筑协同创新中心、山东建筑大学机电工程学院、山东省绿色制造工艺及其智能装备工程技术研究中心、山东省起重机械健康智能诊断工程研究中心的支持。 本书在编写过程中，参阅了相关的文献资料成果，在此一并致谢。

由于编著者水平有限，书中难免有不足之处，恳请读者批评指正。

编著者

目录

第 1 章 可编程控制器概述与电气技术基础

可编程逻辑控制器是在继电器控制技术、计算机技术、通信技术和大规模集成电路技术的基础上逐渐发展起来的一种新型工业自动化控制装置。随着大规模、超大规模集成电路技术和数字通信技术的不断进步和发展，可编程逻辑控制器技术不断提高，在工业生产中得到了广泛应用。

1.1 可编程控制器的产生与发展

可编程控制器（Programmable Controller，PC）是由美国电气制造商协会（NEMA）命名的，但是为了与个人计算机（Personal Computer，PC）相区分，人们常把可编程控制器称为可编程逻辑控制器（Programmable Logic Controller，PLC）。它是以微处理器为基础，在传统的继电器控制技术基础上，整合了计算机技术、半导体集成技术、自动控制技术、数字技术和通信网络技术而发展起来的新型控制器。PLC 作为数字控制的专用计算机，可由用户编写程序进行逻辑控制、定时、计数和算术运算等操作，再通过数字量和模拟量的输入/输出来控制不同的执行器，从而实现工业的自动化生产过程。

1.1.1 PLC 的产生及定义

20 世纪 60 年代以前，对工业生产进行自动控制的装置是继电器-接触器控制系统。该系统存在一些缺点，例如，系统的能耗较多，噪声大，通用性、灵活性差，工艺流程的更新需要大量的人力、物力；系统通过各种硬件接线的逻辑控制来实现运行，导致机械触点较多，系统运行的可靠性较差，不具备现代工业控制所需的数据通信、网络控制等功能。20 世纪 60 年代以后，美国汽车制造业为适应市场需求不断更新汽车型号，及时改变相应的加工生产线。而汽车生产流水线大多数采用传统的继电器-接触器控制，因此整个系统必须重新设计和配置。随着汽车生产流水线的更换越来越频繁，原有的继电器-接触器控制系统经常需要重新设计安装，不但造成极大的浪费，而且新系统的接线也非常费时，导致汽车的设计生产周期延长。在这种情况下，使用传统的继电器-接触器控制就很不恰当。

1968 年，美国 GM（General Motors）公司首次公开招标，要求制造商为其装配线提供一种新型的通用程序控制器，并提出了著名的十项招标指标，即著名的“GM 十条”：①编程简单，可在现场修改程序；②系统的维护方便，采用插件式结构；③体积小于继电器控制柜；④可靠性高于继电器控制柜；⑤成本较低，在市场上可以与继电器控制柜竞争；⑥可将数据直接送入计算机；⑦可直接用交流 115V 输入（注：美国电网电压是 110V）；⑧输出采用交流 115V，可以直接驱动电磁阀、交流接触器等；⑨通用性强，扩展方便；⑩程序可以存储，存储器容量可以扩展到 4KB。

电子技术和电气控制技术是 PLC 出现的物质基础，“GM 十条”是 PLC 出现的技术要求基础，同样也是当今 PLC 最基本的功能。

1969 年，美国数字设备公司（DEC）根据这十项技术指标研制出了第一台 PLC——PDP-14，并成功地应用到 GM 公司的生产线上。第一台 PLC 采用计算机的初级语言编写应用程序，其 CPU 采用中、小规模集成电路组成，以逻辑运算为主，它实际上是一台专用的逻辑控制计算机。1971 年，日本引进此技术，并开始生产自己的 PLC。1973 年，欧洲一些国家也生产出自己的 PLC。1974 年，我国开始研究 PLC 技术，并在 1977 年研制出第一台具有实用价值的 PLC。

这一时期，PLC 大多数用在顺序控制中。随着半导体技术，特别是微型计算机技术的发展，到了 20 世纪 70 年代中期，PLC 普遍使用微处理器作为中央处理器，并且在外围的输入/输出（I/O）电路中逐渐使用了大规模和超大规模集成电路，这时的 PLC 不仅具有逻辑判断功能，还具备数据处理、PID（Proportion Integral Differential）调节和通信联网功能。

1987 年 2 月，国际电工委员会（IEC）发布的可编程控制器标准草案对 PLC 做了如下的定义：“可编程控制器是一种数字运算操作的电子系统，专为在工业环境下应用而设计。它采用了可编程序的存储器，用来在其内部存储程序，执行逻辑运算、顺序控制、定时、计数与算术运算操作等指令，并通过数字式和模拟式的输入和输出，控制各种类型的机械或生产过程。可编程控制器及其有关外围设备，都应按易于与工业控制系统联成一个整体，易于扩充其功能的原则设计。”

1.1.2 PLC 的发展

(1) PLC 的发展历程

PLC 产生至今，其发展大体经历了以下 4 个主要阶段。

① 1970—1980 年，PLC 结构定型阶段。在这一时期，由于 PLC 刚诞生，各种类型的顺序控制器不断出现（如逻辑电路型、1 位机型、通用计算机型、单板机型等），但都被迅速淘汰。最终以微处理器为核心的现有 PLC 结构形式得到了市场认可，并不断发展、推广。此阶段为 PLC 原理、结构、软件、硬件趋向统一与成熟的阶段，PLC 的应用领域也开始由最初的小范围逻辑控制、有选择使用，逐步开始向机床、生产线领域拓展。

② 1980—1990 年，PLC 普及与系列化阶段。在这一时期，PLC 的生产规模不断扩大，价格不断下降，PLC 迅速普及。各 PLC 生产厂家产品的规模、品种开始系列化，并且形成了固定 I/O 端子型、基本单元加扩展模块型、模块化结构型这三种延续至今的基本结构模式。PLC 的应用范围开始向顺序控制的全部领域拓展。这一阶段，三菱公司以最早的 F 系列 PLC 产品为主，包括了小、中、大型各种规格的产品。

③ 1990—2000 年，PLC 高性能与小型化阶段。在这一时期，随着工业电气自动化程

度的提高和微电子技术的发展，PLC 的功能日益完善，PLC 由单 CPU 转向多 CPU，16 位和 32 位微处理器被大量应用到 PLC 中，使其运算速度、图像显示和数据处理功能都大大增强。许多公司不但加强了对各种特殊控制功能模块的研制，而且加强了软件技术的开发，PLC 的体积也大幅度缩小，出现了各种类型的小型化、微型化 PLC。PLC 的应用范围也由单一的顺序控制向现场控制拓展。这一阶段，三菱公司的 PLC 产品开始从 F 系列向 FX 系列过渡，而后陆续推出了 Q/K 小、中、大型系列产品。

④ 2000 年至今，PLC 功能开发与网络化阶段。这一时期，为了适应信息技术的发展与工厂自动化的需要，PLC 的各种功能不断开发与完善。一方面，PLC 在不断提高 CPU 运算速度、位数的同时，开发了适用于过程控制、运动控制的特殊功能与模块，使 PLC 的应用范围开始涉及工业自动化的全部领域。另一方面，随着通信联网技术的发展，新通信协议的不断产生，PLC 的网络与通信功能迅速发展，PLC 不仅可以连接传统的编程与通用输入/输出设备，还可以通过各种总线构成网络系统，为工厂自动化奠定了基础。PLC 成为具有逻辑控制、过程控制、运动控制、数据处理和联网通信等功能的多功能控制器。这一阶段，三菱公司的 PLC 产品还是以 Q/K 系列为主要产品，但其性能在不断完善与进一步提高，并陆续有新的 CPU 模块推出。

(2) PLC 的发展趋势

从世界上第一台 PLC 诞生至今，PLC 技术得到迅速的发展。PLC 的应用领域从最初单一的逻辑控制发展到包括模拟量控制、数字控制及机器人控制等在内的各种工业控制场合，PLC 成为工业控制领域中最主要的基础自动化设备。PLC 的发展趋势主要表现为以下四个方面。

① 向微型化、网络化、开放性方向发展。微型化、网络化、开放性是 PLC 的主要发展方向。随着微电子技术的发展，新型器件的性能与功能的提高，PLC 的结构将更紧凑、更小巧，其功能更强，安装和操作使用更方便。随着 PLC 控制组态软件的进一步完善和发展，PLC 组态软件和 PC-based 控制系统的增强，金字塔结构的多级网络工业控制技术的成熟，要求计算机与 PLC 之间，以及各种 PLC 之间增强联网和通信能力，越来越多的 PLC 将具有以太网接口，使得 PLC 在网络化、开放性方面得到更大的发展。

② 向系列化、标准化、模块化方向发展。每个生产 PLC 的公司大多都有自己的系列化产品，同一系列的产品指令及使用向上兼容，来满足新机型的推广和使用。为了推动技术标准化的发展，一些国际性组织，如国际电工委员会（IEC），为 PLC 的发展制定了一些新的标准，如编程语言的标准化、网络通信功能标准化等。PLC 的编程语言主要有梯形图、功能块图和语句表等，但随着复杂的大规模的控制系统增加，这些语言难以满足控制要求。面向顺序控制的功能指令和面向过程控制系统的流程图语言，与计算机兼容的高级语言（如 BASIC、C 语言及汇编语言），还有专用的高级语言等不断出现，但各个生产厂家的 PLC 表达方式各不相同，不同品牌的 PLC 互不兼容，因此编程语言的标准化方面还有待改善，以此提高兼容性。由于目前各 PLC 生产公司的总线、扩展接口及通信功能是各自独立制定的，其通信协议往往是专用的，还没有一个统一的标准。在通信接口上，虽然大多数产品采用了标准化接口，但在通信功能上却是非标准化的。近年来，许多 PLC 生产厂家都在尽可能让产品与制造自动化协议（MAP）兼容，这将使不同机型的

PLC之间、PLC与计算机之间能方便地进行通信与联网，实现资源共享。因此，需要制定统一的、规范化的总线和标准化的PLC扩展接口。模块式结构使系统的构成更加灵活、方便，有助于主机通过通信设备向模块发布命令和测试状态，提升PLC的功能，简化控制系统设计。一般的PLC可分为主模块、扩展模块、I/O模块及各种高性能模块等，每种模块的体积都较小，相互连接方便，使用更简单，通用性更强。功能明确化、专用化的复杂功能由专门模块来完成，如一些厂家开发的专用智能PID控制群、智能模拟量I/O模块、智能位置控制模块、语音处理模块、专用数控模块、智能通信与计算模块等。这些模块本身带有CPU，能独立工作，在速度、精度、适应性、可靠性等各方面都对PLC做了极好的补充，有助于克服PLC扫描算法的局限，完成许多PLC本身无法完成的功能。总之，系列化、标准化、模块化是PLC今后发展的必然趋势。

③ 向高速度、大容量、高性能方面发展。大型PLC采用多微处理器系统。例如，有的采用了32位微处理器，可同时进行多任务操作，处理速度提高，存储容量大大增加。PLC的功能进一步加强，以适应各种控制需要，使计算、处理功能更强，特别是增强了过程控制和数据处理的功能。另外，PLC可以代替计算机进行管理、监控。智能I/O组件也将进一步发展，用来完成各种专门的任务（如位置控制、PID调节、远程通信等）。因此，高速度、大容量、高性能是PLC未来发展的重要方面。

④ 向自诊断、高容错性、高可靠性方面发展。根据分析，在可编程控制器的故障中，CPU板占5%，I/O接口单元占15%，传感器占45%，执行器占30%，接线占5%。除了前两项共20%的故障可由CPU本身的硬件、软件检测以外，其他的80%都不能通过自诊断查出。因此，各厂家都在开发专门用于检测外部故障的专用智能模块。国外一些主要的PLC生产厂家在其生产的PLC中增加了容错功能，如自动切换I/O、双机表决（当输出状态与PLC的逻辑状态相比较出错时，会自动断开该输出）、I/O三重表决（对I/O的状态进行软硬件表决，取两个相同的），来提高PLC控制系统的可靠性。

1.2 PLC的特点与功能

1.2.1 PLC的特点

PLC技术的快速发展，除了工业自动化的客观需求外，主要是由于它具有许多独特的优点。PLC是传统的继电器技术和现代的计算机技术相结合的产物。而在工业控制方面，PLC还具有继电器控制和计算机控制无法比拟的优点。

(1) 可靠性高，抗干扰能力强

可靠性高、抗干扰能力强是PLC最重要的特点之一。这主要是由于它采用了一系列特有的硬件和软件措施。

① 硬件方面。在输入/输出（Input/Output，I/O）通道采用光电隔离，有效地抑制了外部干扰源对PLC的影响；在设计中采用滤波器等电路增强PLC对电噪声、电源波动、振动、电磁波等干扰的滤除，确保PLC在高温、高湿及空气中存有各种强腐蚀物质粒子的恶劣工业环境下能稳定地工作；对于中央处理器（Central Processing Unit，CPU）

等重要部件，采用具有良好的导电、导磁性能的材料进行屏蔽，以减少电磁干扰；同时其内部还设置联锁、环境监测与诊断、看门狗（Watch Dog Timer，WDT）等电路，发生故障自动报警，防止系统发生死循环。

② 软件方面。PLC的监控定时器可用于监视执行用户程序的专用运算处理器的延迟，保证在程序出错和程序调试时，避免因程序错误而出现死循环；当CPU、电池、输入/输出接口、通信等出现异常时，PLC的自诊断功能可以检测到这些错误，并采取相应的措施，以防止故障扩大；停电时，后备电池会正常工作。

（2）应用灵活，编程方便

PLC的方便灵活性主要体现在以下两个方面。

① 编程的灵活性。PLC采用与实际电路非常接近的梯形图方式编程，广大电气技术人员非常了解，易于掌握，易于推广。对于企业中一般的电气技术人员和技术工人，也可以很容易地学会程序设计。这种面向生产、面向用户的编程方式，与常用的计算机语言相比更易于被用户接受，故梯形图被称为面向"蓝领的编程语言"，PLC也被称为"蓝领计算机"。

② 扩展的灵活性。PLC可以根据应用的规模进行容量、功能和应用范围的扩展，甚至可以通过与集散控制系统（DCS）、其他上位机或PLC等的通信来扩展功能，并与外围设备进行数据交换。

（3）功能完善，适用性强

目前PLC已形成了大、中、小各种规模的系列化产品，并将电控（逻辑控制）、电仪（过程控制）和电结（运动控制）三电集于一体，可以方便、灵活地组合成各种不同规模和要求的工业控制系统。PLC除了具有逻辑运算、算术运算、数制转换及顺序控制功能外，还具备模拟运算、显示、监控、打印及报表生成等功能，可用于各种数字控制领域。此外，PLC还具有较完善的自诊断、自测试功能。

近年来PLC的功能单元不断出现，使PLC渗透到了位置控制、温度控制、CNC等各种工业控制中。由于PLC通信功能的增强及人机界面技术的发展，使用PLC组成各种自动控制系统变得非常简单。PLC还具有强大的网络功能。它所具有的通信联网功能，使相同或不同厂家和类型的PLC可进行联网，并与上位机通信构成分布式控制系统，使其不仅能做到远程控制、PLC内部与上位机进行通信，还具备专线上网、无线上网等功能。这样，PLC就可以组成远程控制网络。

（4）易于安装、调试、维修

PLC用软件功能取代了继电器-接触器控制系统中大量的中间继电器、时间继电器、计数器等器件，大大减少了控制设备外部的接线。在安装时，由于PLC的I/O接口已经做好，可以直接和外围设备相连，而不再需要专门的接口电路，因此硬件安装上的工作量大幅减小。用户程序可以在实验室进行模拟调试，调试完成后再进行生产现场联机调试，使控制系统设计及建造的周期大为缩短。

PLC还能够通过各种方式直观地反映控制系统的运行状态，如内部工作状态、通信状态、I/O状态和电源状态等，非常有利于维护人员对系统的工作状态进行监视。另外，PLC的模块化结构可以使维护人员很方便地检查、更换故障模块，当控制功能改变时能及时更改系统的结构和配置。而且各种模块上均有运行状态和故障状态指示灯，便于用户了解运行情况和查找故障。一旦其中某个模块发生故障，用户可通过更换模块的办法，使系统迅速恢复运行。有些 PLC 还允许带电插拔 I/O 模块。

(5) 体积小、重量轻、能耗低

由于 PLC 是专为工业控制而设计的，其内部电路主要采用微电子技术设计，因此具有结构紧凑、体积小、重量轻的特点，易于装入机械设备内部，组成机电一体化的设备。同时，PLC 一般采用低压供电，硬件耗电少，与传统的继电器相比能耗更低。

1.2.2 PLC 的功能

PLC 作为工业控制的多功能控制器，不仅能满足一般工业控制需要，而且能适应工业控制的特殊控制要求，并可实现联网和通信控制。虽然不同类型 PLC 的性能、价格有差异，但其主要功能是相近的，如图 1-1 所示。

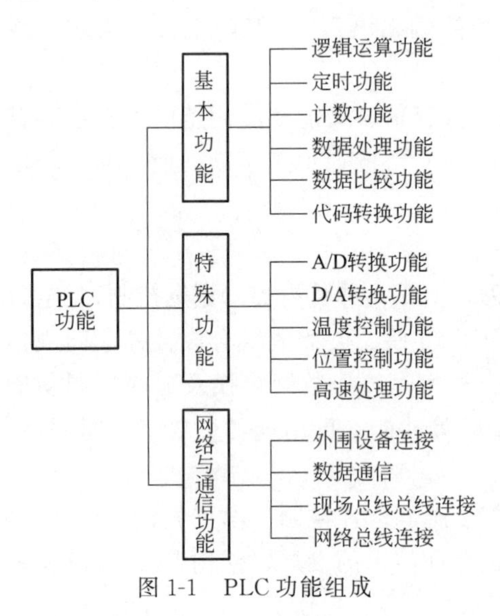

图 1-1　PLC 功能组成

① 基本功能。逻辑运算功能是 PLC 必备的基本功能。本质上说，它以计算机“位”运算为基础，按照程序的要求，对来自设备外围的按钮、行程开关、接触器触点等开关量（也称数字量）信号进行逻辑运算处理，并控制外围指示灯、电磁阀、接触器线圈的通断。

在早期的 PLC 上，顺序控制所需要的定时、计数功能需要通过定时模块与计数模块实现，但是，目前它已经成为 PLC 的基本功能之一。此外，逻辑控制中常用的代码转换、数据比较与处理等，也是 PLC 常用的基本功能。

② 特殊功能。PLC 的特殊控制功能包括模/数（A/D）转换、数/模（D/A）转换、温度控制、位置控制、高速处理等。这些特殊控制功能的实现一般需要 PLC 的特殊功能模块完成。

A/D 转换与 D/A 转换多用于过程控制或闭环调节系统。在 PLC 中，通过特殊的功能模块与功能指令，可以对过程中的温度、压力、流量、速度、位移、电压、电流等连续变化的物理量进行采样，并通过必要的运算（如 PID）实现闭环自动调节，也可以对这些物理量进行各种形式的显示。

位置控制一般通过对 PLC 的特殊应用指令的写入与状态的读取，对位置控制模块的位移量、速度、方向等进行控制。位置控制模块一般由位置给定指令脉冲的输出，指令脉冲再通过伺服驱动器或步进驱动器，驱动伺服电动机或步进电动机带动进给传动系统实现闭环位置控制。

高速处理功能一般通过 PLC 的特殊应用指令和高速处理模块（如高速计数、快速响应模块等）实现，PLC 通过高速处理命令的写入与状态的读取，对高速变化的位置、速度、流量等值进行处理控制。高速计数模块可以对几十千赫甚至上百千赫的脉冲进行计数处理，保证负载信息的及时处理。快速响应模块将输入量的变化较快地反映到输出量上。总之，PLC 的高速处理功能对变化快、脉冲宽度小于 PLC 扫描周期的输入/输出信号进行处理，避免丢失部分关键信号，从而影响控制过程的及时性和准确性。

③ 网络与通信功能。PLC 早期的通信一般仅局限于 PLC 与外围设备（编程器或编程计算机等）间的简单串行口通信。现代工业控制中的网络与通信已经是工业控制中的重要内容，随着工业信息技术的发展，现代 PLC 的通信不仅可以进行 PLC 与外围设备间的通信，而且可以在 PLC 与 PLC 间、PLC 与其他工业控制设备之间、PLC 与上位机之间、PLC 与工业网络间进行通信，并可以通过与现场总线、网络总线组成系统，从而使得 PLC 可以方便地进入工厂自动化系统。

1.3 PLC 的结构与分类

1.3.1 PLC 的结构

从硬件结构形式上可以将 PLC 分为整体式固定 I/O 型 PLC、基本单元加扩展型 PLC、模块式 PLC、集成式 PLC 和分布式 PLC 五种结构形式。

① 整体式固定 I/O 型 PLC。整体式固定 I/O 型 PLC 是一种整体结构、I/O 点数固定的小型 PLC（也称微型 PLC），如图 1-2 所示。整体式固定 I/O 型 PLC 的处理器、存储器、电源、输入/输出接口、通信接口等都安装在同一个机体内，I/O 点数比较固定，并且无 I/O 扩展模块接口。

整体式固定 I/O 型 PLC 的特点是结构紧凑、体积小、安装简单，适用于 I/O 控制要求固定、点数较少（10～30 点）的机电一体化设备或仪器的控制，价格相对便宜，性价比高。此类 PLC 一般可以安装少量的通信接口、显示单元、模拟量输入单元等微型功能选件，以增加必要的功能。

整体式固定 I/O 型 PLC 品种、规格较少，比较常用的有日本 MITSUBISHI（三菱）的 FX1S-10/14/20/30 系列等。

② 基本单元加扩展型 PLC。基本单元加扩展型 PLC 是一种由整体结构固定 I/O 点数的基本单元、可选择扩展 I/O 模块构成的小型 PLC，如图 1-3 所示。PLC 的处理器、存储器、电源、固定数量的输入/输出接口、通信接口等安装在同一个机体内，称为基本单元。通过其扩展接口，可以连接扩展 I/O 模块与功能模块，进行 I/O 点数与控制功能的扩展。

与整体式固定 I/O 型 PLC 相比，基本单元加扩展型 PLC 同样具有结构紧凑、体积小、安装简单的特点。但它可以根据设备的 I/O 点数与控制要求，增加 I/O 点或功能模块，因此，具有 I/O 点数可变与功能扩展容易的优点，可以灵活适应控制要求的变化。

基本单元加扩展型 PLC 与整体式固定 I/O 型 PLC 的主要区别在于：a. 基本单元加扩展型 PLC 的基本单元本身具有集成、固定点数的 I/O 点，基本单元可以独立使用；b. 基本单元、扩展模块自成单元，不需要安装基板或机架。因此，在控制要求变化时，可以在原基础上很方便地对 PLC 的配置进行改变；c. 可以使用功能模块，由于基本单元具有扩展接口，因此可以连接其他功能模块。

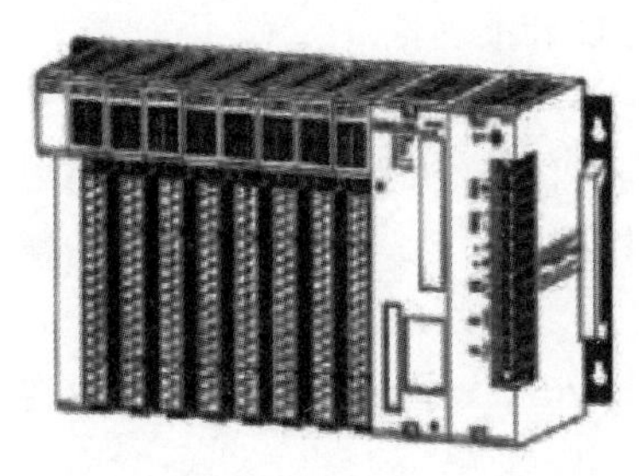
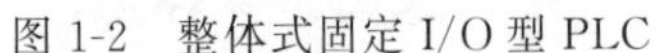

图 1-2　整体式固定 I/O 型 PLC

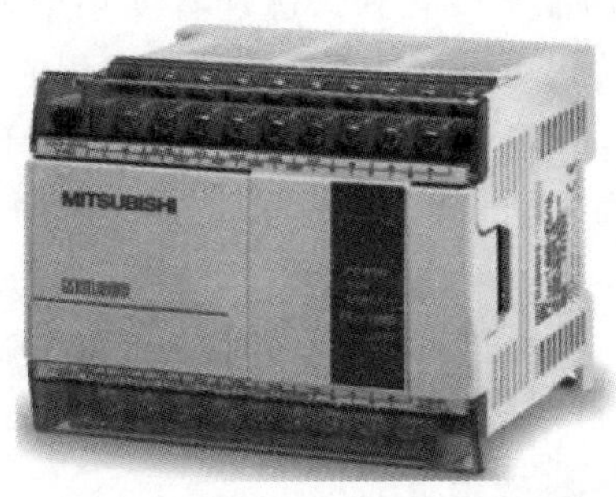

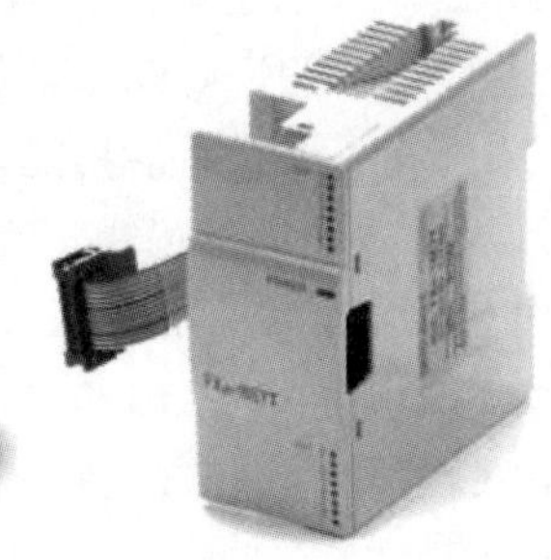

图 1-3　基本单元加扩展型 PLC

基本单元加扩展型 PLC 的最大 I/O 点数通常可以达到 256 点以上，功能模块的规格与品种也较多，有模拟量输入/输出、位置控制、温度测量与调节、网络通信等。

这类 PLC 在机电一体化产品中的实际用量最大，大部分生产厂家的小型 PLC 都采用了这种结构形式，如日本 MITSUBISHI（三菱）的 FX1N/FX1NC/FX2N/FX2NC/FX3UC 系列等。

③ 模块式 PLC。模块式 PLC 是大、中型 PLC 的常用结构，如图 1-4 所示。它通常需要使用统一的安装基板或机架，PLC 的部分或全部单元采用模块化安装的结构形式。专用的安装基板或机架除用于安装、固定各 PLC 组成模块外，通常还带有内部连接总线，各组成模块通过内部总线构成整体。模块式 PLC 的电源、中央处理器、输入/输出、通信等一般为独立的模块。在部分 PLC 上，也有将电源与中央处理器（包括存储器）、基板进行一体化的结构，但所有其他模块（I/O 模块与功能模块）均为独立安装。

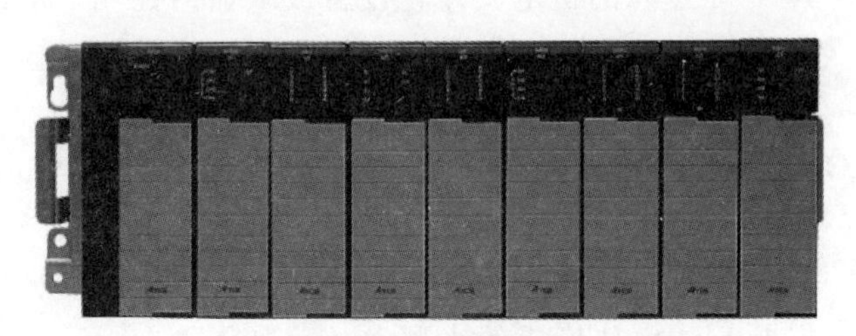

图 1-4　模块式 PLC

与整体式固定 I/O 型 PLC 及基本单元加扩展型 PLC 相比，模块式 PLC 的特点如下：a. 全部 PLC 的组成模块均可以自由选择，不受基本单元 I/O 的限制，PLC 的配置更灵活；b. 模块式 PLC 可以连接的 I/O 点数、功能模块数量众多，容易构成大、中型 PLC；c. 模块式 PLC 的 I/O 模块一般采用可拆卸的连接端，安装或更换模块时一般不需要接线，安装调试、故障诊断与维修方便，模块式 PLC 的 I/O 点一般可以达到 1024 点以上，可以连接各种开关量输入/输出、模拟量输入/输出、位置控制、温度测量与调节、网络通信等功能扩展模块。

此类 PLC 通常用于复杂机电一体化产品与自动线的控制，绝大部分生产厂家的大、中型 PLC 都采用了这种结构形式，如日本 MITSUBISHI（三菱）的 Q 系列等。

④ 集成式 PLC。集成式 PLC（也称内置式 PLC）一般作为数控装置（CNC）的功能补充，用于实现数控机床或其他数控设备的辅助机能控制，如刀具自动交换控制、工作台自动交换控制、冷却的开关控制、主轴的启动/正反转/停止控制、夹具的自动松/夹控制、自动上/下料控制等。

集成式 PLC 是一种 PLC 与 CNC（数控装置）集成一体的专用 PLC，通常无独立的电源与 CPU，一般不可以单独使用。

在大多数数控系统中，PLC 与 CNC 共用一个 CPU，如三菱的 M64S/E68/E60 系列数控系统、SIEMENS810 系列数控系统、802 系列数控系统、FANUC0 系列数控系统等。图 1-5 所示为集成式 PLC 的数控系统组成示意图。

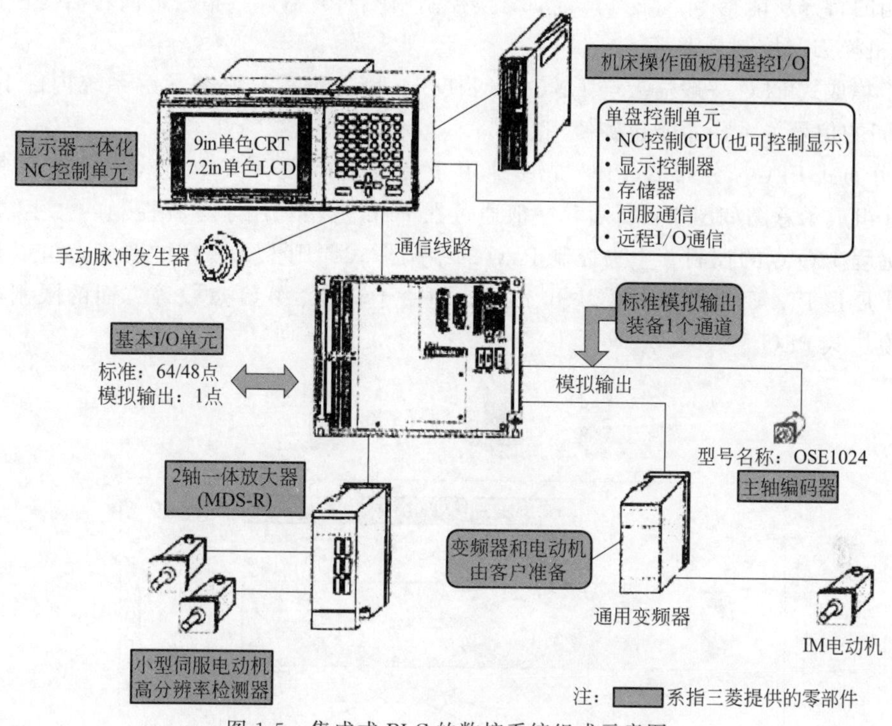

图 1-5 集成式 PLC 的数控系统组成示意图

当 PLC 与 CNC 共用 CPU 时，PLC 的输入/输出通常以 I/O 接口模块的形式安装在数控系统或机床上，I/O 模块与 CPU 通过总线连接，如三菱的 FCU6-HRC341/351 模块、SIEMENS802C 的 DI/O 模块、SIEMENS802D 的 PP72/48 模块、FANUC-0iC 的 I/O 模块均属于这种情况。采用这种结构时，PLC 接口模块一般为用途单一的开关量输入/输出模块（有时有少量的模拟量接口），单个模块的 I/O 点数通常较多，如 FANUC-0i I/O 模块为 96 点输入/64 点输出。但接口模块的规格较少，一般只有 1～2 种，并且 I/O 的点数与输入/输出的要求固定不变。当 I/O 点数不足时，需要增加 I/O 模块进行扩展，PLC 通常无特殊功能模块可以供选择。

在功能强大的数控系统中，PLC 也有单独使用 CPU 的场合，此类 PLC 具有独立的电源模块、CPU 模块、I/O 模块，整体结构与通用型模块式 PLC 相同，也可以作为独立 PLC 使用（此类情况不常见）。在有些 CNC 上，也有直接使用通用型 PLC 的情况。

使用单独 CPU 的集成式 PLC，一般通过特殊的接口模块与总线实现 CNC 与 PLC 间的数据交换。PLC 的其他组成部分均为模块化结构，与通用型 PLC 一样，单个 I/O 模块的控制点数较少，但可以安装的模块数较多，并且输入/输出要求可变，使用较灵活。集成式 PLC 的优点是可以随时通过 CNC 的操作面板进行程序编辑、调试与状态诊断，在部分系统中还可以进行梯形图的动态显示。

集成式 PLC 的使用方法与通用型 PLC 基本相同，但在 I/O 信号与内部继电器方面，具有地址固定的 CNC 与 PLC 间的内部传送信号；在指令系统方面，具备部分适合 CNC 机床控制的特殊功能指令，如刀具自动交换控制用的回转器计数指令、回转器捷径选择指令、“随机换刀”控制指令等。

由于集成式 PLC 一般需要与 CNC 同时使用，因此编程时必须了解系统内部 PLC 与 CNC 之间的信号关系，才能正确使用。

⑤ 分布式 PLC。分布式 PLC 是一种用于大型生产设备或生产线实现远程控制的 PLC，其组成示意图如图 1-6 所示，一般通过在 PLC 上增加用于远程控制的“主站模块”实现对远程 I/O 点的控制。中央控制 PLC 的结构形式原则上无规定的要求，可以是基本单元加扩展型 PLC，也可以是模块式 PLC，但由于功能、I/O 点数等方面的限制，常见的还是模块式 PLC。

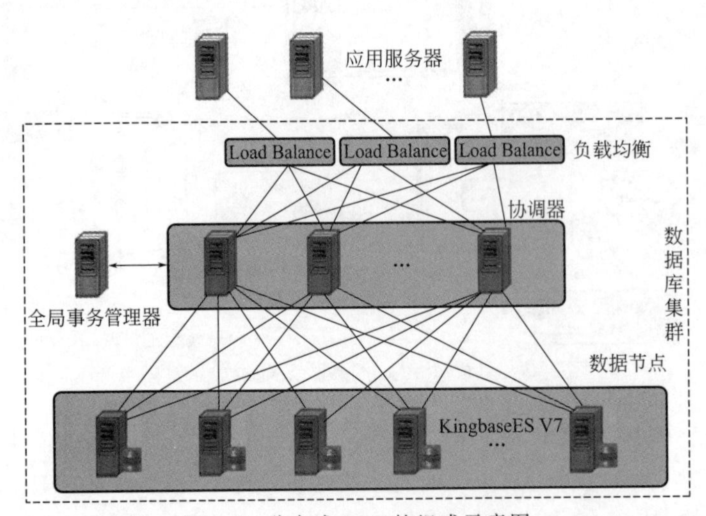

图 1-6　分布式 PLC 的组成示意图

分布式 PLC 的特点是各组成模块可以安装在不同的工作场所。例如，可以将 CPU、存储器、显示器等以中央控制（通常称为主站）的形式安装于控制室，将 I/O 模块（通常称为远程 I/O）与功能模块以“工作站”（通常称从站）的形式安装于生产现场的设备上。中央控制（主站）PLC 与“工作站”（从站）之间一般需要通过总线（如 MITSUBISHI 公司的 CC-Link 等）进行连接与通信，因此它事实上已经构成了简单的 PLC 与功能模块间的网络系统。

1.3.2 PLC 的分类

目前各个厂家生产的 PLC 品种、规格及功能各不相同，其分类也没有统一标准，这里仅按功能、I/O 点数和程序容量两种分类方法介绍，如表 1-1 和表 1-2 所示。

表 1-1 按功能分类

分类	主要功能	应用场合
低档机	具有逻辑运算、定时、计数、移位及自诊断、监控等基本功能，还可有少量模拟量输入/输出、算术运算、数据传送和比较、通信等功能	主要适用于开关量控制、逻辑控制、顺序控制、定时/计数控制及少量模拟量控制的场合
中档机	除具有低档机的功能外，还具有较强的模拟量输入/输出、算术运算、数据传送和比较、数制转换、远程 I/O、子程序调用、通信联网等功能。有些还具有中断控制、PID 控制等功能	适用于既有开关量又有模拟量的较为复杂的控制系统，如过程控制、位置控制等
高档机	除具有中档机的功能外，还具有较强的数据处理(如算术运算、矩阵运算、位逻辑运算、平方根运算)、模拟量调节、特殊功能函数运算、制表及表格传送、监控、智能控制及更强的通信联网功能等	可用于大规模过程控制或构成分布式网络控制系统，实现整个工厂自动化

表 1-2 按 I/O 点数和程序容量分类

分类	I/O 点数	程序容量	机型
超小型机	64 点以内	256～1000B	三菱公司的 FX1S、松下公司的 FP0 系列 PLC
小型机	64～256 点	1～3.6KB	三菱公司的 FX1N、FX2N 系列 PLC，西门子公司的 S7-200 (CPU224、CPU226)系列 PLC
中型机	256～2048 点	3.6～13KB	三菱公司的 A1S 系列 PLC，西门子公司的 S7-300 系列 PLC
大型机	2048 点以上	13KB	三菱公司的 A3N、Q06H 及以上系列 PLC，西门子公司的 S7-400 系列 PLC

注：以上分类并不严格，特别是市场上许多小型机已具有中、大型机功能，故列表仅供参考。

1.4 PLC 的编程语言

PLC 是专为工业控制而开发的装置，企业电气技术人员是主要使用者。为了适应他们的传统习惯和掌握能力，通常 PLC 不采用计算机编程语言，而采用面向控制过程、面向问题的“自然语言”编程。国际电工委员会（IEC）1994 年 5 月公布的 IEC 61131-3《可编程控制器语言标准》详细地说明了句法、语义和下述五种编程语言。

① 梯形图（LD）。

② 指令表语言（IL）。

③ 顺序功能图（SFC），也称为状态转移图。

④ 功能块图（FBD）。

⑤ 结构文本（ST）。

其中，梯形图（LD）和功能块图（FBD）为图形语言；指令表语言（IL）和结构文本（ST）为文字语言；顺序功能图（SFC）是一种结构块控制流程图语言。

目前已有越来越多的生产 PLC 的厂家提供符合 IEC 61131-3 标准的产品。有的厂家推出的在个人计算机上运行的“PLC 软件包”，也是按 IEC 61131-3 标准设计的。

1.4.1 梯形图

梯形图是使用最多的图形编程语言，其基本结构形式如图 1-7 所示。梯形图与继电器控制系统的电路图很相似，特别适用于开关量逻辑控制。梯形图常被称为电路或程序，梯形图的设计称为编程。梯形图由触点、线圈（主要指 Y、M 等继电器和辅助继电器）和应用指令等组成。线圈通常代表逻辑输出结果和输出标志位，触点代表逻辑输入条件。

(1) 梯形图编程的基本概念

① 能流。在梯形图中为了分析各个元器件间输入与输出的关系，就会假想一个概念电流，也称为能流（Power Flow），认为电流按照从左到右的方向流动，这一方向与执行用户顺序时的逻辑运算关系是一致的。在图 1-7 中，当 X001 与 X002 的触点接通，或者 M0 与 X002 的触点接通时，就会有一个假想的能流流过 Y000 的线圈，使线圈通电。利用能流这一概念，可以更好地理解和分析梯形图。能流只能从左向右流动，层次改变只能从上向下。

② 母线。梯形图两侧的垂直公共线称为母线（Busbar）。母线之间有能流从左向右流动。通常梯形图中的母线有左右两条，如图 1-7 所示。

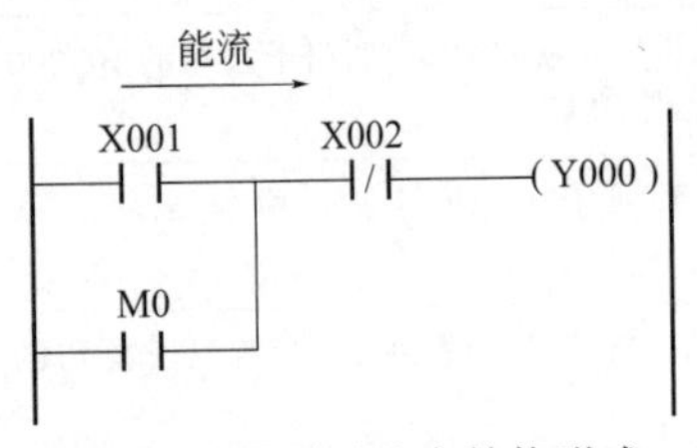

图 1-7 梯形图基本结构形式

③ 软触点。PLC 梯形图中的某些编程元件继续使用了继电器这一名称，如输入继电器、输出继电器、内部辅助继电器等，但是它们不是真实的物理继电器，而是一些存储单元，这些继电器的触点与 PLC 存储器中映像寄存器的存储单元一一对应，所以这些触点称为软触点。这些软触点的“1”或“0”状态代表着相应继电器触点或线圈的接通或断开。而且对于 PLC 内部的软触点，该存储单元如果为“1”状态，则表示梯形图中对应软继电器的线圈通电，其常开触点（┤├）接通，常闭触点（┤/├）断开。在继电器控制系统的接线中，触点的数目是有限的，而 PLC 内部的软触点的数目和使用次数是没有限制的，用户可以根据控制现场的具体要求在梯形图程序中多次使用同一软触点。触点与线圈在梯形图程序与动态检测中所代表的意义如表 1-3 所示。

表 1-3 触点与线圈在梯形图程序与动态检测中所代表的意义

符号	代表的意义	常用的地址
┤├	常开触点，未接通，存储单元为“0”状态	X、Y、M、T、C
┤▮├	常开触点，已接通，存储单元为“1”状态	X、Y、M、T、C
┤/├	常闭触点，未接通，存储单元为“1”状态	X、Y、M、T、C

续表

符号	代表的意义	常用的地址
─┤/├─	常闭触点，已接通，存储单元为“0”状态	X、Y、M、T、C
─( )	继电器线圈，未接通，存储单元为“0”状态	Y、M
─( )	继电器线圈，已接通，存储单元为“1”状态	Y、M

(2) 梯形图的特点

PLC的梯形图来自继电器逻辑控制系统的描述，并与电气控制系统梯形图的基本思想是一致的，只是在使用符号和表达方式上有一定区别。PLC程序设计中最常用的一种程序设计语言是用梯形图的图形符号来描述程序设计。这种程序设计语言采用因果关系来描述系统发生的条件和结果。其中每个梯级是一个因果关系。PLC的梯形图使用的内部辅助继电器、定时/计数器等，都是由软件实现的，它的最大优点是使用方便、修改灵活、形象、直观和实用。这是传统电气控制的继电器硬件接线不可比拟的。

关于梯形图的格式，一般有如下一些要求：每个梯形图网络由多个梯级组成；每个输出元素可构成一个梯级，每个梯级可有多个支路；通常每个支路可容纳 11 个编程元素；最右边的元素必须是输出元素；一个网络最多允许有 16 条支路。

梯形图有以下 8 个基本特点。

① PLC梯形图与电气操作原理图相对应，具有直观性和对应性，并与传统的继电器逻辑控制技术相一致。

② 梯形图中的“能流”不是实际意义的电流，而是“概念”电流，是用户程序运算中满足输出执行条件的形象表示方式，“能流”只能从左向右流动。

③ 梯形图中各编程元件所描述的常开触点和常闭触点可在编制用户程序时无限使用，不受次数的限制，既可常开又可常闭。

④ 梯形图格式中的继电器与物理继电器是不同的概念。在PLC中编程元件沿用了继电器这一名称，如输入继电器、输出继电器、内部辅助继电器等。对于PLC来说，其内部的继电器并不是实际存在的具有物理结构的继电器，而是指软件中的编程元件（软继电器）。编程元件中的每个软继电器触点都与PLC存储器中的一个存储单元相对应。因此，在应用时，需与原有继电器逻辑控制技术的有关概念区别对待。

⑤ 梯形图中输入继电器的状态只取决于对应的外部输入电路的通断状态，因此在梯形图中没有输入继电器的线圈。输出线圈只对应输出映像区的相应位，不能用该编程元件直接驱动现场机构，其状态必须通过I/O模板上对应的输出单元驱动现场执行机构执行最后的动作来改变。

⑥ 根据梯形图中各触点的状态和逻辑关系，可以求出与图中各线圈对应的编程元件的ON/OFF状态，称为梯形图的逻辑运算。逻辑运算按照梯形图中从上到下、从左至右的顺序进行。逻辑运算是根据输入映像寄存器中的值，而不是根据逻辑运算瞬时外部输入触点的状态来进行的。

⑦ 梯形图中的用户逻辑运算结果可被后面用户程序的逻辑运算所利用。

⑧ 梯形图与其他程序设计语言有一一对应关系，便于相互的转换和对程序的检查。

但对于较为复杂的控制系统，与顺序功能图等程序设计语言比较，梯形图的逻辑性描述还不够清楚。

(3) 梯形图设计规则

① 由于梯形图中的线圈和触点均为“软继电器”，因此同一标号的触点可以反复无限次使用，这也是PLC区别于传统控制的一大优势。

② 每个梯形图由多层逻辑行（梯级）组成，每层逻辑行起始于左母线，经过触点的各种连接，最后结束于线圈，不能将触点画在线圈的右边，只能在触点的右边接线圈，每一逻辑行实际代表一个逻辑方程。

③ 梯形图中的“输入触点”仅受外部信号控制，而不能由内部继电器的线圈将其接通或断开。所以在梯形图中只能出现“输入触点”，而不可能出现输入继电器的线圈。

④ 在几个串联回路相并联时，应将触点最多的那个串联回路放在梯形图的最上面。在几个并联回路相串联时，应将触点最多的并联回路放在梯形图的最左面。这种安排所编制的程序简洁明了，指令较少。

⑤ 触点应画在水平线上，不能画在垂直分支上。被画在垂直线上的触点，难以正确识别它与其他触点间的关系，也难以判断触点对输出线圈的控制方向。因此梯形图的书写顺序是自左至右、自上至下，CPU也按此顺序执行程序。

⑥ 梯形图中的触点可以任意串联、并联，但输出线圈只能并联，不能串联。

1.4.2 指令表语言

PLC的指令是一种与计算机的汇编语言中的指令相似的助记符表达式。语句表表达式与梯形图有一一对应的关系，指令（语句表）程序是由指令组成的。在用户程序存储器中，指令按步序号顺序排列。将图1-7所示梯形图程序用语句表编写如下：

```
1  LD  X001
2  OR  M0
3  ANI  X002
4  OUT  Y000
```

操作码和操作数组成了每一条语句表指令，操作数一般由标志符和地址码组成。在上面的语句表表达式中，操作码为LD、OR、ANI、OUT等；操作数为X001、X002、M0、Y000。其中，X、M、Y为操作数中的标志符；001、002等为操作数中的地址码。这一组指令语言应包括可编程控制器处理的所有功能。

1.4.3 顺序功能图

顺序功能图（状态转移图）是一种较新的编程方法，如图1-8所示。它将一个完整的控制过程分为若干阶段，各阶段具有不同的动作，阶段间有转换条件，转换条件满足才能实现阶段转移，上一阶段动作结束，下一阶段动作开始。它给出了一种组织程序的图形方法。在顺序功能图中可以用别的语言嵌套编程，顺序功能图中的三种主要元素是步、路径和转换。顺序功能图主要用来描述开关量顺序控制系统，根据它可以很容易地画出顺序控制梯形图程序。图1-8所示为顺序功能图的一个实例。图1-8(a) 所示为该任务示意图，要求控制电动机正反转，实现小车往返行驶，按钮 SB 控制电动机的启动和停止，SQ11、SQ12、SQ13 分别为三个限位开关，控制小车的行程位置；图 1-8(b) 所示是动作要求示意图；图 1-8(c) 所示是按照动作要求画出的流程图；图 1-8(d) 所示是将流程图中的符号改为 PLC 指定符号后的顺序功能流程图。可以看到整个程序完全按动作顺序编程，非常直观简便，思路很清晰，适合顺序控制的场合。

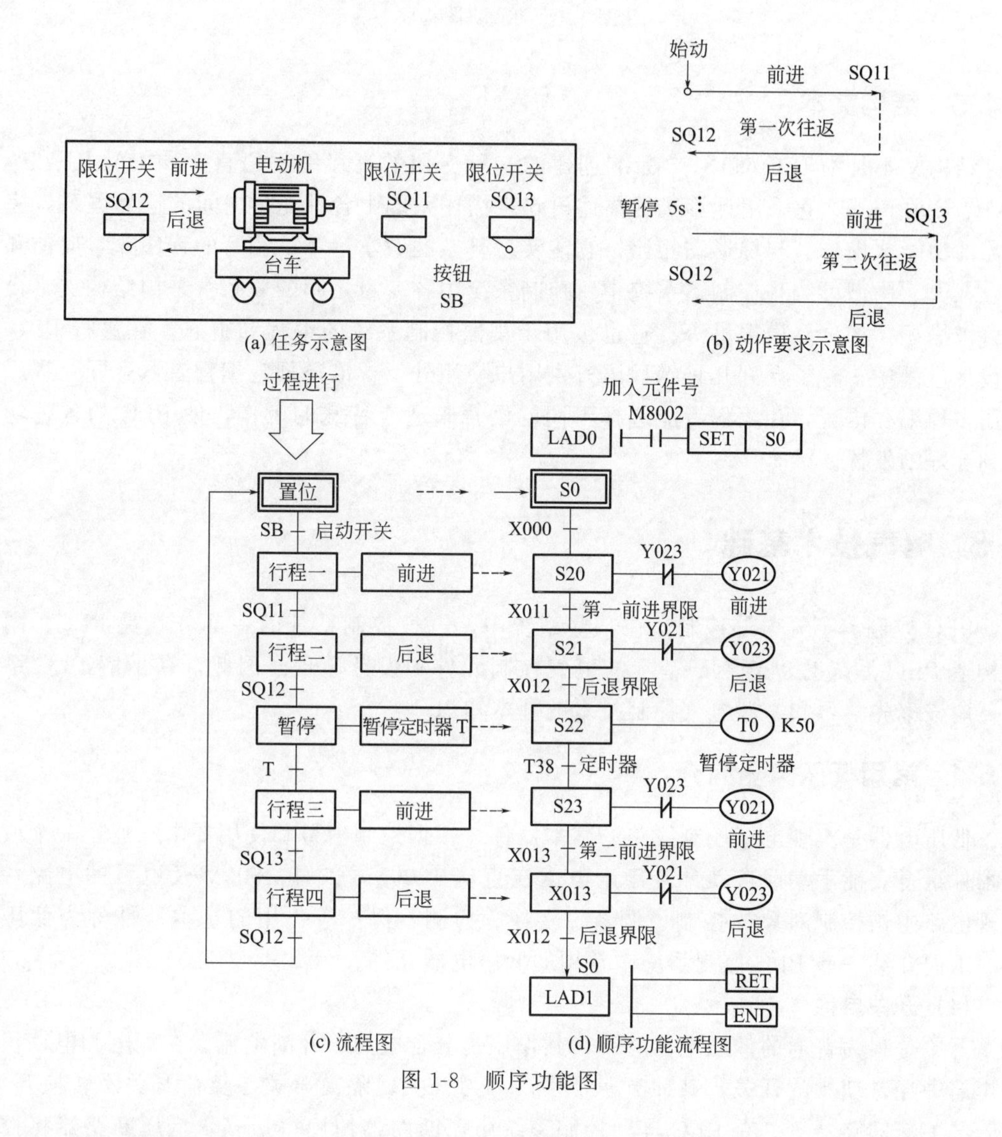

图 1-8　顺序功能图

1.4.4　功能块图

功能块图类似于数字逻辑门电路，它是 PLC 编程语言形式的一种，有数字电路基础的人很容易掌握。该编程语言用类似与门、或门的方框来表示逻辑运算关系。方框的左侧为逻辑运算的输入变量，右侧为输出变量。I/O 端的小圆圈表示“非”运算，方框被“导线”连接在一起，信号自左向右流动。功能块图程序如图 1-9 所示。

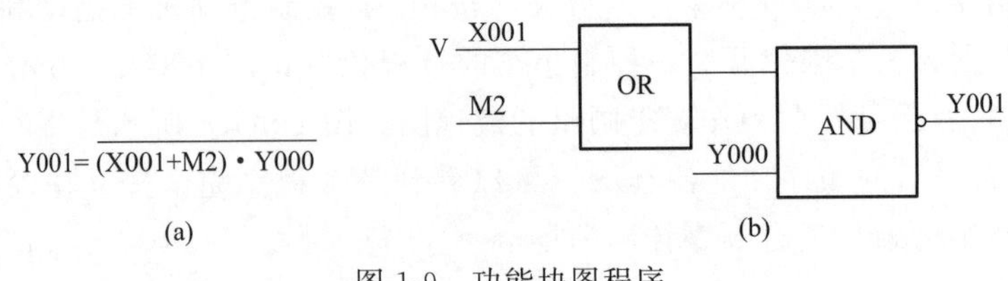

图 1-9　功能块图程序

1.4.5　结构文本

结构文本是为 IEC 61131-3 标准创建的一种专用的高级编程语言，如 BASIC、PASCAL、C 语言等。它采用计算机的描述语句来描述系统中各种变量之间的运算关系，完成所需的功能或操作。与梯形图相比，它能实现复杂的数学运算，编写的程序非常简洁和紧凑。在大、中型可编程控制器系统中，控制系统中各变量之间的关系常采用结构文本设计语言来描述，如一些模拟量等。它也被用于集散控制系统的编程和组态。在进行 PLC 程序设计过程中，除了允许几种编程语言供用户使用外，标准还规定编程者可在同一程序中使用多种编程语言，让编程者能选择不同的语言来适应特殊的工作，使 PLC 的各种功能得到更好的发挥。

1.5　电气技术基础

PLC 控制离不开电气控制。在某些系统中，电气控制系统的一部分就是 PLC，同时在构造 PLC 系统时也离不开基本的电气控制元件和设计原理。因此，在了解 PLC 系统时，应该率先学习和掌握电气控制技术的基本知识。

1.5.1　常用低压电器简介

低压电器是实现电气控制线路的基本器件。根据控制信号和使用要求，通过一个或多个器件组合，能手动或自动分合额定电压在直流 1200V、交流 1500V 及以下的电路，来实现电路中被控制对象的控制、调节、变换、检测、保护等作用的基本器件称为低压电器。下面介绍一些 PLC 控制系统中常用的低压电器元件。

(1) 开关电器

开关是最为普通的低压电器之一，其作用是分合电路、开断电流。在配电和电动机保护电路中经常使用的开关，其种类非常多，如刀开关、隔离开关、负荷开关、转换开关、组合开关、断路器等。在 PLC 自动控制系统中，断路器使用得最多。低压断路器将控制电器和保护电器的功能合为一体，是既有手动开关作用，又能进行自动失压、欠压、过载和短路保护的电器，得到极为普遍的应用，可用来分配电能、不频繁地启动异步电动机、对电动机及电源线路进行保护。当线路发生严重过载、短路或欠电压等故障时，断路器会自动切断电源，相当于熔断式断路与过流、过压、过热继电器等的组合，而且在分断故障电流后，一般不需要更换零部件。断路器的种类是非常多的，如真空断路器、框架断路器、塑壳断路器等。如图 1-10 所示为几种常见的断路器形式。在电路图中断路器的图形和文字符号如图 1-11 所示。

图 1-10　几种常见的断路器形式

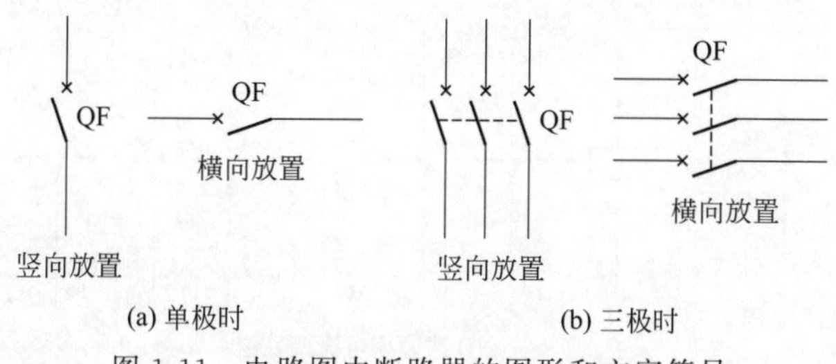

图 1-11　电路图中断路器的图形和文字符号

(2) 接触器

接触器是一种用来自动接通或断开大电流电路的电器。它可以频繁地接通或分断交直流负载电路，并可实现中远距离控制。电动机是主要控制对象，也可用于电热设备、电焊机、电容器组等设备。它还具有低电压释放保护功能，并具有控制容量大、过载能力强、寿命长、设备简单、经济等特点。接触器按操作方式分为电磁接触器、气动接触器和电磁气动接触器；按灭弧介质分为空气电磁接触器、油浸式接触器和真空接触器等。最常用的是按照主触点连接回路的形式来划分，即将接触器分为交流接触器和直流接触器两大类，在生产中应用最多的是电磁交流接触器。接触器一般由电磁线圈、衔铁，以及和衔铁相连的触点组成。图 1-12 所示是常见的交流接触器外形图。在交流接触器上一般要有主触点端子、辅助触点端子和线圈端子，其多少根据具体应用选择。

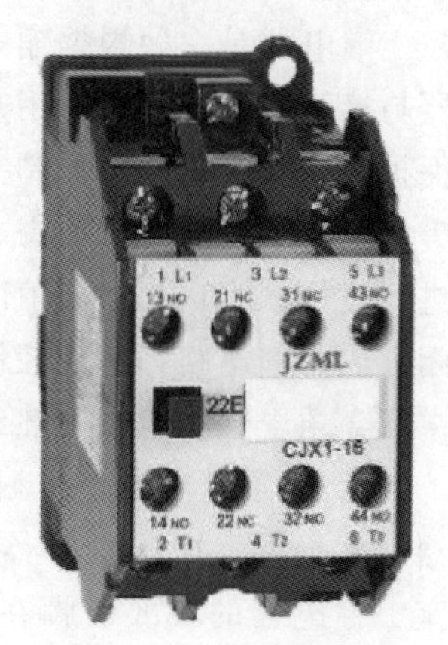

图 1-12　交流接触器外形图

接触器的图形符号如图 1-13 所示。图 1-13(a) 所示为其线圈；图 1-13(b)、(c) 所示分别为其常开和常闭主触点；图 1-13(d)、(e) 所示分别为其常开和常闭辅助触点，并分别标有相同的文字符号 KM，而辅助触点在实际电气控制线路中可能与主触点分开置于图中不同位置，读图时依靠其文字符号识别。

对于一个接触器，如果有 3 对主触点和 4 对辅助触点，则其中辅助触点有两对常开触点和两对常闭触点。在线圈无电流流过或复位状态，以及线圈有电流流过时，接触器主/辅助触点的状态分别如图 1-13(f)、(g) 所示。

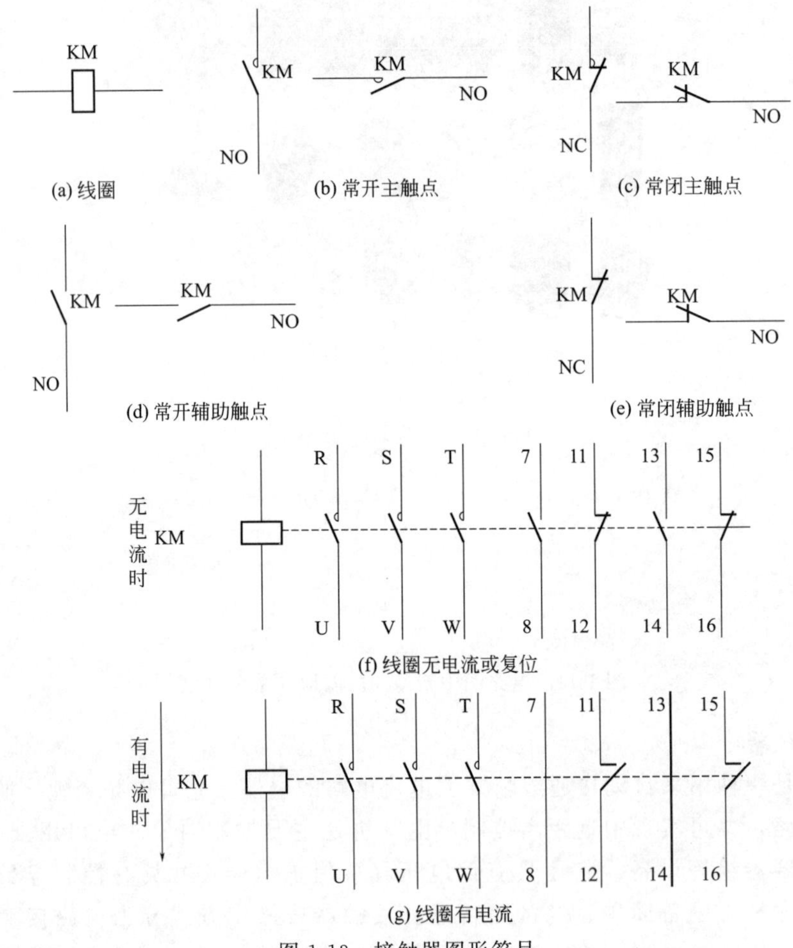

图 1-13　接触器图形符号

(3) 继电器

继电器是一种根据输入信号的变化接通和断开控制电路，达到控制目的的电器。继电器与接触器不同，不能用来直接接通和分断大电流负载电路，而主要用于电动机或线路的保护及生产过程顺序控制。一般来说，继电器通过测量环节输入外部信号（如电压、电流等电量，或者温度、压力、速度等非电量）并传递给中间机构，将它与整定值（设定值）进行比较，当达到整定值时（过量或欠量），中间机构就使执行机构产生输出动作，从而闭合或分断电路，达到控制电路的目的。在控制系统中，使用最多的是电磁继电器。这里主要介绍电磁继电器、热继电器和时间继电器等。

① 电磁继电器。电磁继电器中最常用的是中间继电器，如图 1-14 所示是电磁继电器的外形图。电磁继电器的结构与电磁接触器相似，同时这种继电器一般配有端子插座，继电器的底部引脚在插座上都有对应的端子。其与外部电路连接时，通过端子接线连接。

图 1-14　电磁继电器的外形图

电磁继电器的图形符号和文字符号如图 1-15 所示。其特点是触点数量较多（可达 8 对），触点容量较大（5～10A），动作灵敏，在电路中起增加触点数量和触点容量放大的作用。

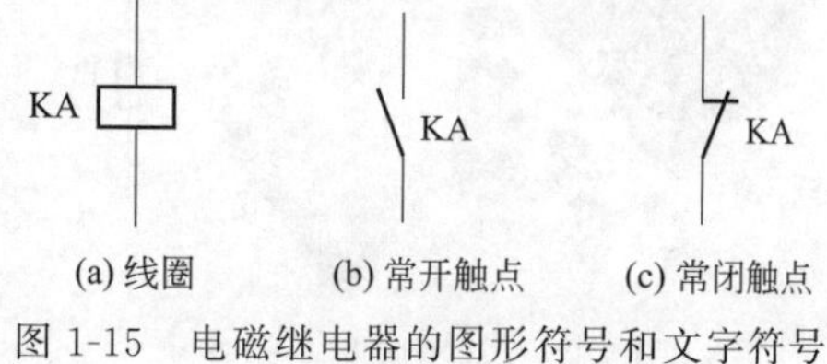

图 1-15　电磁继电器的图形符号和文字符号

② 热继电器。热继电器常用于交流电动机的过载保护。热继电器在电路中不能做瞬时过载保护，更不能做短路保护。热继电器通常和接触器组合使用。图 1-16 所示是热继电器外形图。图 1-17 所示是热继电器的图形符号和文字符号。

图 1-16　热继电器外形图

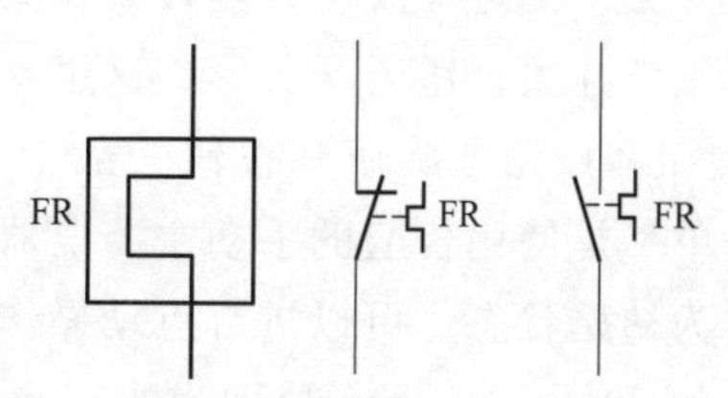

图 1-17　热继电器的图形符号和文字符号

图 1-18　时间继电器外形

③ 时间继电器。从线圈通电或断电开始，要一定的延时后触点状态才发生变化的继电器，叫作时间继电器。时间继电器可分为通电延时型继电器和断电延时型继电器。对于通电延时型继电器，当线圈通电后要延迟一定时间，触点状态才发生变化；而当线圈断电时，触点瞬时复原。对于断电延时型继电器，当线圈通电时，触点瞬时产生状态变化；而当线圈断电后，延迟一定的时间，触点状态才复原。时间继电器种类很多，常用的有电磁式、空气阻尼式、电动式和电子式等。图 1-18 所示为时间继电器的外形

图，图 1-19 所示是时间继电器的文字与图形符号。

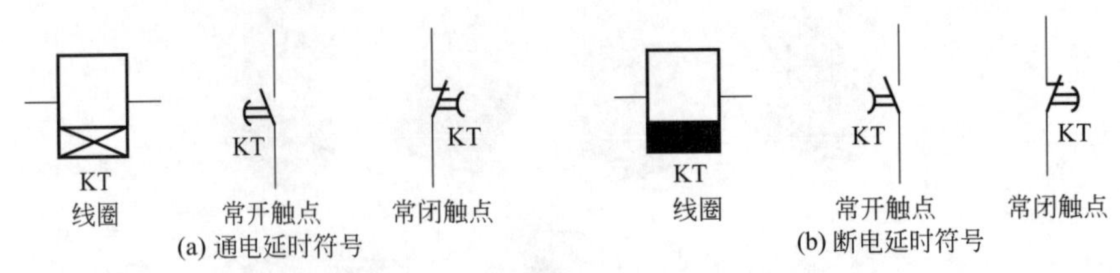

图 1-19　时间继电器的文字与图形符号

(4) 熔断器

熔断器的主要作用是为电气设备及电线电缆提供过载与短路保护。图 1-20 所示是常用熔断器的外形图及图形符号。在电气控制中应用熔断器的场合如下：①小型断路器或塑壳式断路器进线的后备保护；②在可能出现短时过载和短路的电动机回路中担负保护任务；③开关电器，如接触器和电动机启动器的短路保护。熔断器使用时要考虑额定电压、额定电流、极限分断能力和熔断电流等参数。

图 1-20　常用熔断器的外形图及图形符号

(5) 主令电器

主令电器用来闭合和断开控制电路，用以控制电气设备的启动、停车、制动及调速等。在控制电路中，由于它是一种专门发布命令的电器，所以称主令电器。主令电器可直接或通过电磁式电器间接作用于控制电路。主令电器不允许分合主电路。主令电器常用的有控制按钮、行程开关、接近开关、万能转换开关、主令控制器及其他主令电器，如脚踏开关、倒顺开关、紧急开关、钮子开关等。这里主要介绍旋钮、按钮和行程开关。

① 旋钮和按钮。旋钮和按钮一般由触点座和钮头组成，用于接通或断开控制回路，其结构简单，是使用普遍的手动主令电器。按钮一般具有自动复位功能，在操作后，触点自动恢复为初始状态，可以进行点动操作。旋钮一般具有机械自锁装置，可以保持操作状态。图 1-21 和图 1-22 所示分别为按钮和旋钮的外形图。图 1-23 和图 1-24 所示分别是按钮和旋钮的图形符号。旋钮和按钮的文字符号用 SB 表示。

图 1-21　按钮外形图

图 1-22　旋钮外形图

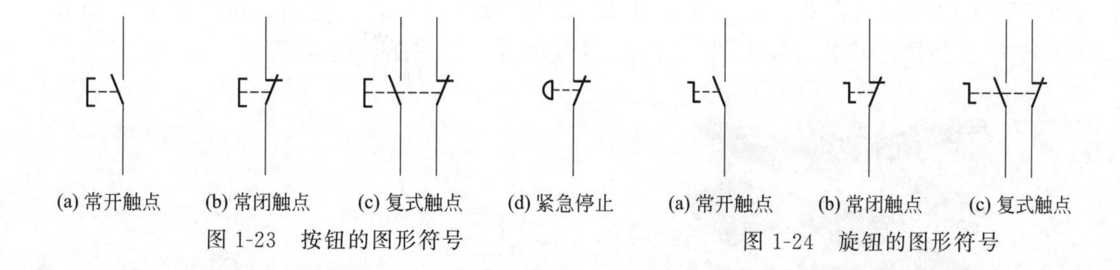

图 1-23　按钮的图形符号　　图 1-24　旋钮的图形符号

为便于识别各个按钮的作用，避免误操作，通常在按钮上做出不同标志或涂以不同颜色，常用的标志颜色有红、绿、黄、蓝、黑、白、灰等。按钮颜色的选用应注意以下几点。

a. 红色按钮用于“停止”“断电”或“事故”。

b. 绿色按钮优先用于“启动”或“通电”，但也允许选用黑、白或灰色按钮。

c. 一钮双用的“启动”与“停止”或“通电”与“断电”，即交替按压后改变功能的，不能用红色按钮，也不能用绿色按钮，而应用黑、白或灰色按钮。

d. 按压时启动，抬起时停止启动（如点动、微动），应用黑、白、灰或绿色按钮，最好是黑色按钮，而不能用红色按钮。

e. 用于单一复位功能的，用蓝、黑、白或灰色按钮。

f. 同时有“复位”“停止”与“断电”功能的用红色按钮。灯光按钮不得用作“事故”按钮。

② 行程开关。依照机械运动部件的行程发出命令以控制其运动方向或行程长短的主令电器，叫作行程开关。若将行程开关安装于运动部件的行程终点处以限制其行程，则叫限位开关。因此，行程开关也称限位开关。按运动形式的不同，行程开关可分为直动式、微动式、滚轮式等。按信号的触发方式可分为接触式和非接触式两种。

a. 接触式行程开关。接触式行程开关简称行程开关，其工作原理与按钮相同，所不同的是信号的触发方式。它不像控制按钮那样需要用手按压，而是利用机械运动部件的碰压使触点动作，从而发出控制指令的主令电器。图 1-25 所示为常见接触式行程开关的外形图，图 1-26 所示为行程开关的图形符号。

图 1-25　常见接触式行程开关的外形图　　图 1-26　行程开关的图形符号

b. 非接触式行程开关。接近开关又称无触点行程开关，它除可以完成行程控制和限位保护外，还是一种非接触型的检测装置，用于检测零件尺寸和测速等，也可用于变频计数器、变频脉冲发生器、液面控制和加工程序的自动衔接等。其特点是工作可靠、寿命长、功耗低、复定位精度高、操作频率高，以及适应恶劣的工作环境等。接近开关可以分为有源和无源两种，多数为有源型，主要包括检测元件、放大电路、输出驱动三部分。图 1-27 所示为接近开关的外形图，图 1-28 所示为接近开关的图形符号。

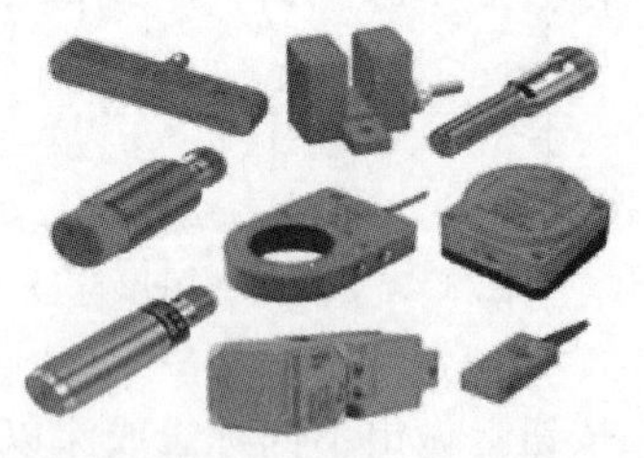
图 1-27　接近开关的外形图

图 1-28　接近开关的图形符号

非接触式行程开关可以分为涡流式接近开关、电容式接近开关、霍尔接近开关、光电式接近开关、热释电式接近开关。无论选用哪种接近开关，都应注意对工作电压、负载电流、响应频率、检测距离等各项指标的要求。

1.5.2　电气控制线路的绘图规则

电气控制系统是由许多电器元件按照一定要求连接而成的，以实现对设备的电气自动控制。为了便于对控制系统进行设计、分析研究、安装调试、使用和维修，需要将电器控制系统中各电器元件及相互连接关系，用国家规定的统一符号、文字和图形表示出来。这种图就是电气控制系统图。依据简单、清晰的原则，原理图采用电器元件展开的形式绘制。电气控制系统图一般有 3 种：电气原理图、电器位置图、电气互联图。下面着重介绍电气原理图的绘制。

(1) 电气原理图的绘制原则

绘制电气原理图时应遵循以下原则。

① 各个电器元件和部件在控制电路中的位置，应该便于阅读，同一电器元件的各个部件可以不画在一起。

② 同样的电器部件都用规定的图形符号表示，并在图形符号附近用文字符号标注它们属于哪个电器。

③ 图中电器元件触点的开闭，均以没有受到外力作用或线圈未通电时触点的状态为准，二进制元件应是置零时的状态。

④ 绘制电气原理图的图幅可按机械制图的图号，根据需要选用。如果需要加长的图纸，应采用加长图纸，如 A3×3（420×891）、A4×5（297×1051）。

⑤ 主电路的电源电路一般绘制成水平线，受电的动力装置（电动机）及其保护电器支路用垂直线绘制在图的左侧，控制电路用垂直线绘制在图的右侧。耗能元件（如线圈、电磁铁、信号灯等）应直接连接在接地或下方的水平电源线上，控制触点连接在上方水平线与耗能元件之间。

⑥ 为了便于检索分析、安装、维修调整和寻找故障，电器元件接线端均用标记编号，主电路图上用回路标号，辅助电路的电气连接线用数字编号。号码从左向右，从上到下，每经过一个元件改变一个号，依次编排，不能缺号，也不能重号。

⑦ 线路平行排列，各分支电路基本上按动作顺序由左向右排列，导线交叉的电气连接处用圆黑点或圆圈标明。

⑧ 用导线直接连接的互联端子，因其电位相同，故应采用相同的线号，互联端子的符号应与器件端子的符号有所区别。

⑨ 无论主电路还是辅助电路，各元件一般应按动作顺序从上到下、自左至右依次排列。

⑩ 原理图上各电路的安排应便于分析、维修和寻找故障，功能相关的电器元件应绘制在一起，使它们之间关系明确。

⑪ 原理图应注出下列数据或说明：a. 各电源电路的电压值、极性、频率及相数；b. 某些元器件的特性（如电阻、电容器的数值等）；c. 不常用的电器（如位置传感器、手动触点、电磁阀或气动阀、定时器等）的操作方法和功能。

⑫ 原理图中有直接电联系的交叉导线连接点，用实心圆点表示，无直接电联系的交叉点，则不画圆点。

⑬ 对非电气控制和人工操作的电器，必须在原理图上以对应的图形符号表示其操作方式及工作状态。由同一机构操作的触点，应用机械连杆符号表示其联动关系。各个触点的运动方向和状态必须与操作件动作方向协调一致。

⑭ 对与电气控制有关的机、液、气等装置，应用符号绘出简图，以表示其关系。

（2）图面区域划分

为了便于检索电气线路和阅读电气原理图，应将图面划分为若干区域。图区的编号一般写在图的下部。图 1-29 所示是笼式电动机启动、停止电路。图面划分为了 6 个图区。

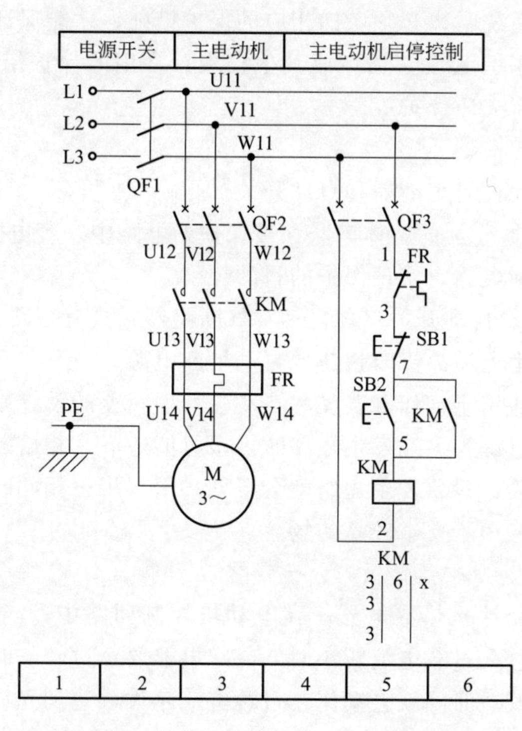

图 1-29　笼式电动机启动、停止电路

图的上方设有用途栏，用文字注明该栏对应的下面电路或元件的功能，以利于理解原理图各部分的工作原理。

(3) 符号位置索引

由于接触器、继电器的线圈和触点在电气原理图中没有画在一起，而触点分布在图中所需的各个图区，为了方便读图，在接触器、继电器线圈的下方画出其触点的索引表。

对于接触器，索引表中各栏含义如图 1-30 所示。

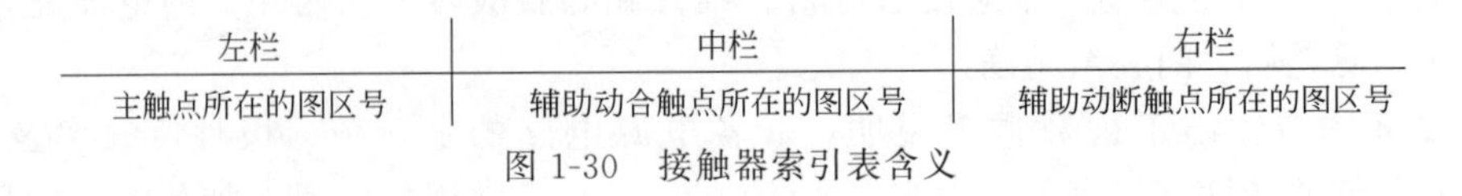

左栏	中栏	右栏
主触点所在的图区号	辅助动合触点所在的图区号	辅助动断触点所在的图区号

图 1-30　接触器索引表含义

对于继电器，索引表中各栏含义如图 1-31 所示。

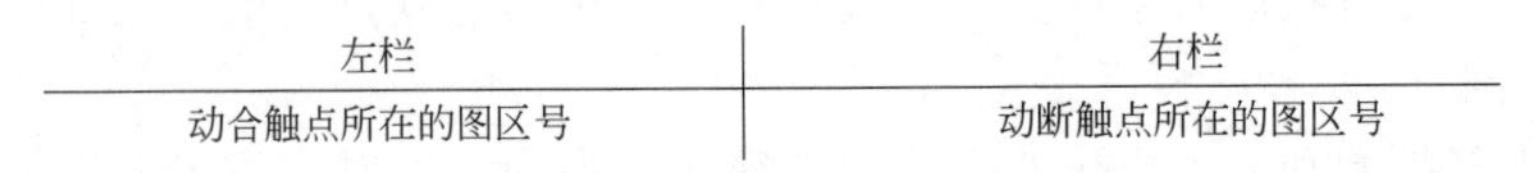

左栏	右栏
动合触点所在的图区号	动断触点所在的图区号

图 1-31　继电器索引表含义

例如，在图 1-29 中，接触器 KM 的索引表，表示接触器 KM 有 3 对主触点均在 3 图区内；1 对辅助动合触点在 6 图区内，没有使用辅助动断触点。“x”表示没有使用辅助动断触点，有时也可以采用省去“x”的表示法。

1.5.3　电气控制线路的保护类型

在设计电气控制系统时，必须考虑相应的保护措施，才能保证设备在某些非正常状态或故障发生时，不至于引起设备损坏或其他损失。常用的保护措施有短路保护，过载保护，过流保护，零压、欠压保护等。

(1) 短路保护

常用的短路保护元件有熔断器和自动开关。

① 熔断器保护。熔断器的熔体串联在被保护的电路中，若电路发生短路或严重过载，它自动熔断，从而切断电路，实现保护的目的。

② 自动开关保护。自动开关又称自动空气断路器，具有短路、过载和欠压保护作用，这种开关能在线路产生上述故障时快速地自动切断电源。

通常熔断器比较适用于动作准确度和自动化程序较差的系统中，如小容量的笼型电动机、一般的普通交流电源等。在发生短路时，很可能造成一相熔断器熔断，从而造成单相运行，但对于自动开关，只要发生短路就会自动跳闸，将三相同时切断。自动开关结构复杂，操作频率低，普遍用于要求较高的场合。

(2) 过载保护

常用的过载保护元件是热继电器。在电动机控制回路中，当电动机工作在额定电流时，热继电器不动作；在过载电流较小时，热继电器要经过较长时间才动作；过载电流较大时，热继电器经过较短时间就会动作。过载电流越大，达到允许温升的时间就越短。由于热继电器具有热惯性，热继电器不会受电动机适时过载冲击电流或短路电流的影响而瞬时动作，所以在使用热继电器作过载保护的同时，必须设有短路保护，并且选作短路保护的熔断器熔体的额定电流不应超过热继电器发热元件额定电流的4倍。

(3) 过流保护

过流保护普遍用于直流电动机或绕线转子异步电动机。对于三相笼型电动机，由于其短时过电流不会产生严重后果，因此不采用过流保护而采用短路保护。

过电流大多数是由不正确的启动和过大的负载转矩引起的，一般比短路电流要小。在电动机运行中产生过电流要比发生短路的可能性更大，特别是在频繁正反转启制动的重复短时工作制动的电动机中。直流电动机和绕线转子异步电动机线路中过电流继电器也起着短路保护的作用，一般过电流动作时的强度值为启动电流的11.2倍左右。

(4) 零压、欠压保护

当电动机正在运行时，如果电源电压因某种原因消失，那么在电源电压恢复时，电动机将自动启动，这就可能造成生产设备的损坏，甚至造成人身事故。对电网来说，许多电动机及其他用电设备自行启动也会引起不允许的过电流及瞬间电压下降。为了防止电压恢复时电动机自行启动的保护叫零压保护。

当电动机正常运转时，电源电压过分地降低将引起一些电气触点释放，造成控制线路不正常工作，可能产生事故。电源电压过分地降低也会引起电动机转速下降甚至停转。因此需要在电源电压降到一定允许值以下时将电源切断，这就是欠压保护。

一般常用电压继电器实现欠压保护。如图1-32所示，电压继电器KZ起零压保护作用，在该线路中，当电源电压过低或消失时，电压继电器KZ就要释放，因为此时主令控制器SA不在零位（SA0未闭合），所以在电压恢复时，KZ不会通电动作，接触器KM1或KM2就不能通电动作。若使电动机重新启动，必须先将主令开关SA打回零位，使触点SA0闭合，KZ通电动作并自锁，然后将SA打向正向或反向位置，电动机才能启动，

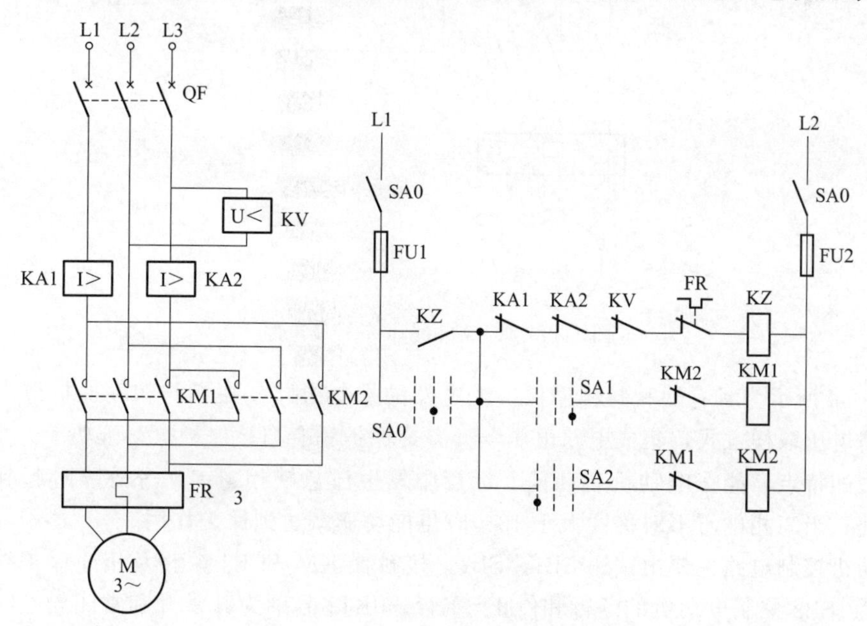

图1-32　电动机控制线路及常用保护

这样就通过 KZ 继电器实现了零压保护。此外，在图 1-32 中使用的电动机常用保护线路还有短路保护——熔断器 FU，过载保护（热保护）——热继电器 FR，过流保护——过流继电器 KA1、KA2，零压保护——电压继电器 KZ，低压保护——欠电压继电器 KV，互锁保护——通过正向接触器 KM1 与反向接触器 KM2 的常闭触点实现。

（5）其他保护

在控制电路中缺相或相序错误均可影响电动机的正常运行，甚至造成设备损坏。电动机缺相运行时容易导致烧毁，所以，在控制电路中增加缺相保护对电动机的正常运行是很有好处的。图 1-33 所示为具有缺相保护的控制电路。该电路中有断路器 QF、热继电器 FU、启动按钮开关 SB1、停止按钮开关 SB2、热继电器 FR 及其触点、中间继电器 KA1、交流接触器 KM 等。当合上开关 QF，按下 SB1 启动开关后，KA1 线圈得电吸合，其常开触点闭合后自锁，交流接触器 KM 线圈得电也吸合，电动机得电。如果 L1 相或 L2 相因故障缺相，则 KM 线圈失电，其主触点使电动机电源断开，电动机停止运转；若 L3 相缺相，则中间继电器 KA1 线圈失电，其闭合的常开触点使接触器 KM 线圈失电，同样使电动机停止运转，也起到缺相保护作用。

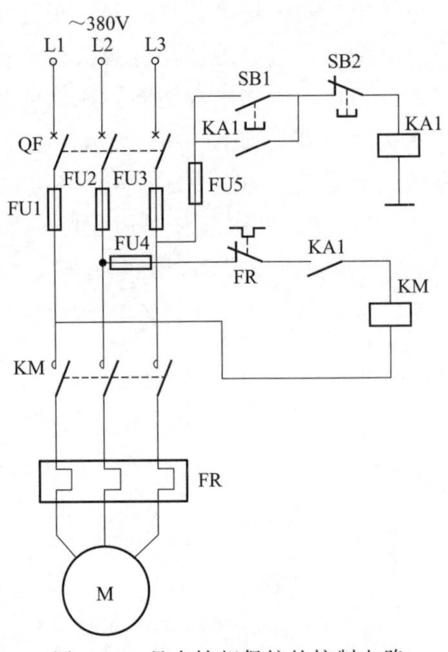

图 1-33　具有缺相保护的控制电路

图 1-34 所示为具有缺相与相序保护继电器的控制电路。缺相与相序保护继电器采用集成电路电压取样方式，集成电路电压取样方式保护具有与被保护电动机功率大小、电流等级无关的特点，能在电动机启动前、运行中发生任意缺相、错相等故障时起到保护作用。此外，当三相电压不对称度大于 13%时也能动作，达到保护作用。

电动机控制电路主要由按钮 SB1、SB2，接触器 KM 和 KJ 缺相及相序保护继电器组成，SB1、SB2 控制电动机的运行和停止，KJ1 和 KJ2 分别为其常开和常闭触点。电源正常时继电器 KJ 处于吸合状态，若电动机在运行时由于某种原因缺相，KJ 立即释放，KJ1

断开，接触器 KM 释放，切断电动机电源，从而起到保护电动机的作用。同时 KJ2 接通，指示灯 HL亮，蜂鸣器 HA 响。在电动机启动前电源若有缺相、错相等不正常情况，保护电路也可防止电动机启动，并能报警提示。

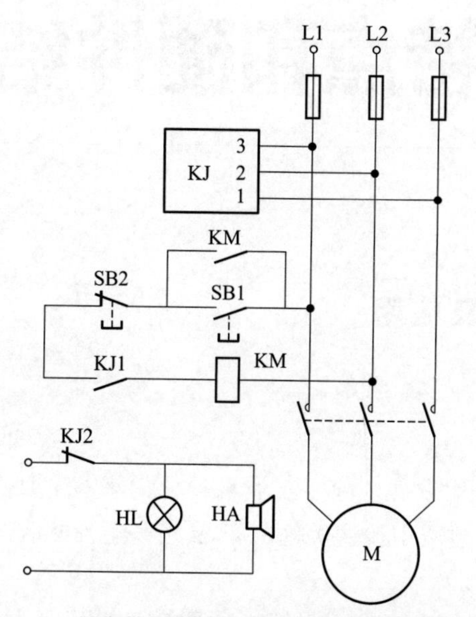

图 1-34　具有缺相与相序保护继电器的控制电路

第2章 三菱PLC技术规格、特点和硬件结构

2.1 PLC的特点及应用

2.1.1 PLC的特点

PLC之所以如此迅速地发展，除了工业自动化的客观需要外，还有许多独特的优点。它较好地解决了工业控制领域中普遍关注的可靠、安全、灵活、方便、经济等问题。其主要特点如下。

① 可靠性高，抗干扰能力强。可靠性指的是PLC平均无故障工作时间。因为PLC采取了一系列硬件和软件抗干扰措施，具有很强的抗干扰能力，平均无故障工作时间达到数万小时以上，可以直接用于有强烈干扰的工业生产现场。PLC已被用户公认为是最可靠的工业控制设备之一，主要有这样几方面：

a. 输入、输出均采用光电隔离，提高了抗干扰能力；

b. 主机的输入电源与输出电源均可相互独立，减少了电源间干扰；

c. 采用循环扫描工作方式，提高抗干扰能力；

d. 内部采用“监视器电路”，有良好的自诊断功能，以保证CPU可靠地工作；

e. 采用密封防尘抗震的外壳封装及内部结构，可适应恶劣环境；

f. 在软件方面，增加故障检测和程序诊断等措施。

② 控制功能强。一台小型PLC内有成百上千个可供用户使用的编程元件，可以实现非常复杂的控制功能。与相同功能的继电器系统相比，它具有很高的性价比。PLC可以通过通信联网，实现分散控制与集中管理。

③ 用户使用方便。PLC产品已经标准化、系列化、模块化，配备有品种齐全的各种硬件装置供用户选用，用户能灵活方便地进行系统配置，组成不同功能、不同规模的系统。PLC的安装接线也很方便，有较强的带负载能力，可以直接驱动一般的电磁阀和交流接触器。硬件配置确定后，可进行在线修改，柔性好，通过修改用户程序，可以方便快速地适应工艺条件的变化。

④ 编程方便、简单。梯形图是PLC使用最多的编程语言，其电路符号、表达方式与继电器电路原理图相似。梯形图语言形象、直观、简单、易学，了解继电器电路图的电气技术人员只要花几天时间就可以了解梯形图语言，并用来编制用户程序。

⑤ 设计、安装、调试周期短。PLC用软件功能代替了继电器控制系统中大量的中间继电器、时间继电器、计数器等器件，使控制柜的设计、安装、接线工作量大大减少，缩短了施工周期。PLC的用户程序可以在实验室模拟调试，模拟调试好后再将PLC控制系统在生产现场进行安装和接线，在现场的统一调试过程中发现的问题一般通过修改程序就可以解决，大大缩短了设计和投运周期。

⑥ 容易实现机电一体化。PLC体积小、重量轻、功耗低、抗震防潮和耐热能力强，使之容易安装在机器设备内部，制造出机电一体化产品。目前以PLC作为控制器的计算机数控装置（CNC）和机器人装置已成为典型。

2.1.2 PLC的应用

目前，PLC在国内外普遍应用于钢铁、石油、化工、建材、机械制造、汽车、轻纺、交通运输、环保及文化娱乐等各个行业。随着PLC性价比的不断提高，其应用范围越来越大，主要有以下几个方面。

① 逻辑控制。逻辑控制是PLC最基本的应用，它可以取代传统的继电器控制装置，如机床电气控制、各种电动机控制等，也可以取代顺序控制，如高炉上料、电梯控制、货物存取、运输、检测等。其可实现组合逻辑控制、定时逻辑控制和顺序逻辑控制等功能。PLC的逻辑控制功能相当完善，可以用于单机控制，也可以用于多机群控制及自动生产线控制，其应用领域已遍及各行各业。

② 运动控制。运动控制是指使用专用的运动控制模块，可对直线运动或圆周运动的位置、速度和加速度进行控制，实现单轴、双轴和多轴位置控制，并使运动控制和顺序控制功能有机结合在一起。PLC的运动控制功能可用于金属切削机床、金属成型机械、机器人、电梯等各种机械设备上，可方便地实现机械设备的自动化控制，如PLC与计算机数控装置（CNC）组合成一体，构成先进的数控机床。

③ 闭环过程控制。闭环过程控制是指对温度、压力和流量等模拟量的闭环控制，PLC通过模拟量I/O模块、数据处理和数据运算等功能，实现对模拟量的闭环控制。

PID调节是一般闭环控制系统中用得较多的调节方法。现代大、中型PLC一般都有PID闭环控制功能，这一功能可以用PID子程序或专用的PID模块来实现，可用于冶金、化工、热处理炉、锅炉、塑料挤压成型机等设备的控制。

④ 数据处理。现代PLC具有数学运算、数据移位、传送、比较、转换、排序和查表等功能，可以完成数据的采集、分析和处理。数据处理功能一般用在大、中型控制系统中，如无人柔性制造系统、机器人控制系统，也可用于过程控制系统，如造纸、冶金、食品加工中的一些大型控制系统。

⑤ 通信联网。PLC通信包括主机与远程I/O之间的通信、多台PLC之间的通信和PLC与其他智能设备（如计算机、变频器、数控装置等）之间的通信，利用PLC和计算机的RS-232和RS-422接口、PLC专用通信模块，用双绞线和同轴电缆或光缆将它们联成网络，可实现相互间的信息交换，构成"集中管理，分散控制"的多级分布式控制系统，建立工厂的自动化网络。目前，大部分的PLC都具有与计算机通信的能力。

并不是所有的PLC都有上述的全部功能，一些小型PLC只具有部分功能，但价格较低，而大型 PLC 具备的功能较为完善。

2.2　PLC 的技术规格与分类

目前，可编程控制器的生产厂家众多，每个厂家又生产多个系列，不同系列都具有自己的设计特点和特定的指令系统。尽管国际电工委员会颁布了可编程控制器的标准，但各个厂家转换需要一个过程，从而导致不同规格产品的技术性能存在比较大的差异。本章以日本三菱公司生产的 FX 系列 PLC 为例，介绍 PLC 的系统构成、指令应用及编程。三菱公司的可编程控制器分 A 系列和 F、F1、F2 系列以及 FX1、FX2 等 FX 系列。FX1、FX2、FX2C 是三菱公司近几年推出的高性能小型系列可编程控制器，FX0、FX0S、FX0N 和 FX1N 是微型系列可编程控制器。

在以 PLC 为核心的自动控制系统设计中，PLC 的选型和用户程序的设计是系统设计成败的关键，因此要正确、合理地选用 PLC，而 PLC 的技术指标是选型和使用的重要依据。总之，应该了解技术指标的基本内容和每一项内容的含义及其在设计中的重要性。

2.2.1　PLC 的技术规格

(1) 三菱公司的 FX 系列 PLC 型号说明

FX 系列 PLC 命名的基本格式如下。

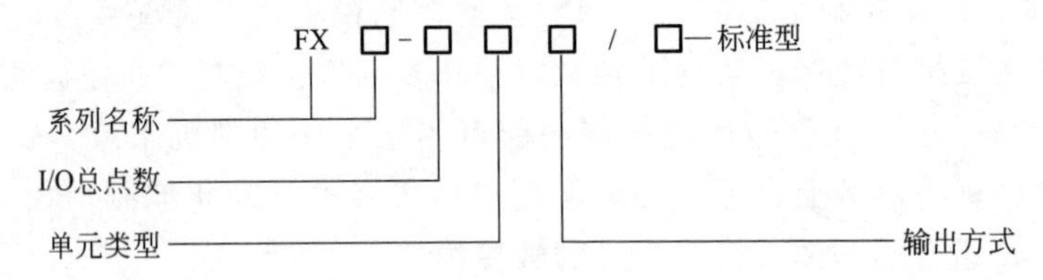

系列名称：0、1、2、0S、1S、0N、1N、2N、2NC 等。

I/O 总点数：14～256。

单元类型：

M——基本单元；

E——输入/输出混合扩展单元；

EX——扩展输入单元；

EY——扩展输出单元。

输出方式：

R——继电器输出；

T——晶体管输出；

S——晶闸管输出。

标准型：PLC 一般为 AC 电源，DC 输入，横式端子排，标准输出（继电器输出 2A/1 点，晶体管输出 0.5A/1 点，晶闸管输出 0.3A/1 点）。此外还有些特殊产品，例如：

D——DC（直流）电源，DC 输入；

A1——AC 电源、交流输入（AC100～120V）或 AC 输入模块；

H——大电流输出扩展模块（1A/1点）；

V——立式端子排的扩展模块；

C——接插口输入/输出方式；

F——输入滤波器时间常数为1ms的扩展模块；

L——TTL输入扩展模块；

S——独立端子（无公共端）扩展模块。

例如：FX2N-48MRD含义为FX2N系列，输入/输出总点数为48点，继电器输出，DC电源，DC输入的基本单元。又如FX-4EYSH的含义为FX系列，输入点数为0点，输出点数为4点，晶闸管输出，大电流输出扩展模块。

FX还有一些特殊的功能模块，如模拟量输入/输出模块、通信接口模块及外围设备等，使用时可以参照FX系列PLC产品手册。

(2) 一般技术指标

一般技术指标主要指PLC在保证正常工作情况下对外部条件的要求指标和自身的一些物理指标，比如温度、湿度和绝缘电阻等。由于PLC是工业用的计算机，它最大的特点就是可靠性高，即PLC能够在比较恶劣的环境下长期稳定地工作。但恶劣的程度不可能是无限度的，每种产品的设计和考核都应该符合有关的硬件标准。各种PLC的硬件指标相差不是很大，故在选型时考虑较少，而在安装使用时应给予足够的注意。FX系列PLC硬件指标如表2-1所示。

表2-1　FX系列PLC硬件指标

环境温度	使用温度为0～55℃，储存温度为－20～70℃
环境湿度	使用湿度为35%～85%RH（无凝霜）
防震性能	JIS C0911标准，10～55Hz，0.55mm（最大2g），3轴方向2次（但用DIN导轨安装时为0.5g）
抗冲击性能	JIS C0912标准，10G，3轴方向各3次
抗噪声性能	用噪声模拟器产生电压为1000V（峰峰值），脉宽为1μs，30～100Hz的噪声
绝缘耐压	AC1500V，1min（接地端与其他端子之间）
绝缘电阻	5MΩ以上（DC500V兆欧表测量接地端与其他端子之间）
接地电阻	独立接地，如接地有困难，可以不接地
使用环境	无腐蚀性气味，无尘埃

(3) 性能技术指标

性能技术指标没有统一的技术标准，不同型号的产品差异较大，选型时一定要逐一考虑每一项指标能否满足控制的要求。它包括输入指标、输出指标、性能指标和电源指标等。前三个指标比较重要，在此加以说明。

① FX系列输入指标。FX系列的输入技术指标如表2-2所示。表中的输入电源是PLC内部为输入电路提供的，具体到其他系列是否需要用户提供输入电路的电源，则应该参阅说明书后根据具体情况来定。设计控制系统时，输入接口电路所外接的输入器件选取时应该考虑表中的某些指标。

表 2-2　FX 系列的输入技术指标

输入端	X0～X3 (FX0S)	X4～X17(FX0S) X0～X7(FX0N、FX1S、FX1N、FX2N)	X10～X17 (FX0N、FX1S、FX1N、FX2N)	X0～X3(F/0)	X4～X17 (FX0S)
输入电压	DC24V±10%			DC12V+10%	
输入电流	8.5mA	7mA	5mA	9mA	10mA
输入阻抗	2.7kΩ	3.3kΩ	4.3kΩ	1kΩ	1.2kΩ
输入 ON 电流	4.5mA 以上	4.5mA 以上	3.5mA 以上	4.5mA 以上	4.5mA 以上
输入 OFF 电流	1.5mA 以下	1.5mA 以下	1.5mA 以下	1.5mA 以下	1.5mA 以下
输入响应时间	约 10ms，其中：FX0S、FX1N 的 X0～X17 和 FX0N 的 X0～X7 为 0～15ms 可变，FX2N 的 X0～X17 为 0～60ms 可变				
输入信号形式	无电压触点，或 NPN 集电极开路晶体管				
电路隔离	光电耦合器隔离				
输入状态显示	输入 ON 时 LED 灯亮				

② FX 系列输出指标。输出指标是设计 PLC 控制系统时必须要重视的一项指标。PLC 能够直接驱动负载，但它的驱动能力是有一定限制的，必须根据负载的性质选取合适的输出形式，核算负载的大小以保证不损坏输出电路。比如，在继电控制系统的改造过程中，许多原来的执行器件工作电压为交流 380V，由表 2-3 可知，它们就不能够直接用于 FX 系列 PLC 的输出电路中，因为表中输出电路最大能配置的交流电源为 250V（继电器输出）或 240V（晶闸管输出），要么更换执行器件，要么用中间继电器将能配置的电压等级放大。

表 2-3　FX 系列 PLC 输出技术指标

项目		继电器输出	晶闸管输出	晶体管输出
外部电源		AC250V 或 DC30V 以下 (需外部整流二极管)	AC85～240V	DC30V
最大负载	阻性负载	2A/1 点、8A/4 点、8A/8 点	0.3A/1 点、0.8A/1 点	0.5A/1 点、0.8A/4 点
	感性负载	80V·A	15V·A/AC100V 30V·A/AC200V	12W/DC24V
	灯负载	100W	30W	1.5W/DC24V
开路漏电流		—	1mA/AC100V 2mA/AC200V	0.1mA 以下
响应时间		约 10ms	ON 时：1ms OFF 时：10ms	ON 时：＜0.2ms OFF 时：＜0.2ms 大电流时：＜0.4ms
电路隔离		继电器隔离	光电可控硅隔离	光电耦合器隔离
输出动作显示		继电器通电时 LED 亮	光电可控硅 驱动时 LED 亮	光电耦合器 驱动时 LED 亮

③ FX 系列性能指标。

a. FX0S 系列性能指标。FX0S 系列只有 4 类基本单元，I/O 为 10～30 点，无扩展单元，程序容量为800步，因此只能用于极小规模的控制系统，如表2-4所示。FX0S有20条基本指令，2条步进梯形指令，35种50条功能指令；有568点辅助继电器，64点状态器，56点定时器，16点16位计数器，4点1相和1点2相32位双向计数器，61点16位数据寄存器，64点跳步指针和4点中断指针等。FX0S系列PLC是一种超小型的低档机。

表2-4　FX0S系列性能指标

型　号				输入点数	输出点数
AC电源		DC电源			
继电器输出	晶体管输出	继电器输出	晶体管输出		
FX0S-10MR-001	FX0S-10MT	FX0S-10MR-D	FX0S-10MT-D	6	4
FX0S-14MR-001	FX0S-14MT	FX0S-14MR-D	FX0S-14MT-D	8	6
FX0S-20MR-001	FX0S-20MT	FX0S-20MR-D	FX0S-20MT-D	12	8
FX0S-30MR-001	FX0S-30MT	FX0S-30MR-D	FX0S-30MT-D	16	14
—	—	FX0S-14MR-D12	—	8	6
—	—	FX0S-30MR-D12	—	16	14

b. FX0N系列性能指标。FX0N系列PLC与F1系列相比，面积为41%，体积为36%；有12种基本单元、3种扩展单元、7种扩展模块，在基本单元和扩展单元的基础上可分别连接2台扩展模块，进行24～128点的灵活输入/输出组合。FX0N系列基本单元、扩展单元和扩展模块见表2-5～表2-7。

表2-5　FX0N系列基本单元

型　号				输入点数	输出点数	扩展模块可用点数
AC电源		DC电源				
继电器输出	晶体管输出	继电器输出	晶体管输出			
FX0N-24MR-001	FX0N-24MT	FX0N-24MR-001	FX0N-24MT-D	14	10	32
FX0N-40MR-001	FX0N-40MT	FX0N-40MR-001	FX0N-40MT-D	24	16	32
FX0N-60MR-001	FX0N-60MT	FX0N-60MR-001	FX0N-60MT-D	36	24	32

表2-6　FX0N系列扩展单元

型　号				输入点数	输出点数	扩展模块可用点数
AC电源		DC电源				
继电器输出	晶体管输出	继电器输出	晶体管输出			
FX0N-40ER	FX0N-40ET	FX0N-40ER-D	—	24	16	32

表2-7　FX0N系列扩展模块

型　号			输入点数	输出点数
输入	继电器输出	晶体管输出		
FX0N-8EX	—	—	8	—
FX0N-8ER		—	4	4

续表

型　号			输入点数	输出点数
输入	继电器输出	晶体管输出		
—	FX0N-8EYR	FX0N-8EYT	—	8
FX0N-16EX	—	—	16	—
—	FX0N-16EYR	FX0N-16EYT	—	16

该系列有38种55条功能指令，用户程序容量为内附2000步EEPROM。可选用EPROM或EEPROM存储卡盒，程序的传送、复制更为方便，存储卡盒与FX2、FX2C系列共用。编程元件中有569点辅助继电器，128点状态继电器，还有1500点文件寄存器以及SFC用步进梯形指令等。FX0N使用FX0N-485ADP模块可与计算机实现1∶N（最多8）的通信；使用FX0N-232ADP通信适配器可与有RS-232C接口的设备通信；采用FX0N-16NT型MELSENET/MINI接口，可作为A系列的子站进行联网，或通过8位模拟量输入/输出模块FX0N-3A（具有2通道模拟量输入和1通道模拟量输出）与A系列PLC联网。

c. FX2N系列性能指标。图2-1为FX2N型PLC基本单元的外形，PLC主要是通过输入端子和输出端子与外部控制电器联系的。输入端子连接外部的输入元件，如按钮、控制开关、行程开关、接近开关、热继电器接点、压力继电器接点、数字开关等。输出端子连接外部的输出元件，如接触器、继电器线圈、信号灯、报警器、电磁铁、电磁阀、电动机等。FX2N型可编程序控制器上设置有4个指示灯，以显示PLC的电源、运行/停止、内部锂电池的电压、CPU和程序的工作状态。

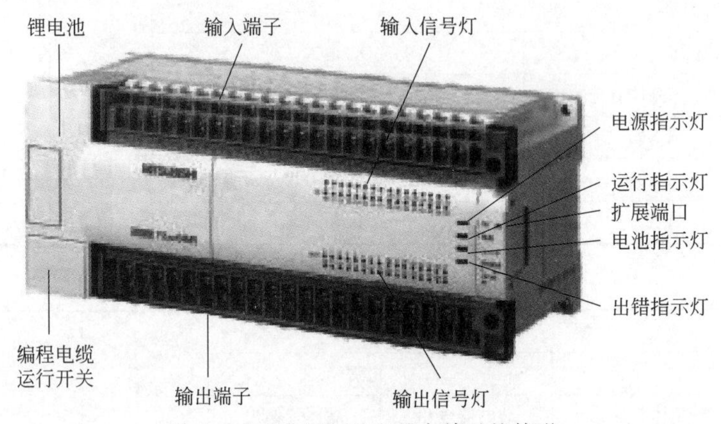

图2-1　FX2N型PLC基本单元的外形

FX2N系列每条基本指令执行时间为0.08μs；具有27条基本指令、2条步进指令和128种功能指令；有3072点辅助继电器、1000点状态继电器、256点定时器、235点计数器、8000多点16位数据寄存器、128点跳步指针和15点中断指针；内附8K步RAM（RUN过程中可更改程序），最大可达16K（包括注释），最大可扩展到256个I/O点。FX2N系列基本单元、扩展单元和扩展模块的标准规格见表2-8～表2-10。

表 2-8　FX2N 系列基本单元的标准规格

型　号			输入点数	输出点数	扩展模块可用点数
继电器输出	晶闸管输出	晶体管输出			
FX2N-16MR-001	FX2N-16MS	FX2N-16MT	8	8	24～32
FX2N-32MR-001	FX2N-32MS	FX2N-32MT	16	16	24～32
FX2N-48MR-001	FX2N-48MS	FX2N-48MT	24	24	48～64
FX2N-64MR-001	FX2N-64MS	FX2N-64MT	32	32	48～64
FX2N-80MR-001	FX2N-80MS	FX2N-80MT	40	40	48～64
FX2N-128MR-001	—	FX2N-128MT	64	64	48～64

表 2-9　FX2N 系列扩展单元的标准规格

型　号			输入点数	输出点数	扩展模块可用点数
继电器输出	晶闸管输出	晶体管输出			
FX2N-32ER	FX2N-32ES	FX2N-32ET	16	16	24～32
FX2N-48ER	—	FX2N-48ET	24	24	48～64

表 2-10　FX2N 系列扩展模块的标准规格

型　号				输入点数	输出点数
输入	继电器输出	晶闸管输出	晶体管输出		
FX2N-16EX	—	—	—	16	—
FX2N-16EX-C	—	—	—	16	—
FX2N-16EXL-C	—	—	—	16	—
—	FX2N-16EYR	FX2N-16EYS	—	—	16
—	—	—	FX2N-16EYT	—	16
—	—	—	FX2N-16YET-C	—	16

注：控制电源（DC5V）由基本单元或扩展单元供电。

基本单元由内部电源、内部输入/输出、内部 CPU 和内部存储器组成，只有基本单元可以单独使用，当输入/输出点数不足时可以进行扩展。扩展单元由内部电源、内部输入/输出组成，需要和基本单元一起使用。扩展模块由内部输入/输出组成，自身不带电源，由基本单元、扩展单元供电，需要和基本单元一起使用。

FX2N 还有特殊功能板、特殊模块及特殊单元等特殊扩展设备可供选用，特殊扩展设备需由基本单元或扩展单元提供 DC5V 电源，见表 2-11。特殊扩展设备可分为三类：特殊功能板、特殊模块和特殊单元，是一些有特殊用途的装置。特殊功能板用于通信、连接和模拟量设定等，特殊模块主要有模拟量输入/输出、高速计数、脉冲输出、接口等模块，特殊单元用于定位脉冲输出。

通过 FX2N 基本单元右侧的扩展单元、扩展模块、特殊单元或特殊模块的接线插座进行扩展。可扩展单元和扩展模块分为 A、B 两组。A 组扩展设备为 FX2N 用的扩展单元与扩展模块、FX0N 用的扩展模块和特殊模块（不能接 FX0N 用的扩展单元）；B 组扩展设备为 FX1 与 FX2 用的扩展单元、扩展模块、特殊单元及特殊模块。FX2N 基本单元右侧可接A组与B组扩展设备，接B组扩展设备时必须采用FX2N-CNV-IF型转换电缆。但在B组扩展设备的右侧不能再接A组扩展设备。FX2N系列尽管功能很多，但与FX2系列相比，面积、体积小50%。总之，FX2N是FX系列功能最强、速度最快的微型可编程控制器。

表2-11 FX2N特殊扩展设备（控制电源用DC5V）

特殊扩展设备类型	型号	名称	功能概要	耗电/mA
特殊功能板	FX2N-8AV-BD	容量转接器	模拟量8点	20
	FX2N-422-BD	RS-422通信板	用于连接外围设备	60
	FX2N-485-BD	RS-485通信板	用于计算机	60
	FX2N-232-BD	RS-232通信板	用于连接各种RS-232C设备	20
	FX2N-CNV-BD	FX0N用适配器连接板	不需要电源	
特殊模块	FX0N-3A	8位2CH模拟输入、1CH模拟输出	电压输出:DC±10V 电流输出:+4～±20mA	30
	FX0N-16NT	M-NET/MLNL用绞合导线	I/O:8点/8点,局间100m	20
	FX2N-4AD	12位4CH模拟输入、模拟输出	电压输入:±10V 电流输入:+4～±20mA	30
	FX2N-4DA	12位4CH模拟输出	电压输出:DC±10V 电流输出:+4～±20mA	30
	FX2N-4AD-PT	12位4CH温度传感器输入	电压输出:DC±10V 电流输出:+4～±20mA	30
	FX2N-4AD-TC	4CH温度传感器输入(热电偶)	热电偶型温度传感器用模块	30
	FX2N-1HC	50kHz 2相调整计数器	1相1输入、1相2输入、2相输入:最大为50kHz	90
	FX2N-1PG	100kp(p代表pulse,意为脉冲数)/s脉冲输出模块	单轴用,最大频率为100kp/s,顺控程序控制	55
	FX2N-232IF	RS-232C通信接口	RS-232C通信用,1CH	40
	使用以下特殊模块或特殊单元时,需换FX2N-CNV-IF型电缆			
	FX-16NP	M-NET/MINI用光纤	I/O:8点/8点,局间100m	80
	FX-16NT	M-NET/MINI用绞合导线	I/O:8点/8点,局间100m	80
	FX-16NP-S3	M-NET/MINT-S3用光纤	I/O:8点/8点,局间50m	80
	FX-16NT-S3	M-NET/MINT-S3用绞合导线	I/O:8点/8点 16位数据:28字,局间100m	80
	FX-2DA	12位2CH模拟输出	电压输出:DC±10V 电流输出:+4～±20mA	30
	FX-4DA	12位4CH模拟输出	电压输出:DC±10V 电流输出:+4～±20mA	30
	FX-4AD	12位4CH模拟输入	电压输出:±10V 电流输出:+4～±20mA	30

续表

特殊扩展设备类型	型号	名称	功能概要	耗电/mA
特殊模块	FX-2AD-PT	2CH 温度输入(PT-100)	PT-100 型温度传感器用模块	30
	FX-4AD-TC	4CH 传感器输入(热电偶)	热电偶型温度传感器用模块	40
	FX-1HC	50kHz 2 相高速计数器	1 相 1 输入、1 相 2 输入、2 相输入;最大为 50kHz	70
	FX-1PG	100kp/s 脉冲输出块	单轴用,最大频率为 100kp/s,顺控程序控制	55
	FX-1DIF	IDIF 接口	ID 接口模块	130
特殊单元	FX-1GM	定位脉冲输出单元(1 轴)	单轴用最大频率为 100kp/s	自给
	FX-10GM	定位脉冲输出单元(1 轴)	单轴用最大频率为 200kp/s	自给
	FX-20GM	定位脉冲输出单元(2 轴)	双轴用最大频率为 200kp/s,插补时为 100kp/s	自给

综上所述，FX0S 的功能简单实用，价格因而也比较便宜，一般用于不需联网通信的小型开关量控制系统；FX0N 可以用于要求比较高的中、小型控制系统；FX2N 的功能最强，可以用于 I/O 点数多、控制功能复杂、要求联网通信的系统。

(4) 供耗电量匹配

基本单元与扩展单元均可向扩展模块提供 DC24V 电源，一部分规格的基本单元、扩展单元 DC24V 的供给电流容量及扩展模块 DC24V 的耗电量见表 2-12。PLC 扩展时，各个扩展模块的消耗电流必须在可供给单元的总容量以内，若容量不够，必须增加带 DC24V 电源的扩展单元进行容量补充，而剩余容量可以做传感器或负载方面的电源。

表 2-12 FX2N 系列设备的供耗电量表

设备类别	型号	供给电流容量	耗电量
基本单元	FX2N-16M、32M	250mA	
	FX2N-48M～128M	460mA	
扩展单元	FX2N-32E、FX-32E	250mA	
	FX2N-48E、FX-48E	460mA	
输入扩展模块	FX2N、FX0N 各输入扩展模块		8 点耗电 50mA
	FX1、FX2 各输入扩展模块		8 点耗电 55mA
输出扩展模块	FX2N、FX0N 各输出扩展模块		8 点耗电 75mA
	FX1、FX2 各输出扩展模块		8 点耗电 75mA

例：基本单元 FX2N-48MR 如要连接扩展模块 FX0N-8EX、FX2N-16EX、FX0N-8EYR，请计算供给电流总容量是否足够。

答：查表 2-12 可知，基本单元 FX2N-48MR 的 DC24V 供给电流容量为 460mA，扩展模块 FX0N-8EX、FX2N-16EX、FX0N-8EYR 各自的 DC24V 耗电量为 50mA、(50×2)mA、75mA，则供电电流剩余容量 δ_1 =460mA−(50mA+50mA×2+75mA)=235mA>0。因此，供

电电流总容量充足。

特殊扩展模块需要基本单元或扩展单元供给 DC5V 的电源，此时 FX2N 各基本模块的供给电流容量为 290mA，扩展单元为 690mA。各特殊扩展模块的耗电量查阅表 2-11。

例：基本单元 FX2N-48MR 如要连接特殊扩展模块 FX0N-3A 三块、FX-1HC 一块、FX-10GM 一块，请计算供给电流总容量是否足够。

答：查表 2-11 可知，特殊扩展模块 FX0N-3A、FX-1HC 的耗电量分别为 30mA、70mA，而 FX-10GM 自带电源，则供电电流剩余容量 $\delta_1=290\text{mA}-(30\text{mA}\times3+70\text{mA})=130\text{mA}>0$。因此，供电电流总容量充足。

2.2.2 PLC的分类

目前，PLC 的种类繁多，性能和规格差别很大，通常根据 PLC 的结构形式、控制规模和功能来进行分类。

(1) 按结构形式分类

① 整体式 PLC。这种结构的 PLC 将各组成部分（I/O 接口电路、CPU、存储器等）安装在一块或少数几块印制电路板上，并连同电源一起装在机壳内，通常称为主机。其输入、输出接线端子及电源进线分别在机箱的上、下两侧，并有相应的发光二极管指示输入/输出的状态。面板上通常有编程器的插座、扩展单元的接口插座等。其特点是结构紧凑、体积小、质量轻、价格较低。通常小型或超小型 PLC 常采用这种结构，适用于简单控制的场合。如西门子的 S7-200 系列产品、松下电子的 FPI 型产品、OMRON 公司的 CPM1A 型产品、三菱公司的 FX 系列产品。

② 模块式 PLC。模块式 PLC 也称为积木式 PLC，PLC 的各个组成部分以模块的形式存在，如电源模块、CPU 模块、输入/输出模块等，通常把这些模块插到底板，安装在机架上。这种 PLC 具有装配方便、配置灵活、便于扩展、结构复杂、价格较高等特点。大型的 PLC 通常采用这种结构，一般用于比较复杂的控制场合。此类 PLC 如西门子公司的 S7-300、S7-400 的 PLC，OMRON 公司的 C200H、C2000H 系列产品，三菱公司的 QnA/AnA 等系列产品。

(2) 按控制规模分类

① 小型 PLC。小型 PLC 的 I/O 点数一般在 128 点以下，其中 I/O 点数小于 64 点的为超小型或微型 PLC。其特点是体积小、结构紧凑，整个硬件成为一体，除了开关量 I/O 以外，还可以连接模拟量 I/O 以及其他各种特殊功能模块。它能执行逻辑运算、定时、计数、算术运算、数据处理和传送、通信联网以及各种应用指令。如美国通用电气（GE）公司的 GE-I 型、日本欧姆龙公司 C20 和 C40、德国西门子公司的 S7-200、日本三菱电气公司的 F、F1、F2 系列等。

② 中型 PLC。中型 PLC 采用模块化结构，其 I/O 点数一般在 256～2048。I/O 的处理方式除了采用一般 PLC 通用的扫描处理方式外，还能采用直接处理方式，即在扫描用户程序的过程中，直接读输入，刷新输出。它能连接各种特殊功能模块，通信联网功能更强，指令系统更丰富，内存容量更大，扫描速度更快。如德国西门子公司的 S7-300、SU-5 和 SU-6，我国无锡华光电子工业有限公司的 SR-400 以及日本欧姆龙公司的 C-500 等。

③ 大型 PLC。一般 I/O 点数在 2048 点以上的称为大型 PLC。大型 PLC 的软、硬件功能极强，具有极强的自诊断功能，通信联网功能强，有各种通信联网的模块，可以构成三级通信网，实现工厂生产管理自动化。I/O 点数超过 8192 点的为超大型 PLC。如德国西门子公司的 S7-400、美国 GE 公司的 GE-Ⅳ、日本欧姆龙公司的 C-2000 以及三菱公司的 K3 等。

以上这种按照点数的区分并不严格，随着科技的进步，PLC 技术会有更大的发展。这里只是帮助读者建立控制规模的概念，为以后进行系统的配置及选型使用。

(3) 按功能分类

① 低档 PLC。低档 PLC 具有逻辑运算、定时、计数、移位以及自诊断、监控等基本功能，还可有少量模拟量输入/输出、算术运算、数据传送和比较、通信等功能。

② 中档 PLC。中档 PLC 除具有低档 PLC 功能外，还增加了模拟量输入/输出、算术运算、数据传送和比较、数制转换、远程 I/O、子程序、通信联网等功能，有些还增设了中断、PID 控制等功能。

③ 高档 PLC。高档 PLC 除具有中档机功能外，还增加了带符号算术运算、矩阵运算、位逻辑运算、平方根运算及其他特殊功能函数运算、制表及表格传送等功能。高档 PLC 具有更强的通信联网功能。

2.3 PLC 的硬件结构

可编程控制器的硬件由微处理器（CPU）、存储器、I/O（输入/输出）接口电路、电源、扩展接口、外设接口及编程器等组成。可编程控制器的硬件简化框图如图 2-2 所示。

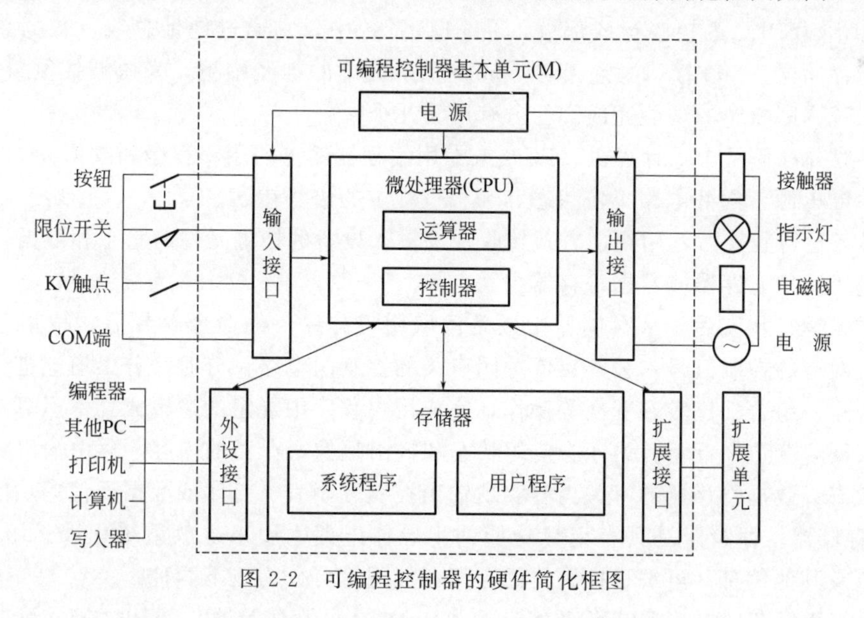

图 2-2 可编程控制器的硬件简化框图

① 电源。PLC 根据型号的不同，有的采用交流供电，有的采用直流供电。交流一般为单相 220V（有的型号采用交流 100V，如 FX2N-48ER-UAl），直流多为 24V。PLC 要

求的电源的稳定度不是很高，通常允许电源额定电压在－15％～＋10％范围内波动，如FX1N-60MR的电源要求为AC85～264V。小型PLC电源往往和CPU整合为一体；中、大型PLC都为组合式结构，一般都有单独电源模块。

PLC内部一般都设直流开关稳压电源，其稳压性能好，抗干扰能力强，不仅可以为机内电路及扩展单元供电（DC5V），还可以为输入电路、外部电子检测装置（如光电开关等）及扩展模块提供24V直流电源。而PLC所控制的现场执行机构的电源，则由用户根据PLC型号、负载情况来选择。

② 微处理器（CPU）。PLC中所用CPU根据机型的不同而有所不同，一般有以下几类芯片。

a. 通用微处理器。常用8位机和16位机，如Intel公司的8080、8086、8088、80186、80286、80386，Motorola的6800、68000型等。低档PLC用Z80A型微处理器作CPU较为普遍。

b. 单片机。常用的有Intel公司的MCS48/51/96系列芯片。由单片机CPU制成的PLC体积小，并且逻辑处理能力、数值运算能力都得到了很大提高，增加了通信功能，这为高档机的开发和应用及机电一体化创造了条件。

c. 位片式微处理器。如美国1975年推出的AMD2900/2901/2903系列双极型位片式微处理器普遍应用于大型PLC的设计。它具有速度快、灵活性强和效率高等优点。

在小型PLC中，大多采用8位通用微处理器和单片机芯片；在中型PLC中，大多采用16位通用微处理器或单片机芯片；在大型PLC中，大多采用双极型位片式微处理器。在高档PLC中，通常采用多CPU系统来简化软件的设计，进而提高其工作速度。CPU的结构形式决定了PLC的基本性能。

CPU作为PLC的核心组成部分，在PLC系统中，它通过地址总线、数据总线和控制总线与存储器、I/O接口等连接，形成整个系统中的神经中枢，来协调控制整个系统。它根据系统程序赋予的功能完成的任务有以下几个。

a. 接收并存储从个人计算机（PC）或专用编程器输入的用户程序和数据。

b. 诊断电源、内部电路工作状态和编程过程中的语法错误。

c. 进入运行状态后，用扫描方式接收现场输入设备的检测元件的状态和数据，并存入对应的输入映像寄存器或数据寄存器中。

d. 进入运行状态后，从存储器中逐条读取用户程序，经命令解释后，按指令规定的功能产生对应的控制信号，去开启或关闭有关的控制门电路；分时、分渠道地进行数据的存取、传送、组合、比较和变换等操作，完成用户程序中规定的逻辑或算术运算。

e. 依据运算结果更新有关标志位的状态和输出映像寄存器的内容，再由输出映像寄存器的位状态或数据寄存器的有关内容实现输出控制、制表、打印或数据通信等功能。

③ 存储器。存储器是具有记忆功能的半导体电路，用来存放系统程序、用户程序、逻辑变量及其他信息。可编程控制器的存储器按用途可分为以下两种。

a. 系统程序存储器。系统程序存储器由ROM（只读存储器）、EPROM（可擦除可编程只读存储器）或EEPROM（电可擦除可编程只读存储器）组成，用以存放系统程序。系统程序类似于个人计算机的操作系统，决定了PLC具有的基本功能，不同厂家、不同型号的PLC，系统程序也不相同，但都在不断地改进，来提高性价比，增强市场竞争力。生产厂家在PLC出厂前已将系统程序固化其中，用户一般不做更改。系统程序由以下三部分内容组成。

(a) 系统管理程序。它主要用来控制PLC的运行，在PLC加电后进行整机工作状态检查，协调各部件间的工作关系，使PLC有序地工作。

(b) 编译程序。它将用户输入的控制程序即编程语言转换成机器指令语言，检查语法正确性，再由CPU执行这些指令。

(c) 监控程序。它按用户的需要调用相应的内部程序，即调用不同的操作方式。

b. 用户存储器。用户存储器用来存放从编程器或个人计算机输入的用户程序和数据。用户存储器分为两个区存放两类用户应用程序：一个是用户程序存储器区（程序区）；另一个是工作数据存储器区（数据区）。

(a) 用户程序存储器区。它用以存放用户编制好的或正在调试的控制程序。用户可通过编程器等编程工具进行程序的编辑。在PLC中，为了读写修改方便，其用户程序通常放在RAM中。为防止用户程序在PLC断电时丢失，一般采用锂电池保持，通常可保持5～10年时间。各厂家的PLC产品手册中给出的存储器类型和容量就是指这一部分，它是反映PLC性能的重要指标之一，内存容量一般以"步"为单位。

(b) 工作数据存储器区，也称为系统RAM存储器。它一般用来存放PLC工作过程中经常变化、需经常存取的数据。工作数据存储器中开辟有输入、输出映像寄存器区，定时器、计数器的设定值和现值存储区，各种内部编程元件（内部辅助继电器、定时器、计数器）状态及特殊标志位存储区，暂存数据和中间运算结果的数据存储器区等，它们被称为PLC的编程元件，是PLC应用中用户涉及最频繁的存储区。不同厂家生产的PLC有不同的定义符号。此外与PLC运行有关的机内配置参数也存储在数据存储区。

④ I/O接口电路（又称I/O单元、I/O模块）。实际生产过程中，PLC控制系统所需要采集的输入信号的电平、速率等是多种多样的，系统所控制执行机构需要的电平、速率等更是千差万别，而PLC的CPU所能处理的信号只能是标准电平，所以必须设计输入/输出电路来完成电平转换、速度匹配、驱动功率放大、电气隔离、A/D或D/A变换等任务。它们是CPU和外部现场联系的桥梁。总之，输入/输出电路是将外部输入信号变换成CPU能接受的信号，将CPU的输出信号变换成需要的控制信号去驱动控制对象，从而确保整个系统的正常工作。

PLC的每一个输入、输出对应PLC面板上的一个输入、输出接线柱，称为一个I/O点，根据工业控制的特点，I/O点数之比有2∶1、3∶1或1∶1等。

a. 输入接口电路。输入接口用于接收和采集三种类型的输入信号：第一类是由按钮、转换开关、限位开关、主令控制器、继电器触点等无源器件提供的开关量输入信号；第二类是随着电子类电器的兴起，输入器件越来越多地使用的有源器件（如接近开关、光电开关、霍尔开关等）提供的信号；第三类是由电位器、测速发电机和各种变换器提供的连续变化的模拟量输入信号，并将这些信号转换成CPU能识别的数字信号（通过A/D转换），存放在输入映像寄存器中，然后通过数据总线送至CPU供其使用。有源器件本身所需的电源一般采用PLC输入端口内部所提供的直流24V电源（容量允许的情况下，否则需外设电源）。有的 PLC 外部电路所需电源由 PLC 内部提供（如 FX2N 系列），但有的 PLC 外部电路需外界提供电源（如 C28P 系列）。通常 PLC 的开关量输入接口按使用的电源不同分为三种类型：直流 12～24V 输入接口、交流 100～120V 或 200～240V 输入接口、交直流 12～24V 输入接口。

输入接口电路一般由信号连接器件、输入电路、信号隔离电路、电平转换电路、输入信号寄存电路、选通电路和中断请求逻辑电路等环节组成，这些电路集成在一个芯片上。输入接口内部电路按电源性质分为三种类型：直流输入电路、交流输入电路和交直流输入电路。为保证 PLC 能在恶劣的工业环境下可靠地工作，三种电路都采取了光电隔离、滤波等措施。

图 2-3 是某 PLC 直流输入接口的内部电路和外部接线图。图中当输入端接近开关接通时，光电耦合器导通，直流输入信号被转换成 PLC 能处理的 5V 标准信号电平（简称 TTL 电平），同时 LED 输入指示灯亮，表示信号接通。交流输入与交直流输入接口电路与直流输入接口电路类似。图中光电耦合器能有效地避免输入端引线可能引入的电磁场干扰和辐射干扰，现场的输入信号通过光电耦合后转换为 5V 的 TTL 电平送入输入数据寄存器，再经数据总线传送给 CPU。光敏管输出端设置的 RC 滤波器能有效地消除开关类触点输入时抖动引起的误动作，但 RC 滤波器也会使 PLC 内部产生约 10ms 的响应滞后（有些 PLC 某几个输入点的滤波常数可以通过软件来设定）。可见，PLC 是以牺牲响应速度来换取可靠性的，而这样所具有的响应速度在工业控制中是足够的。

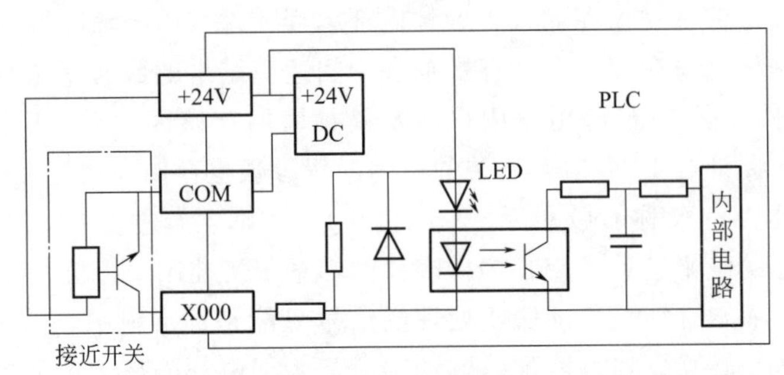

图 2-3　PLC 直流输入接口的内部电路和外部接线图

b. 输出接口电路。输出接口电路将 CPU 送出的弱电控制信号转换成现场需要的强电信号输出以驱动执行元件。常用执行元件有接触器、电磁阀、调节阀（模拟量）、调速装置（模拟量）、指示灯、数字显示装置和报警装置等。输出接口电路一般由微电脑输出接口电路和功率放大电路组成，与输入接口电路类似，内部电路与输出接口电路之间采用光电耦合器进行抗干扰电隔离。

输出接口电路一般由输出数据寄存器、选通电路和中断请求逻辑电路集成在芯片上，CPU 通过数据总线将输出信号送到输出数据寄存器中，功率放大电路是为了适应工业控制要求，将微电脑的输出信号放大。为了能满足不同的负载需要，每种系列 PLC 的输出接口电路按输出开关器件分为晶体管输出、晶闸管输出和继电器输出等类型。晶体管和晶闸管输出为无触点输出型电路，晶体管输出型用于高频小功率负载，晶闸管输出型用于高频大功率负载；继电器输出为有触点输出型电路，用于低频负载。

（a）继电器输出方式。因为继电器的线圈与触点在电路上是完全隔离的，所以它们可以分别接在不同性质和不同电压等级的电路中。利用继电器的这一性质，可以使可编程控制器的继电器输出电路中的内部电子电路与可编程控制器驱动的外部负载在电路上完全分割开。由此可知，继电器输出接口电路中不再需要隔离。实际中，继电器输出接口电路常采用固态电子继电器。其电路如图 2-4 所示，图中与触点并联的 RC 电路用来消除触点断开时产生的电弧，由于继电器是触点输出，所以它既可以带交流负载，也可以带直流负载。继电器输出方式最常用，其优点是带载能力强，缺点是动作频率低与响应速度慢（响应时间为 10ms）。

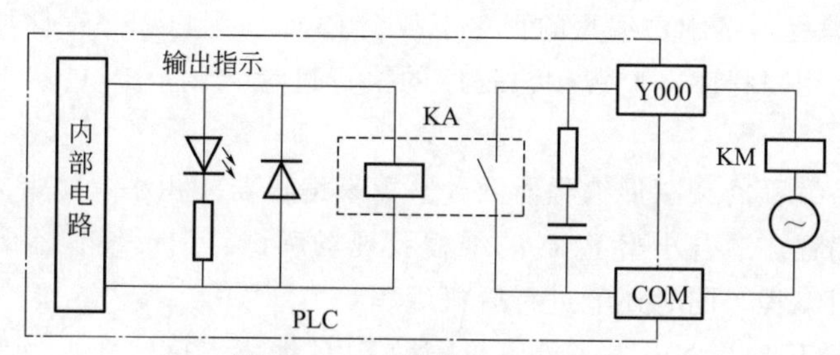

图 2-4　继电器输出接口电路

（b）晶体管输出方式，其电路如图 2-5 所示，输出信号由内部电路中的输出锁存器给光电耦合器，经光电耦合器送给晶体管。晶体管的饱和导通状态和截止状态相当于触点的接通和断开。图中稳压管能够抑制关断过电压和外部浪涌电压，可以保护晶体管。由于晶体管输出电流只能一个方向，所以晶体管输出方式只适用于直流负载。其优点是动作频率高，响应速度快（响应时间为 0.2ms），缺点是带载能力小。

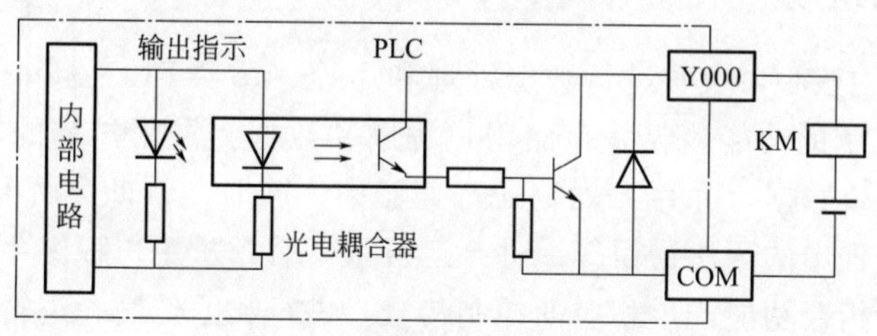

图 2-5　晶体管输出接口电路

（c）晶闸管输出方式，其电路如图 2-6 所示，晶闸管通常采用双向晶闸管，双向晶闸管是一种交流大功率器件，受控于门极触发信号。可编程控制器的内部电路通过光电隔离后去控制双向晶闸管的门极。晶闸管在负载电流过小时不能导通，此时可以在负载两端并联一个电阻。图中 RC 电路用来抑制晶闸管的关断过电压和外部浪涌电压。由于双向晶闸管为关断不可控器件，电压过零时自行关断，因此晶闸管输出方式只适用于交流负载。其优点是响应速度快（关断变为导通的延迟时间小于 1ms，导通变为关断的延迟时间小于 10ms），缺点是带载能力不大。

⑤ 其他接口。若主机单元的 I/O 数量不够用，可通过 I/O 扩展接口电缆与 I/O 扩展单元（不带 CPU）相接进行扩充。PLC 还常配置连接各种外围设备的接口，可通过电缆实现串行通信、EPROM 写入等功能。

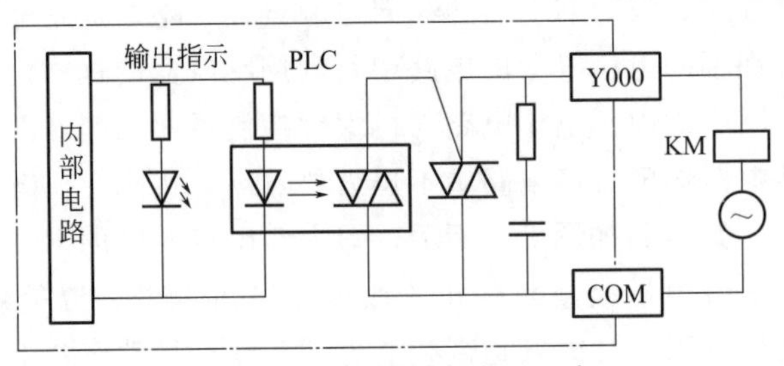

图 2-6　晶闸管输出接口电路

⑥ 编程器。编程器将用户编写的程序下载至 PLC 的用户程序存储器，并利用编程器检查、修改和调试用户程序，监视用户程序的执行过程，显示 PLC 状态、内部器件及系统的参数等。

编程器有简易编程器和图形编程器两种。简易编程器体积小，携带方便，但只能用语句形式进行联机编程，适合小型 PLC 的编程及现场调试。图形编程器既可用语句形式编程，又可用梯形图编程，同时还能进行脱机编程。

目前 PLC 制造厂家大多开发了计算机辅助 PLC 编程支持软件，当个人计算机安装了 PLC 编程支持软件后，可用作图形编程器，进行用户程序的编辑、修改，可以通过个人计算机和 PLC 之间的通信接口实现用户程序的双向传送，监控 PLC 运行状态等。

2.4　PLC 的 CPU 及模块组成

2.4.1　CPU 的构成

CPU 是 PLC 的核心，负责进行数据处理和运算。每台 PLC 至少有一个 CPU，它按 PLC 的系统程序赋予的功能接收并存储用户程序和数据。先用扫描的方式采集由现场输入装置送来的状态或数据，并存入规定的寄存器中。同时，诊断电源和 PLC 内部电路的工作状态及编程过程中的语法错误等。进入运行状态后，从用户程序存储器中逐条读取指令，经译码后再按指令功能产生相应的控制信号，进行数据传输、逻辑和算术运算，存储相关结果。根据结果产生控制信号来控制相关的设备。

与通用计算机一样，中央处理器主要由运算器、控制器、寄存器及实现它们之间联系的总线（数据、控制及状态总线）构成，还有外围芯片、总线接口及有关电路。它确定了进行控制的规模、工作速度、内存容量等。其中运算器负责逻辑和算术运算；控制器负责指令读取、指令译码、时序控制等；内存主要用于存储程序和数据。

不同厂商、不同型号的 PLC 的 CPU 芯片都是不同的，有些采用通用型的 CPU 芯片，如 8051、8086、80386 等，有些采用自行研制的特殊专用芯片。随着集成电路的不断发展，PLC 的数据处理能力与速度也在迅猛提高，从以前的 8 位发展到现在的 32 位甚至 64 位。

CPU 模块的外部表现就是它的工作状态的种种显示、种种接口及设定或控制开关。一般来讲，CPU 模块总要有相应的状态指示灯，如电源显示、运行显示、故障显示等。

箱体式PLC的主箱体也有这些显示，它有用来接I/O模板或底板的总线接口；有用来安装内存的内存接口，有用来接外部设备的外设口；还有用来通信的通信口。CPU模块上还有许多对PLC进行设定的开关，用来设定起始工作方式、内存区等。

2.4.2 编程元件的分类、编号和基本特征

下面以FX系列中具有很高性能价格比的FX2N系列可编程控制器为例，介绍编程元件的名称、用途及使用方法。FX2N系列PLC的编程软组件有输入继电器X、输出继电器Y、辅助继电器M、状态继电器S、定时器T、计数器C、数据寄存器D和指针（P、I、N）八大类，它们在电路中的功能各不相同。编程元（器）件的类型和元件号由字母和数字表示，第一部分用一个字母代表功能类型，如“X”表示输入继电器，“Y”表示输出继电器等；第二部分用数字表示该类软元件的序号，输入/输出继电器的序号为八进制，其余编程元件序号为十进制。

编程元件在程序中的使用一般可以认为与实际物理继电器类似，具有线圈和瞬动常开/常闭触点。触点的状态随线圈的状态变化而变化，当线圈通电时，触点动作；当线圈断电时，触点复位。其与物理继电器的不同在于：一是编程元件作为PLC内部的存储单元，从本质上来说，某个组件被选中，只是这个组件的存储单元置1，未被选中的存储单元置0，且可以无限次地访问，可以认为它们具有无数多对动合、动断触点，每取用一次它的触点，也就是读一次它的存储数据；二是作为存储单元，每个单元是一位，称为位元件，位元件也可以组合使用，另外PLC还有字元件等。

2.4.3 数据类编程元件的数据结构

① 位元件。位元件只占存储器中的一位，只有“0”或“1”两种状态，通常用来表示开关量的状态，如线圈通电和断电（通电为“1”，断电为“0”），触点的通和断（常开触点通为“1”，断为“0”）。机内的X、Y、M、S元件均为位元件。

② 字元件的基本形式。FX2N系列PLC数据类字元件的基本结构为16位存储单元，最高位（第16位）为符号位，字元件有T、C、D、V、Z，处理的有效数值范围为－32768～＋32767。

③ 双字元件的结构形式。为实现32位数据的运算、传送和存储，可以用两个字元件构成32位“双字元件”，其中低位元件存储32位数据的低位部分，高位元件存储32位数据的高位部分，最高位（第32位）为符号位。用两个相邻的数据寄存器表示32位数据，可处理－2147483648～＋2147483647的数值，“0”表示正数，“1”表示负数。

2.4.4 编程元件的功能

(1) 输入继电器和输出继电器

① 输入继电器X（X0～X267，输入继电器采用八进制编码共184点）。输入继电器的作用是接收并存储（对应某一位输入映像寄存器）外部输入的开关量信号，它和对应的输入端子相连，同时提供无数的常开和常闭软触点用于编程。图2-7为输入、输出继电器的等效电路图。FX2N系列可编程控制器输入继电器采用八进制编码，基本单元输入继电

器最大范围为 X0～X77 共 64 点，扩展后系统可达 X0～X267 共 184 点。

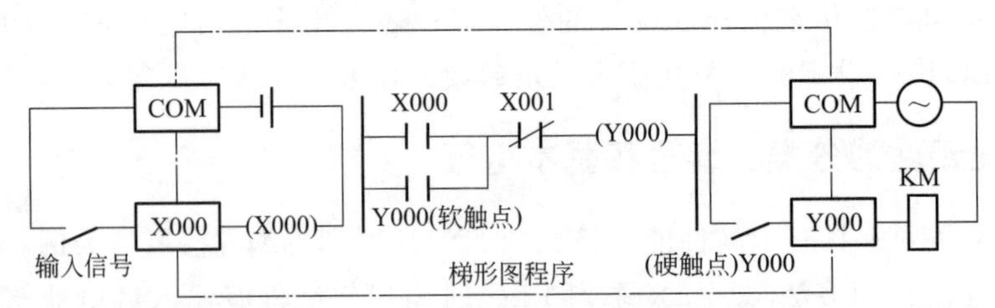

图 2-7 输入、输出继电器的等效电路图

输入继电器的特点：因为它的“1/0”状态（相当于继电器中的“通电/断电”）只能由外部信号决定，而不可能受用户程序控制，但它能够影响其他编程元件的状态，所以在梯形图中只能出现其触点而绝不能出现输入继电器的线圈。

② 输出继电器 Y（Y0～Y267，共 184 点）。输出继电器具有一常开硬触点用于向外部负载发送信号（对应某一位输出映像寄存器），每一输出继电器的常开硬触点（或输出管）与 PLC 的一个输出点相连直接驱动负载，它也提供了无数的常开和常闭软触点用于编程。FX2N 系列可编程控制器输出继电器采用八进制编码，基本单元输出继电器最大范围为 Y0～Y77 共 64 点，扩展后系统可达 Y0～Y267 共 184 点。

输出继电器的特点：由于它的“1/0”状态（相当于继电器中的“通电/断电”）只能由用户程序决定，而不可能受外部信号控制，同时它也能够影响其他编程元件的状态，因此在梯形图中既能出现其触点也能出现其线圈。输出继电器 Y 的等效电路如图 2-7 所示。

FX2N 系列可编程控制器输入继电器和输出继电器的元件号如表 2-13 所示。输入继电器（X）和输出继电器（Y）在 PLC 中各有 184 点，采用八进制编号。输入继电器编号为：X0～X7、X0～X17、X0～X27、…、X0～X267。输出继电器编号为：Y0～Y7、Y0～Y17、Y0～Y27、…、Y0～Y267。但输入继电器和输出继电器点数之和不得超过 256，如接入特殊单元、特殊模块时，每个占 8 点，应从 256 点中扣除。

表 2-13 FX2N 系列可编程控制器输入继电器和输出继电器的元件号

型号	FX2N-16M	FX2N-32M	FX2N-48M	FX2N-64M	FX2N-80M	FX2N-128M	扩展时
输入继电器	X0～X7 8 点	X0～X17 16 点	X0～X27 24 点	X0～X37 32 点	X0～X47 40 点	X0～X77 64 点	X0～X267 共 184 点
输出继电器	Y0～Y7 8 点	Y0～Y17 16 点	Y0～Y27 24 点	Y0～Y37 32 点	Y0～Y47 40 点	Y0～Y77 64 点	Y0～Y267 共 184 点

（2）辅助继电器 M（M0～M3071，M8000～M8255，共 3328 点）

PLC 中设有许多辅助继电器，其名称用字母 M 表示。辅助继电器 M 是用软件来实现的，用于状态暂存、移位辅助运算及赋予特殊功能的一类编程元件。每一个辅助继电器的线圈也有许多常开触点和常闭触点供用户编程时使用。一个辅助继电器实质上是 PLC 中的一个存储单元（位），在程序中起着类似于继电器控制系统中的中间继电器的作用。它们不能接收外部的输入信号，辅助继电器不能直接驱动外部负载，负载只能由输出继电器的外部触点驱动，是一种内部的状态标志。由于这些继电器的存在，PLC 的功能大为增强，编程也变得十分方便灵活。因此，如何利用好辅助继电器完成控制任务是 PLC 程序设计中的一个重要问题。除某些特殊辅助继电器线圈由系统程序控制外，绝大多数继电器线圈由用户程序控制。PLC 中辅助继电器个数是有限的，并且明确规定了地址。

在 FX2N 型 PLC 中，除了输入继电器和输出继电器的元件号采用八进制外，其他软元件的元件号均采用十进制。辅助继电器有通用辅助继电器、断电保持辅助继电器和特殊辅助继电器。FX2N 系列 PLC 的辅助继电器分为通用辅助继电器、断电保持辅助继电器、特殊辅助继电器 3 种。

① 通用辅助继电器（M0～M499，共 500 点）。通用辅助继电器的主要特点是没有断电保持功能，其线圈只能由程序驱动，只具有内部触点。通用辅助继电器在 PLC 运行时，如果电源突然断电，则全部线圈均为 OFF。当电源再次接通时，除了因外部输入信号而变为 ON 的以外，其余的仍将保持 OFF 状态。通用辅助继电器常在逻辑运算中作辅助运算、状态暂存、移位等。根据需要可通过程序设定，将 M0～M499 变为断电保持辅助继电器。

② 断电保持辅助继电器（M500～M3071，共 2572 点）。它们能利用可编程控制器内部的锂电池来记忆失电瞬间的状态，即重新通电后的第一个周期能维持断电时各自的状态。如果来电后要自动一直维持断电前的 ON 状态，可采用图 2-8 所示的自保电路来实现。当需要时，M500～M1023 也可以用软件设定为通用辅助继电器。

③ 特殊辅助继电器（M8000～M8255，共 256 点）。特殊辅助继电器是具有特定功能的辅助继电器，用来表示可编程控制器的某些状态，设定计数器为加计数或减计数及提供功能指令中的标志等。根据使用方式可分为两类。

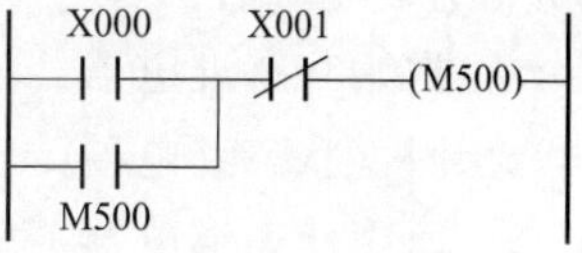

X000 X001 (M500) M500

图 2-8　自保电路

a. 触点利用型特殊辅助继电器，其线圈是由 PLC 自动驱动的，而不能由用户程序来驱动，但在用户程序中可直接使用其触点。最常用的有以下几个。

(a) M8000：运行监控。PLC 在运行状态时，M8000 为 ON，在停止状态时 M8000 为 OFF，其控制关系表示在图 2-9 中。

(b) M8002：初始脉冲（仅在运行开始时瞬间接通），M8003 与 M8002 逻辑相反。M8002 仅在 M8000 由 OFF 变为 ON 状态时产生一个单脉冲（脉宽为一个扫描周期），其控制关系表示在图 2-9 中。可以用 M8002 的常开触点使某些有断电保持功能的编程元件复位和清零。

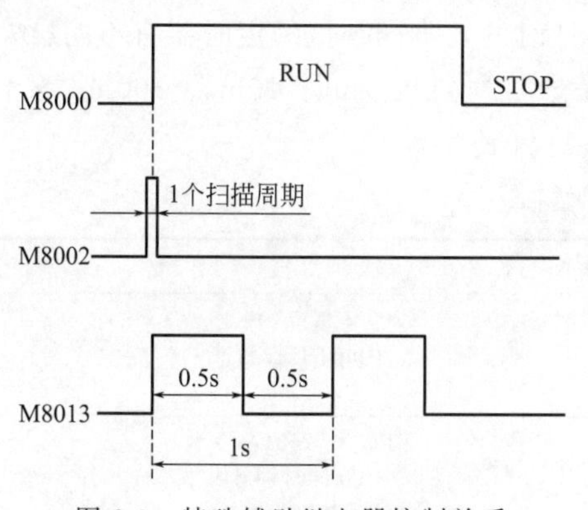

图 2-9　特殊辅助继电器控制关系

(c) M8005：锂电池欠电压指示。锂电池电压低于规定值时动作，M8005 由 OFF 变为 ON，它的触点接通可编程控制器面板上的指示灯，提醒工程技术人员更换锂电池。

(d) M8011～M8014：分别是 10ms、100ms、1s 和 1min 时钟脉冲，可用于延时的扩展等，其 M8013 的控制关系表示在图 2-9 中。

(e) M8020～M8022：分别为零标志、借位标志、进位标志。

(f) M8029：执行完毕标志。

(g) M8064～M8067：分别为参数出错标志、语法出错标志、电路出错标志、运算出错标志。

b. 线圈驱动型特殊辅助继电器，只能由用户程序来驱动其线圈，使PLC执行特定的操作，例如：

(a) M8033：停止时保持。当M8033线圈“通电”时，PLC由RUN进入STOP状态后，映像寄存器与数据寄存器中的内容保持不变，即可编程控制器输出保持。

(b) M8034：禁止输出。当M8034线圈“通电”时，禁止全部输出。

(c) M8036：强制运行。当M8036线圈“通电”时，强制运行用户程序。

(d) M8037：强制停止。当M8037线圈“通电”时，强制停止运行用户程序。

(e) M8039：定时扫描。当M8039线圈“通电”时，PLC以数据寄存器D8039中指定的扫描时间工作。

(3) 状态继电器S（S0～S999，共1000点）

状态继电器S与步进指令STL组合使用，用于顺序控制的程序编制。状态继电器如果不用于步进状态程序中，可在一般的顺序控制程序中作辅助继电器M使用。状态继电器与辅助继电器一样，有无数的常开/常闭触点，在程序内可随意使用，次数不限。状态继电器有以下5种类型。

① 初始状态继电器：S0～S9共10点，用于顺序功能图的初始状态。

② 回零状态继电器：S10～S19共10点，用于自动回原点程序的顺序功能图。

③ 通用状态继电器：S20～S499共480点。

④ 断电保持状态继电器：S500～S899共400点，具有停电保持功能，因此恢复供电后，PLC控制的设备可以从中间工序开始接着停电前继续运行。

⑤ 报警用状态继电器：S900～S999共100点，主要用作外部故障诊断。

(4) 定时器T（T0～T255，共256点）

定时器T的作用相当于继电接触控制中的通电延时型时间继电器。定时器T有1个设定值寄存器（1个字节长）、1个当前值寄存器（1个字节长）和1个用来存储其输出触点状态的映像寄存器（占二进制的一位）。这3个存储单元共用1个编号。在PLC运行中可以观察和修改定时器的设定值和当前值。

可编程控制器内部定时器是根据时钟脉冲累加计时的，不同类型的定时器有不同脉宽的时钟脉冲，反映了定时器的定时精度。定时器是通过对机内1ms、10ms、100ms等不同规格的时钟脉冲累加计时的。定时器的类型如表2-14所示。

表2-14　定时器的类型

项目	16位定时器(设定值K0～K32767)(共256点)	
通用定时器	T0～T199(共200点) 100ms时钟脉冲 (T192～T199中断用)	T200～T245(共46点) 10ms时钟脉冲
积算定时器	T246～T249(共4点) 1ms时钟脉冲 (执行中断电池备用)	T250～T255(共6点) 100ms时钟脉冲 (电池备用)

定时器可以由用户程序存储器内的常数 K 作为设定值，也可以用数据寄存器 D 的内容作为设定值，它们都存放在设定值寄存器中，这时设定值等于指定数据寄存器中的数。例如，指定数据寄存器为 D0，而 D0 的内容为 123，则与设定 K123 等效。定时常数可以采用十进制、二进制或十六进制数表示。例如，K18 表示十进制数的 18，H12 为十进制数 18 的十六进制表示结果。用数据寄存器中的内容作为定时器的设定值，一般要使用有断电保持功能的数据寄存器。数据寄存器中的数可通过外部数字开关输入。

定时器满足计时条件即定时器线圈得电时，开始计时，时钟脉冲的累加个数作为计时当前值存入当前值寄存器，当它的当前计数值与设定值寄存器存放的设定值相等时，对应的元件映像寄存器为“1”，即定时器的常开触点接通，常闭触点断开。FX2N 型 PLC 中的定时器实际上是通过对时钟脉冲计数来定时的，所以定时器的动作时间等于设定值乘它的时钟脉冲。例如，定时器 T200 的设定值为 K30000，其动作时间等于 30000×10ms=300s。

① 定时器的两种形式。定时器分为普通型定时器与积算型定时器两类。

a. 普通型定时器（T0～T245）。普通型定时器（通用定时器）共 246 点。其中 T0～T199 共 200 点是时钟脉冲为 100ms 的定时器，设定值范围为 1～32767，定时范围为 0.1～3276.7s；T200～T245（共 46 点）是时钟脉冲为 10ms 的定时器，设定值范围为 1～32767，定时范围为 0.01～327.67s；T192～T199（共 8 点）为子程序和中断服务程序专用的定时器。

普通型定时器只有一个输入端（驱动输入端），在计时过程中，它的输入电路断开或电源停电，即计时条件由满足变为不满足，则当前值恢复为零，并且没有断电保持功能，即通用定时器所计的时间必须一次性达到设定的时间，否则定时器元件映像寄存器不会为“1”，定时器不会动作。如图 2-10 所示，T0 为 100ms 定时器，X0 为 T0 的计时条件，当驱动输入 X0 接通时，定时器 T0 开始计时，其当前值计数器对 100ms 时钟脉冲进行累积计数，当该值与设定值 K12 相等时，定时器的输出触点接通，即输出触点在驱动 T0 线圈后的 12×0.1s=1.2s 时动作。当驱动输入 X0 断开或发生断电时，T0 复位，其常开触点断开，当前值计数器复位（置“0”）。

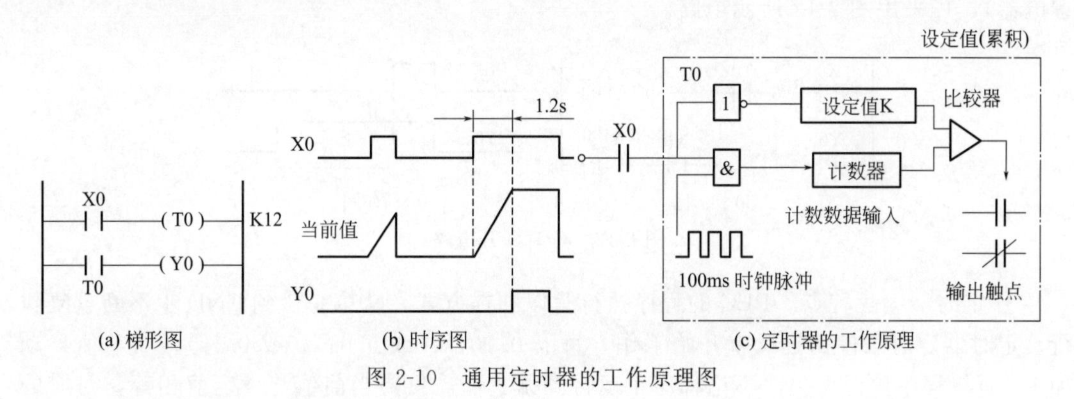

图 2-10　通用定时器的工作原理图

b. 积算型定时器（T246～T255）。积算型定时器共 10 点。其中 T246～T249（共 4 点）是时钟脉冲为 1ms 的积算型定时器，设定值范围为 1～32767，定时范围为 0.001～

32.767s；T250～T255（共6点）是时钟脉冲为100ms的积算型定时器，设定值范围为1～32767，设定值范围为0.1～3276.7s。

积算型定时器与普通型定时器的区别在于：积算型定时器不仅有1个输入端（驱动输入端），还有1个复位输入端，并且具有断电保持功能。只有当积算型定时器的复位输入端接通时，它才能复位。在计时条件失去或PLC电源停电时，其当前值计数器中的数值及触点状态均可保持，当计时条件恢复或来电时可“累计”计时。正因为积算型定时器有这种记忆功能，积算型定时器复位时必须在程序中加入专门的复位指令RST才能消除记忆，令定时器和当前值计数器复位，即在计时过程中，如果计时条件由满足变为不满足，则当前值并不恢复为零，而是保持原当前值不变，下一次计时条件满足时，当前值在原有值的基础上继续累计增加，直到与设定值相等，当前值只有在复位指令有效时才变为零，且复位信号优先。图2-11所示为积算型定时器的工作原理图。

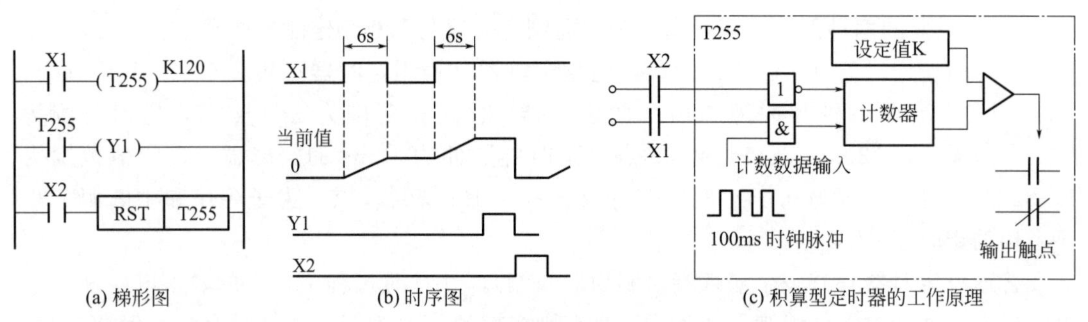

(a) 梯形图　(b) 时序图　(c) 积算型定时器的工作原理

图2-11　积算型定时器的工作原理图

② 定时器的瞬动触点。PLC的定时器本身没有瞬动触点，如果编程需要，可以在定时器线圈两端并联一个辅助继电器的线圈，把这个辅助继电器的触点当成定时器本身的瞬动触点来使用。

③ 延时断开电路。定时器只能提供其线圈“通电”后延迟动作的触点，如果需要输出信号在输入信号停止一定时间后才停止（相当于继电接触控制系统中的断电延时型时间继电器），可采用图2-12所示电路。

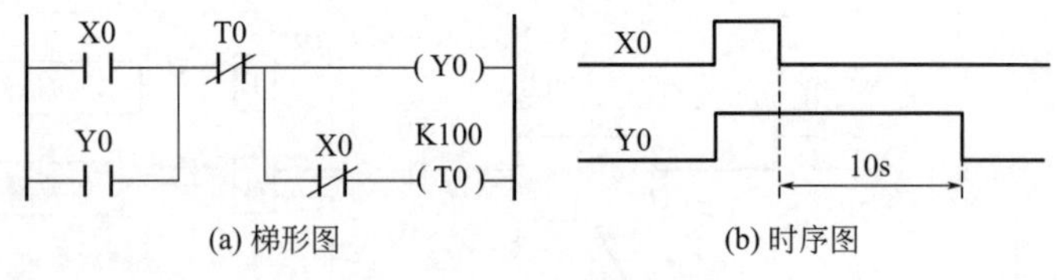

(a) 梯形图　(b) 时序图

图2-12　延时断开电路

④ 定时器编程特点。PLC的程序执行是以扫描方式，从第一步到END步不断重复执行。定时器定时条件满足后就开始工作，每隔0.001s（或0.01s，或0.1s），当前值自动加1，而与程序执行无关。不论程序正运行到哪一步，只要当前值与设定值相等，对应的元件映像寄存器都为“1”，常开触点接通，常闭触点断开。定时器有上述工作特点，如果编程不当，可能会发生误动作。

假设图2-13所示的电路是某个程序的一部分，如果当前值与设定值相等，程序正执行到T0常闭触点之前或T0常开触点之后，则C0不会计数，从而发生漏计数情况。这种错误发生的概率与T0常闭触点和T0常开触点之间程序占整个程序的百分比有关。为彻底避免这种情况的发生，在定时器既要断开自己的线圈又要接通其他元件的电路中，应该引入一个通用辅助继电器来传递定时器的动作，这样就不会发生漏动作，如图2-14所示。

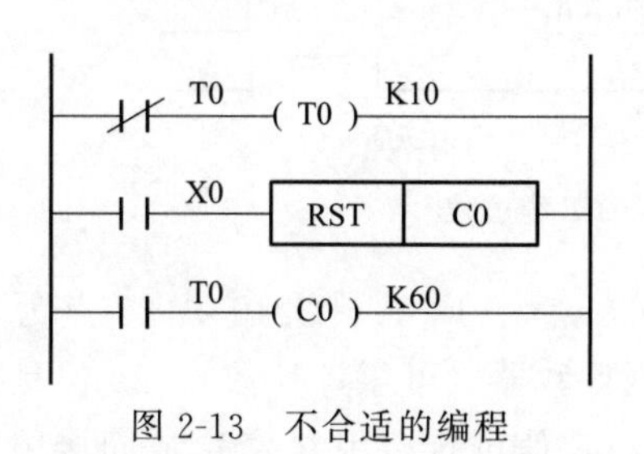

图2-13 不合适的编程

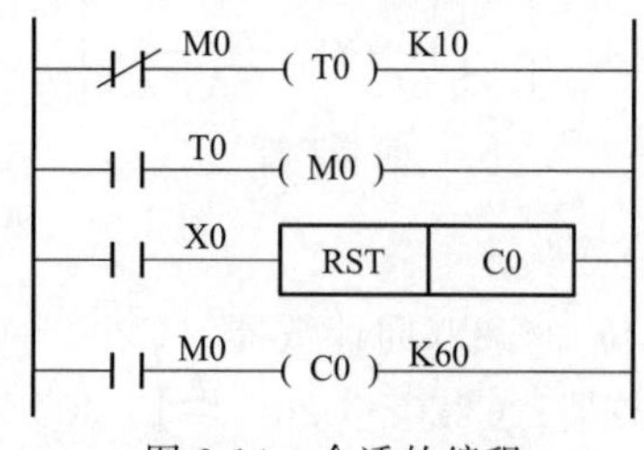

图2-14 合适的编程

(5) 计数器C（C0～C255，共256点）

计数器是可编程控制器内部不可缺少的重要软元件，它由一系列电子电路组成，主要用来记录脉冲的个数。计数器与定时器一样，有1个设定值寄存器、1个当前值寄存器和1个存储其触点状态的位元件，这3个存储单元共用一个编号。计数器的设定值除了可由常数K设定外，还可通过指定数据寄存器D来设定。32位设定值存放在元件号相连的两个数据寄存器中。假如指定的数据寄存器为D0，则设定值存放在D1和D0中。

按所计脉冲的来源可将计数器分为内部计数器（普通计数器）和外部计数器（高速计数器）两类。

① 内部计数器（C0～C234，共235点）。内部计数器是在执行扫描操作时对内部元件（X、Y、M、S、T和C）的触点通断次数计数，其通断频率低于扫描频率，即其接通或断开的持续时间应大于PLC的扫描周期，以避免漏计数的发生，其响应速度通常为数十赫兹以下，因而是低速计数器，也称为普通计数器。内部计数器有16位加计数器和32位加/减双向计数器两类，它们又都可分为普通型和断电保持型两种。

a. 16位加计数器（C0～C199，共200点）。其中C0～C99共100点为普通型16位加计数器，C100～C199共100点为断电保持型16位加计数器，即使停电，当前值和输出触点状态也能保持不变。16位是指其设定值及当前值寄存器为二进制16位寄存器，计数设定值可用常数K设定，范围为K1～K32767，也可通过数据寄存器D设定。

16位加计数器有两个输入端：一个用于计数，一个用于复位。其工作过程如图2-15表示，在复位指令有效（X10为“1”）的情况下，计数输入信号X11即使提供输入脉冲，计数器当前值也保持零不变。X10为“0”解除复位指令后，计数输入电路由断开变为接通（X11由“0”变为“1”，即计数脉冲的上升沿）时，当前值加1。C1当前值等于设定值5时，它对应的位存储单元的内容被置“1”，从而常开触点动作，使Y1成为ON。再有计数脉冲，当前值仍保持设定值不变。当复位输入信号X10接通，执行复位指令，计数器复位，当前值被置为“0”。即在电源正常情况下，即使是非断电保持型计数器的当前值寄存器也具有记忆功能，因此在计数器重新开始计数前必须用复位指令来对当前值寄存器复位。

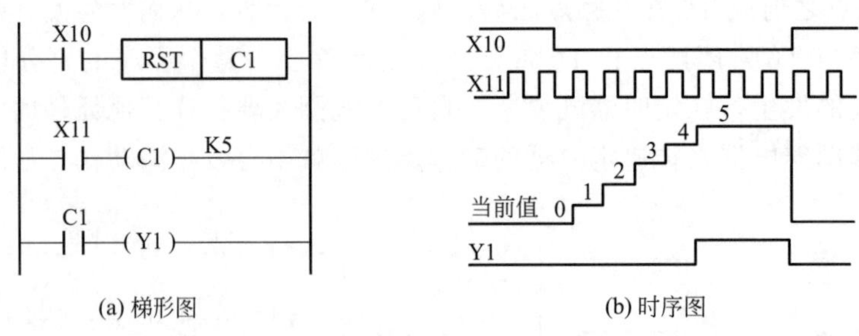

(a) 梯形图　　(b) 时序图

图 2-15　16 位加计数器的工作过程

b. 32 位加/减双向计数器（C200～C234，共 35 点）。C200～C219 共 20 点为非断电保持型计数器；C220～C234 共 15 点为断电保持型计数器（可累计计数）。32 位是指计数器的设定值寄存器为 32 位，其中首位为符号位。设定值可直接用常数 K 或间接用数据寄存器 D 的内容设定，设定值为－2147483648～＋2147483647。间接设定值时，要用元件号紧连在一起的两个数据寄存器表示，如果指定的寄存器为 D0，则设定值实际上存放在 D1 和 D0 中，D1 中放高 16 位，D0 中放低 16 位。

32 位加/减计数器 C200～C234 可以加计数，也可以减计数，其加/减计数方式由特殊辅助继电器 M8200～M8235 设定。如表 2-15 所示，当特殊辅助继电器为 1 时，对应的计数器为减计数，反之为 0 时为加计数。如对于 C200，当 M8200 接通（置“1”）时，C200 为减计数器；M8200 断开（置“0”）时，C200 为加计数器。

表 2-15　32 位加/减计数器的加减方式控制用的特殊辅助继电器

计数器编号	加减方式	计数器编号	加减方式	计数器编号	加减方式	计数器编号	加减方式
C200	M8200	C209	M8209	C218	M8218	C227	M8227
C201	M8201	C210	M8210	C219	M8219	C228	M8228
C202	M8202	C211	M8211	C220	M8220	C229	M8229
C203	M8203	C212	M8212	C221	M8221	C230	M8230
C204	M8204	C213	M8213	C222	M8222	C231	M8231
C205	M8205	C214	M8214	C223	M8223	C232	M8232
C206	M8206	C215	M8215	C224	M8224	C233	M8233
C207	M8207	C216	M8216	C225	M8225	C234	M8234
C208	M8208	C217	M8217	C226	M8226	C235	M8235

32 位双向计数器编程及执行波形图如图 2-16 所示。X10 为计数方向设定信号，X11 为计数复位信号，X12 为计数输入信号。C210 的设定值为 5，在加计数时，如果计数器的当前值由 4→5，计数器 C210 的常开触点接通，Y1 有输出；当前值大于 5 时，C210 常开触点仍接通。在减计数时，若计数器的当前值由 5→4，计数器 C210 的常开触点断开，Y1 停止输出；当前值小于 4 时，C210 常开触点仍断开。X11 常开触点接通时，C210 被复位，当前值被置为 0。

如果 32 位双向计数器从＋2147483647 起再加 1 时，当前值就变成－2147483647；同理，从－2147483648 再减 1，当前值就变成＋2147483647，这称为循环计数。

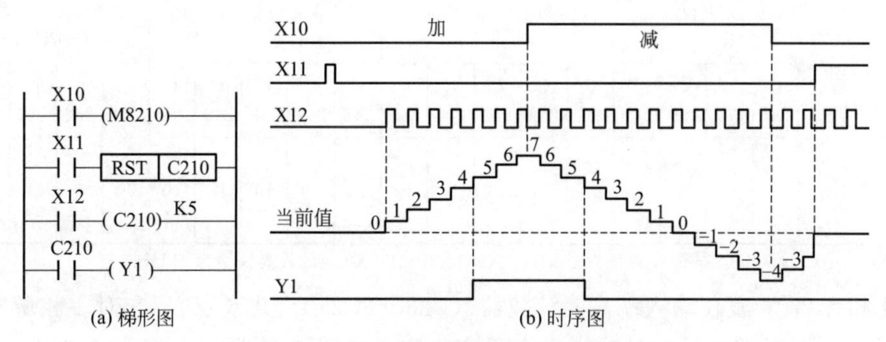

图 2-16　32 位双向计数器编程及执行波形图

若使用断电保持型计数器，其当前值和输出触点状态皆为断电保持。32 位计数器可作为 32 位数据寄存器使用，但不能作为 16 位指令中的软元件使用。

② 高速计数器（C235～C255，共 21 点，又称外部计数器）。高速计数器也称为中断计数器，用于对 X000～X005 输入端子上高于机器扫描频率的外部信号进行计数，所以最多同时用 6 个高速计数器。它的计数独立于扫描周期，不受扫描周期的影响，但最高计数频率受输入响应速度和全部高速计数器处理速度这两个因素限制，后者影响更大，因此高速计数器用得越少，计数频率就越高。但如果某些计数器用比较低的频率计数，则其他计数器可以用较高的频率计数。

高速计数器的选择并不是任意的，它取决于所需计数器的类型及高速输入的端子。高速计数器共 21 点分为四种类型，各种高速计数器均为 32 位增/减计数器。表 2-16 给出了各高速计数器对应的输入端子的元件号，U 为增计数输入，D 为减计数输入，R 为复位输入，S 为启动输入，A、B 分别为 A、B 相输入。表 2-16 中，X006 和 X007 也是高速输入，但只能用作启动信号而不能用于高速计数。不同类型的计数器可同时使用，但它们的输入不能共用。

表 2-16　高速计数表

中断输入	1 相无启动/复位（无 S/R）						1 相带启动/复位（有 S/R）					2 相双向计数输入					2 相(A/B 相型)双向计数输入				
	C 235	C 236	C 237	C 238	C 239	C 240	C 241	C 242	C 243	C 244	C 245	C 246	C 247	C 248	C 249	C 250	C 251	C 252	C 253	C 254	C 255
X000	U/D						U/D			U/D		U	U		U		A	A		A	
X001		U/D					R			R		D	D		D		B	B		B	
X002			U/D					U/D			U/D		R		R			R		R	
X003				U/D				R			R			U		U			A		A
X004					U/D				U/D					D		D			B		B
X005						U/D			R					R		R			R		R
X006										S					S					S	
X007											S					S					S

续表

中断输入	1相无启动/复位（无S/R）						1相带启动/复位（有S/R）					2相双向计数输入					2相（A/B相型）双向计数输入				
	C235	C236	C237	C238	C239	C240	C241	C242	C243	C244	C245	C246	C247	C248	C249	C250	C251	C252	C253	C254	C255
最高频率/kHz	60	60	10	10	10	10	10	10	10	10	10	60	10	10	10	10	30	5	5	5	5

注：X000、X002、X003的最高频率为10kHz；X001、X004、X005的最高频率为7kHz。

a. 1相无启动/复位输入端高速计数器（C235～C240，共6点）。它对1相脉冲计数，因此只有一个脉冲输入端，计数方向由程序决定。如图2-17所示，M8235为ON时，减计数；M8235为OFF时，加计数；X11接通时，C235当前值立即复位置0；当X12接通后，C235开始对X000端子输入的信号上升沿计数。

b. 1相带启动/复位输入端高速计数器（C241～C245，共5点）。如图2-18所示，利用M8245，可以设置C245为加计数或减计数；X11接通时，C245立即复位置0，因为C245带有复位输入端，因此也可以通过外部输入端X003复位；又因为C245带有启动输入端X007，所以在X12为ON，并且X007也为ON的情况下才开始计数，计数输入端为X002，设定值由数据寄存器D0和D1的内容来指定。

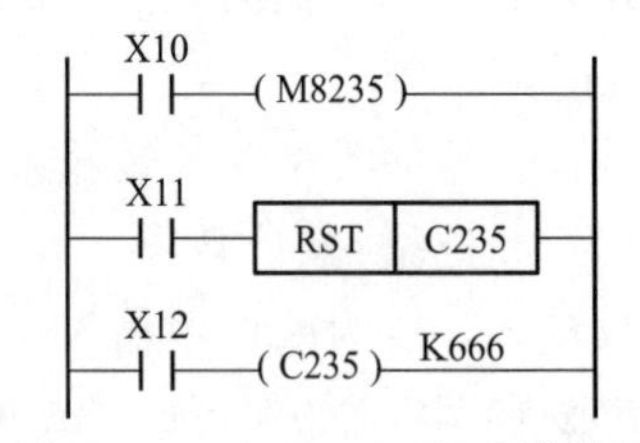

图2-17　1相无S/R高速计数器

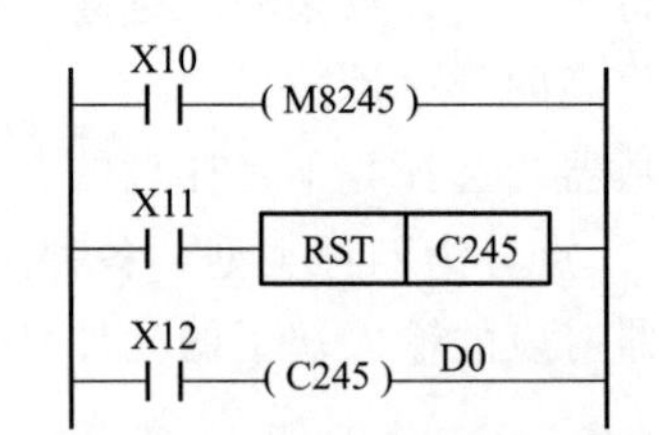

图2-18　1相带S/R高速计数器

c. 2相双向计数输入高速计数器（C246～C250，共5点）。这种计数器具有的一个输入端用于加计数，另一个输入端用于减计数，其中几个计数器还有启动端和复位端。在图2-19(a)中，X10接通后，C246像一般32位计数器一样复位；X10断开、X11接通情况下，如果输入脉冲信号从X000输入端输入，当X000从OFF→ON时，C246当前值加1；反之，如果输入脉冲信号从X001输入端输入，当X001从OFF→ON时，C246当前值减1。在图2-19(b)中，X005接计数器复位；X005断开情况下，X007、X11全接通后，C250对X003输入端输入的上升沿加计数，对X004输入端输入的上升沿减计数。C246～C250的计数方向可以由监视相应的特殊辅助继电器M8246～M8250状态得到。

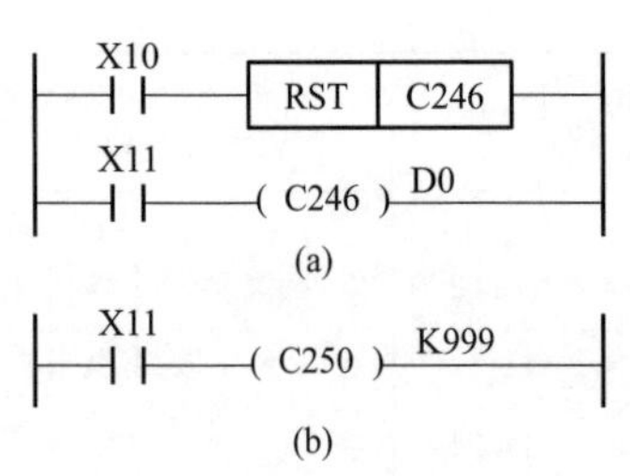

图2-19　2相双向计数输入高速器

d. 2相（A/B相型）双向计数输入高速计数器（C251～C255，共5点）。这种计数器的计数方向由A相脉冲信号与B相脉冲信号的相位关系决定。在A相输入接通期间，若

B 相输入由断开变为接通，则计数器为加计数；反之，A 相输入接通期间，如果 B 相输入由接通变为断开，则计数器为减计数（见图 2-20）。

图 2-21 中 X11 为 ON 且 X7 也为 ON，C255 通过中断对 X3 输入的 A 相信号和 X4 输入的 B 相信号的上升沿计数。X10 或 X5 为 ON 时 C255 复位。当前值大于等于设定值时，Y0 接通。Y1 为 ON 时，减计数；Y1 为 OFF 时，加计数。可以在电动机的旋转轴上安装 A/B 相型的旋转编码器，程序中使用 C251～C255 2 相双计数输入计数器，从而实现旋转轴正向转动时自动加计数，反向转动时自动减计数。

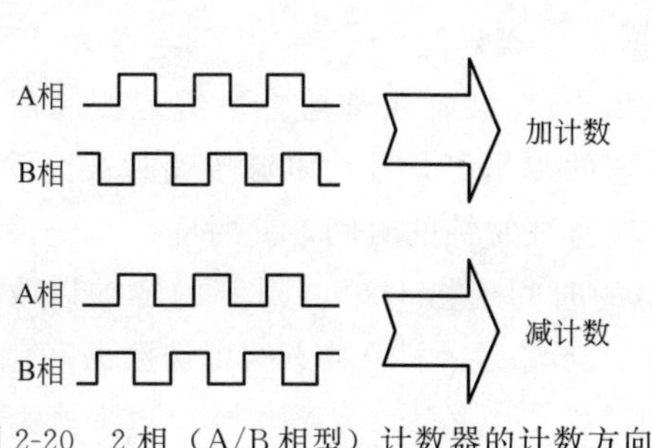

图 2-20　2 相（A/B 相型）计数器的计数方向

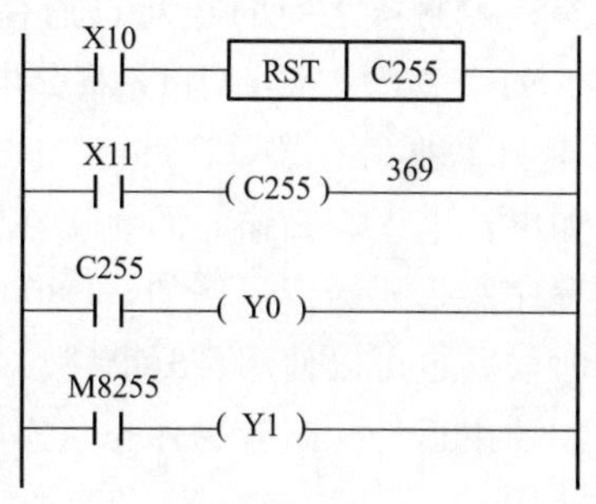

图 2-21　2 相（A/B 相型）高速计数器

（6）数据寄存器 D（D000～D8255，共 8256 点）

可编程控制器在模拟量检测与控制以及位置控制等许多场合都需要数据寄存器来存储数据和参数。每个数据寄存器都为 16 位，最高位是正负符号位，当最高位为 0 时表示正数，为 1 时表示负数，数值为－32768～＋32767。也可将 2 个数据寄存器组合，可存放 32 位二进制数，最高位是正负符号位，数值为－2147483648～＋2147483647，如图 2-22 所示。

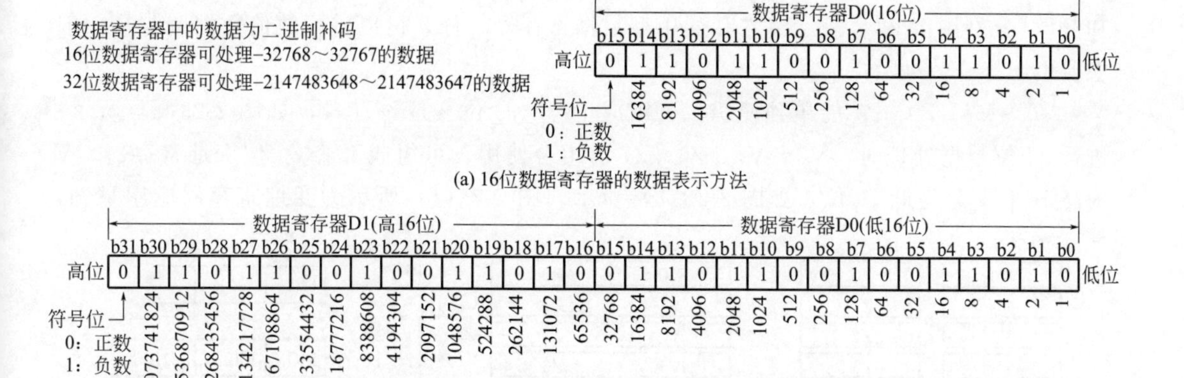

(a) 16位数据寄存器的数据表示方法

(b) 32位数据寄存器的数据表示方法

图 2-22　数据寄存器的数据表示方法

数据寄存器分为一般数据寄存器、断电保持数据寄存器、特殊数据寄存器、文件寄存器、变址寄存器。

① 一般数据寄存器（D0～D199，共 200 点）。存放在一般数据寄存器中的数据，只

要不写入其他数据，其内容保持不变。但当可编程控制器状态由运行转到停止时，如果特殊辅助继电器 M8033 为 OFF，即一般数据寄存器不具有断电保持功能，这时一般数据寄存器中的数据均清零；若特殊辅助继电器 M8033 为 ON，状态由 RUN→STOP 时，一般寄存器具有断电保持功能，这时数据可以保持。

② 断电保持数据寄存器（D200～D7999，共 7800 点）。数据寄存器 D200～D511（共 312 点）中的数据在可编程控制器停止状态或断电情况下都可以保持。通过改变外部设备的参数设定，可以改变通用数据寄存器与此类数据寄存器的分配。其中 D490～D509 用于两台可编程控制器之间的点对点通信。D512～D7999 的断电保持功能不能用软件改变，可以用 RST、ZRST 或 FMOV 将断电保持数据寄存器复位。

③ 特殊数据寄存器（D8000～D8255，共 256 点）。它用来监控可编程控制器的运行状态，如电池电压、扫描时间、正在动作的状态的编号等，其在电源接通时被清零，随后被系统程序写入初始值。例如，D8000 用来存放监视时钟的时间，此时间由系统设定，当需要的时候，也可以使用传送指令 MOV 将目的时间送给 D8000 对其内容加以改变。可编程控制器由运行状态转为停止状态时，此值不会改变。未经定义的特殊数据寄存器，用户不能使用。

④ 文件寄存器（D1000～D7999，共 7000 点）。文件寄存器实际上是一种专用数据寄存器，用于存储大量的数据，如采集数据、统计计算数据、多组控制参数等。其数值由 CPU 的监视软件决定，但可通过扩充存储器的方法加以扩充。

文件寄存器占用用户程序存储器内的一个存储区，以 500 点为 1 个单位，最多可在参数设置时设置 7000 点，用编程器可进行写入操作。在 PLC 运行中，用 SMOV 指令可以将文件寄存器中的数据读出到一般数据寄存器中，但不能用指令将数据写入文件寄存器。

⑤ 变址寄存器（V0～V7，Z0～Z7，共 16 点）。在传送指令、比较指令中，变址寄存器 V、Z 中的内容用来修改操作对象的元件号，在循环程序中经常使用变址寄存器。V0 和 Z0 可分别用 V 和 Z 表示。它和通用型数据寄存器一样，可以进行数值数据读与写，但主要用于操作数地址的修改。

V0～V7、Z0～Z7 能单独使用，可组成 16 个 16 位变址寄存器，如图 2-23(a) 所示。进行 32 位数据处理时，V0～V7、Z0～Z7 需组合使用，可组成 8 个 32 位变址寄存器。V 为高 16 位，Z 为低 16 位，如图 2-23(b) 所示。图 2-23(c) 所示为变址寄存器应用举例，

16位8点	16位8点
V0	Z0
V1	Z1
V2	Z2
V3	Z3
V4	Z4
V5	Z5
V6	Z6
V7	Z7

(a) 16位变址寄存器

32位8点	
V0	Z0
V1	Z1
V2	Z2
V3	Z3
V4	Z4
V5	Z5
V6	Z6
V7	Z7

(b) 32位变址寄存器

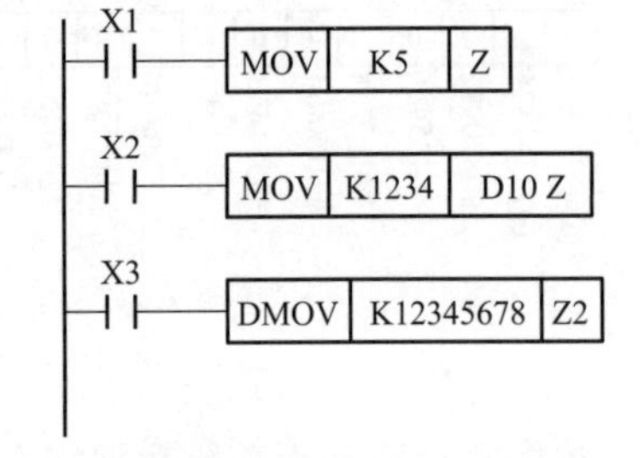

(c) 变址寄存器应用举例

图 2-23　变址寄存器的使用

当X1闭合时，将常数5传送到Z中，Z=5。当X2闭合时，将常数1234传送到D（10+5）即D15中。当X3闭合时，将常数12345678传送到V2、Z2组成的32位变址寄存器中，常数12345678是以二进制数形式存放在V2、Z2中的，其中高16位存放在V2中，低16位存放在Z2中。

（7）指针寄存器P/I（P0～P127，共128点和I0□□～I8□□，共15点）

指针P/I包括分支指令用指针P和中断指令用指针I两种。

① 分支指令用指针（P0～P127，共128点）。P0～P127用来指示跳转指令CJ的跳转目标或子程序调用指令CALL调用的子程序入口地址。当图2-24(a)中X10为ON时，程序跳到标号P6处，不执行被跳过的那部分指令，从而减少了扫描时间。一个标号只能出现一次，否则会出错。根据需要，标号也可以出现在跳转指令之前，但反复跳转的时间不能超过监控定时器设定的时间，否则也会出错。

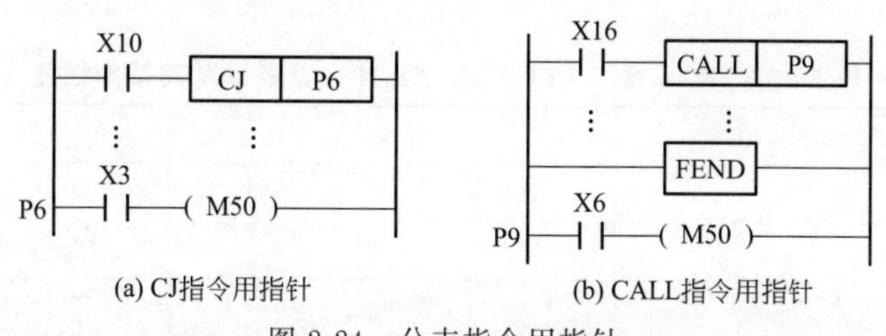

图2-24 分支指令用指针

当图2-24(b)中X16为ON时，程序跳转到标号P9处，执行从P9开始的子程序，执行到子程序返回指令SRET时返回到主程序中CALL P9下面一条指令。标号应写在主程序结束指令FEND之后，同一标号只能出现一次。跳转指令用过的标号不能再用。不同位置的子程序调用指令可以调用同一标号的子程序。

② 中断指令用指针（I0□□～I8□□，共15点）。可编程控制器在执行程序过程中，任何时刻只要符合中断条件，就停止正在进行的程序转而去执行中断程序，执行到中断返回指令IRET时返回到原来的中断点。这个过程和计算机中用到的中断是一致的。中断指令用指针用来指明某一中断源的中断程序入口标号。FX2N系列有输入中断、定时器中断和计数器中断三种中断方式，其指针编号的含义如图2-25所示。

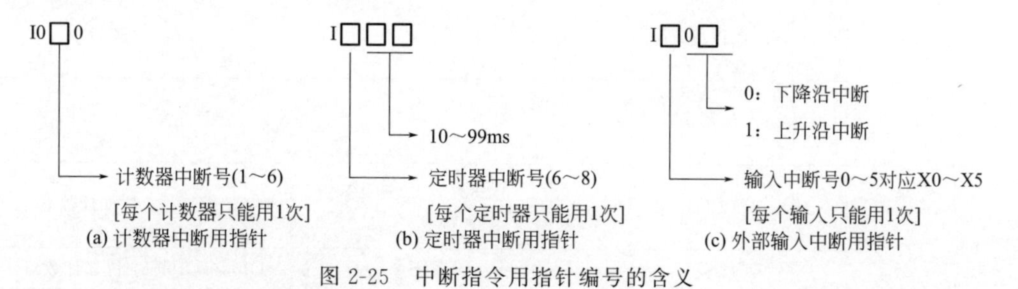

图2-25 中断指令用指针编号的含义

a. 计数器中断用指针。如图2-25(a)所示，FX2N系列具有6点计数器中断，用于可编程控制器的高速计数器，根据当前值与设定值的关系确定是否执行相应的中断服务子程序。6点计数器中断指针为I010～I060，与高速计数器比较置位指令HSCS成对使用。

b. 定时器中断用指针。如图 2-25(b) 所示，FX2N 系列具有 3 点定时器中断，能够使可编程控制器以指定的周期定时执行中断程序，定时处理某些任务，时间不受扫描周期的限制。3 点定时器中断指针为 I6□□、I7□□、I8□□，低两位是定时时间，范围是 10～99ms。例如，I610 即为每隔 10ms 就执行标号 I610 后面的中断程序，执行到 IRET 时返回主程序。

c. 外部输入中断用指针。如图 2-25(c) 所示，FX2N 系列具有 6 个与 X0～X5 对应的中断输入点，用来接收特定的输入地址号的输入信号，立即执行对应的中断服务程序，因为不受扫描工作方式的影响，因此能够使可编程控制器迅速响应特定的外部输入信号。输入中断指针为 I□0□，最低位为 0，表示下降沿中断；最低位为 1，表示上升沿中断。最高位与 X0～X5 的元件号相对应。例如，I001 为输入 X0 从 OFF→ON 变化时，执行标号 I001 后面的中断程序，执行到 IRET 时返回主程序。

FX2N 系列 PLC 的编程元件一览表以及其基本性能见表 2-17。

表 2-17　FX2N 系列 PLC 的编程元件一览表以及其基本性能

软元件	类型	点数		编码范围
输入继电器(X)		184 点	合计 256 点	X0～X267
输出继电器(Y)		184 点		Y0～Y267
辅助继电器(M)	一般	500 点		M0～M499
	锁存	2572 点		M500～M3071
	特殊	256 点		M8000～M8255
状态继电器(S)	一般	490 点		S10～S499
	锁存	400 点		S500～S899
	初始	10 点		S0～S9
	信号报警器	100 点		S900～S999
定时器(T)	100ms	0.1～3276.7s 200 点		T0～T199
	10ms	0.01～327.67s 46 点		T200～T245
	1ms 保持型	0.001～32.767s 4 点		T246～T249
	100ms 保持型	0.1～3276.7s 6 点		T250～T255
计数器(C)	一般 16 位	0～32767 100 点		C0～C99 16 位加计数器
	锁存 16 位	100 点(子系统)		C100～C199 16 位加计数器
	一般 32 位	−2147483648～+2147483647 20 点		C200～C219 32 位加/减计数器
	锁存 32 位	15 点		C220～C234 32 位加/减计数器

续表

软元件	类型	点数	编码范围
高速计数器(C)	单相	范围:－2147483648～+2147483647	C235～C245 11 点
	双相		C246～C250 5 点
	A/B 相		C251～C255 5 点
数据寄存器(D)(使用 2 个可组成一个 32 位数据寄存器)	一般(16 位)	200 点	D0～D199
	锁定(16 位)	7800 点	D200～D7999
	文件寄存器(16 位)	7000 点	D1000～D7999
	特殊(16 位)	256 点	D8000～D8255
	变址(16 位)	16 点	V0～V7 以及 Z0～Z7
指针(P)	用于 CALL	128 点	P0～P127
	用于中断	6 输入点、3 定时器、6 计数器	I00*～I50* 和 I6**～I8**[上升触发*=1,下降触发*=0,**=时间(单位:ms)]
嵌套层次		用于 MC 和 MRC 时为 8 点	N0～N7
常数	十进制(K)	16 位:－32768～+32767 32 位:－2147483648～+2147483647	
	十六进制(H)	16 位:0～FFFF 32 位:0～FFFFFFFF	

2.5 PLC 的通信

相对单机控制，由多台 PLC 或由工业控制计算机、智能设备与 PLC 组成的监控系统，能够扩大控制地域、控制规模，降低系统的成本，提高系统的稳定性，还可以实现控制设备间的综合协调，充分发挥设备的效益。近几年各 PLC 厂商都加强了自己产品的通信能力，使用 PLC 的远程系统出现在十分普通的控制场合中。

2.5.1 通信协议

通信就是信息的传递。PLC 通信传递工业控制现场的数据或控制设备的工作状态，但通信之前需要先有协议。协议的内容是很普遍的，如采用什么手段或媒介传递信息是协议的首要内容，称为信道的选择。计算机及 PLC 通信信道的物理载体是光纤或电缆，也就是连接各种通信设备的导线。

通信接口作为信道的组成部分，是信息流经的重要硬件。通信接口有关的约定含用几根线，每根线的功能是什么及由接口结构决定的发送与接收机制等。PLC 通信多是串行通信，是一种以二进制位为单位的数据传输方式。接口常为 RS-232C、RS-485、RS-422 等行业约定俗成的串行通信口。通常接口相同的设备只要根据接口要求连接，信道就可以建成。而不同接口的设备间信道的建立则需要接口转换装置。

通信是用特定的编码表达特定的信息。通信协议还包含信息表达“语言”的约定，这类似于无线电报中的“密电码本”。密电码本是收发报时长、短信号排列组合与其所代表的意义的约定，计算机通信传送的则是 0 和 1 排列组合的报文，约定报文的格式及字段的含义是必不可少的。

通信中还需要有用于保障信息传递安全的协议。就像人们用语言交流前要先打招呼，使用密电码的电台要先呼号，这在通信中有个专用的名词——“握手”。除了网络中的各方都要有标识（地址）外，计算机通信前要先确定好握手的方式，如发送方先发送一个包括接收方地址的信息，接收方收到后将信息用事先约定的方法处理后再发回去，发送方收到接收方发回的信息后，将刚才发送的信息用同样方法处理后与回收的信息比照，如相同，则认为信道是安全可用的，正式通信可以进行。通信安全还涉及接与收的同步，否则接收的信息可能是残缺不全的。

通信中较高级的协议是用于信道管理的。当信道上接有多台通信设备时，哪台设备在什么时候以某种形式占用信道是通信管理的重要内容。这类似于道路上的交通警察，负责道路的畅通及防止事故的发生。通信事故则指信息的丢失或出错等情况。

国际标准化组织 ISO 提出了开放系统互联模型 OSI，即通常说的开放系统通信协议模型，如图 2-26 所示。模型中将通信协议分为 7 层，有兴趣的读者可查阅有关资料。

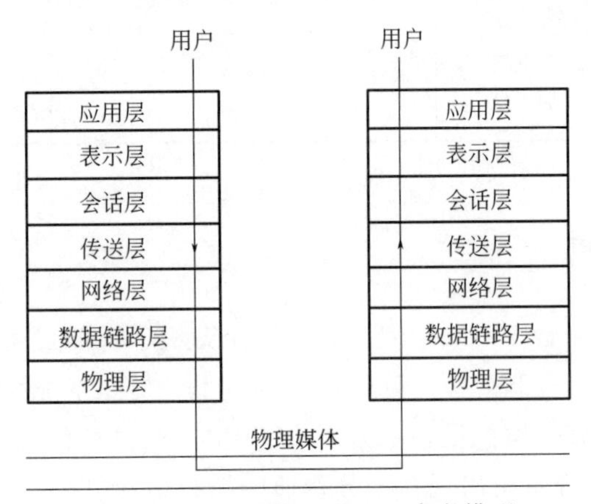

图 2-26　开放系统互联 OSI 参考模型

PLC 的通信通常只涉及 7 层协议中较低的几层。一是由于 PLC 在大型网络中通常多服务于中下层，二是由于 PLC 是开发成品的设备，厂家都在自己产品中安排了特定的通信模式，即协议的许多内容都是安排好了的。如通信采用的信息格式、帧信息的组织、读/写命令格式等这些基本的通信协议内容，已作为操作系统的一部分写入了 PLC 的内部管理软件中。但不同的 PLC 产品，不同的通信方式中，使用协议的完整程度差别很大。有的只要做简单的配置，并不要编程。有的就要通过程序规划通信的绝大部分协议，安排通信的全部过程。

2.5.2　PLC 通信的主要方式

以下是 PLC 通信的主要方式。要注意，不同的 PLC 产品，相同的通信方式中，已安排的通信协议可能也有很大差别。

① 使用地址链接通信。地址链接通信多用于同系列 PLC 与 PLC 间的通信。具体方法是在 PLC 存储区内划定一个链接区域，如表 2-18 所示。4 台相互通信的 PLC 划定的区域相同，且每台 PLC 在其中都分配有写区与读区，这些写区与读区相对各台 PLC 来说是交互的。表 2-18 中灰色的区域表示写区，白色的区域表示读区。工作时每台机器都向自己的写区写入数据，并通过通信将本机写区的数据传送到其他机器相同的地址单元，这样地址链接区域的数据则为共享数据。

许多 PLC 在出厂时就安排好了地址链接通信，如规定了参与通信机器的数量，链接单元的格式及参数，规定了通信参数的设置方式等。使用时只要依要求连接口线，做好相关设置，指定链接区并将通信数据送到链接区，PLC 即自动完成通信操作，不需要编写通信程序。当然也有不少 PLC 中没做这样的安排，或者与 PLC 通信的不是同系列 PLC 而是其他计算机，如希望使用地址链接通信，除了安排链接区外，还需安排通信过程，才能完成共享数据的接收及传送。

表 2-18　地址链接通信区

PLC1	PLC2	PLC3	PLC4
1000～1015	1000～1015	1000～1015	1000～1015
1016～1031	1016～1031	1016～1031	1016～1031
1032～1047	1032～1047	1032～1047	1032～1047
1048～1063	1048～1063	1048～1063	1048～1063

② 使用通信命令通信。通信命令并不是 PLC 的指令，而是一种能为 PLC 识别的通信协议。这些协议也是由 PLC 厂家在出厂前安排的，一般具有指定读/写 PLC 的一些存储区或对 PLC 做出一些特定控制处理的功能。使用通信命令通信常见于计算机与 PLC 通信中，一般经串口进行，通信连接如图 2-27 所示。

通信时，先由计算机发送通信命令，PLC 对这个命令处理后给予回应。图 2-28 为通信命令帧格式，图中节点号为接收方地址，头代码为命令的功能，文字为传递的数据。在这种以计算机为主的通信中，计算机采用能实现串口控制的软件平台编程，编程语言可以是 BASIC、C＋＋、VB、VC、Java、Delphi 等。计算机与 PLC 利用通信命令通信时，除在计算机程序中设定与 PLC 中完全相同的通信参数（如波特率等）外，还要规划全部通信过程。PLC 的应答操作则是自动完成的。

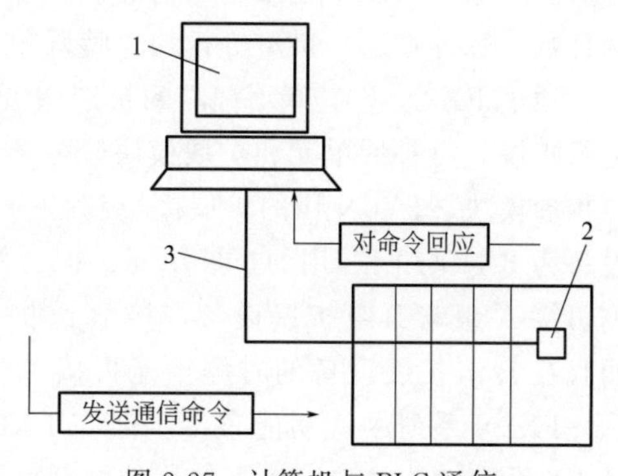

图 2-27　计算机与 PLC 通信

1—计算机；2—PLC 串口；3—通信电缆

③ 使用 PLC 的通信指令通信。通信指令指 PLC 功能指令中的通信指令。这类指令一般有两类主要类型：一类为通信口设定指令，另一类则为数据接收及发送指令。以 FX2N 系列 PLC 为例，RS 指令即为串口通信指令，可用于无协议通信中。RS 指令与前边说的通信

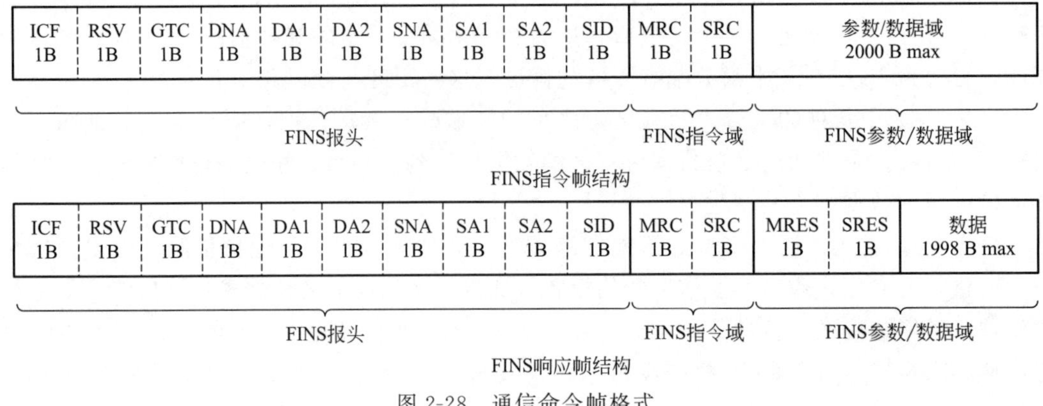

图 2-28　通信命令帧格式

命令主要有两点不同：一是RS指令可以直接在PLC程序中使用；二是通信指令读/写的对象是串口的发送及接收缓冲区，PLC以通信事件处理方式对待通信指令安排的通信过程。因而这些指令可以在以PLC为主站的通信系统中，如PLC与PLC的通信、PLC与变频器等智能工控设备的通信及PLC与打印显示设备的通信。但由于通信指令一般不涉及通信过程的组织，需通过PLC程序安排全部的通信过程。

④ 通过组态软件通信。组态软件指运行在通用计算机上的工业控制用软件，如组态王、IFIX、INTOUCH等。这些软件具有方便的操作界面及强大的控制功能，可以组成大型工业控制网络，可使用这些软件实现计算机与PLC的主从通信。这些软件面对通用的工控市场，几乎可以与各类工控产品兼容，在与PLC通信时，只要针对不同的机型做一些设定并安排通信内容就可以了。

除以上所述，一些PLC还有协议宏通信方式，这是一种将自定义协议打包使用的通信方式。此处就不再赘述。

2.6　PLC的特殊扩展设备

特殊扩展设备可分为三类：特殊功能板、特殊模块和特殊单元，是一些特殊用途的装置。特殊功能板用于连接、通信和模拟量设定等；特殊模块主要有模拟量输入/输出、高速计数、脉冲输出、接口等模块；特殊单元用于定位脉冲输出。

通过FX2N基本单元右侧的扩展单元、扩展模块、特殊单元或特殊模块的接线插座进行扩展。可扩展单元和扩展模块分为A、B两组。A组扩展设备为FX2N用的扩展单元与扩展模块、FX0N用的扩展模块和特殊模块（不能接FX0N用的扩展单元）；B组扩展设备为FX1与FX2用的扩展单元、扩展模块、特殊单元及特殊模块。FX2N基本单元右侧可接A组与B组扩展设备，接B组扩展设备时必须采用FX2N-CNV-IF型转换电缆，而且在B组扩展设备的右侧不能再接A组扩展设备。具体的特殊扩展设备如表2-19所示。FX2N系列尽管功能很多，但与FX2系列相比，面积、体积小50%。总之，FX2N是FX系列功能最强、速度最快的微型可编程控制器。

表 2-19　**FX2N 特殊扩展设备**（控制电源用 DC5V）

特殊扩展设备类型	型号	名称	功能概要	耗电/mA
特殊功能板	FX2N-8AV-BD	容量转接器	模拟量 8 点	20
	FX2N-422-BD	RS-422 通信板	用于连接外围设备	60
	FX2N-485-BD	RS-485 通信板	用于计算机	60
	FX2N-232-BD	RS-232 通信板	用于连接各种 RS-232C 设备	20
	FX2N-CNV-BD	FX0N 用适配器连接板	不需要电源	
特殊模块	FX0N-3A	8 位 2CH 模拟输入、1CH 模拟输出	电压输出:DC±10V 电流输出:+4～±20mA	30
	FX0N-16NT	M-NET/M1N1 用绞合导线	I/O:8 点/8 点,局间 100m	20
	FX2N-4AD	12 位 4CH 模拟输入、模拟输出	电压输入:±10V 电流输入:+4～±20mA	30
	FX2N-4DA	12 位 4CH 模拟输出	电压输出:DC±10V 电流输出:+4～±20mA	30
	FX2N-4AD-PT	12 位 4CH 温度传感器输入	电压输出:DC±10V 电流输出:+4～±20mA	30
	FX2N-4AD-TC	4CH 温度传感器输入(热电偶)	热电偶型温度传感器用模块	30
	FX2N-1HC	50kHz 2 相调整计数器	1 相 1 输入、1 相 2 输入、2 相输入:最大 50kHz	90
	FX2N-1PG	100kP/s 脉冲输出模块	单轴用,最大频率为 100kP/s,顺控程序控制	55
	FX2N-232IF	RS-232C 通信接口	RS-232C 通信用,1CH	40
	使用以下特殊模块或特殊单元时,需换 FX2N-CNV-IF 型电缆			
	FX-16NP	M-NET/MINI 用光纤	I/O:8 点/8 点,局间 100m	80
	FX-16NT	M-NET/MINI 用绞合导线	I/O:8 点/8 点,局间 100m	80
	FX-16NP-S3	M-NET/MINT-S3 用光纤	I/O:8 点/8 点,局间 50m	80
	FX-16NT-S3	M-NET/MINT-S3 用绞合导线	I/O:8 点/8 点,16 位数据:28 字,局间 100m	80
	FX-2DA	12 位 2CH 模拟输出	电压输出:DC±10V 电流输出:+4～±20mA	30
	FX-4DA	12 位 4CH 模拟输出	电压输出:DC±10V 电流输出:+4～±20mA	30
	FX-4AD	12 位 4CH 模拟输入	电压输出:±10V 电流输出:+4～±20mA	30
	FX-2AD-PT	2CH 温度输入(PT-100)	PT-100 型温度传感器用模块	30

续表

特殊扩展设备类型	型号	名称	功能概要	耗电/mA
特殊模块	FX-4AD-TC	4CH传感器输入(热电偶)	热电偶型温度传感器用模块	40
	FX-1HC	50kHz 2相高速计数器	1相1输入、1相2输入、2相输入:最大为50kHz	70
	FX-1PG	100kP/s脉冲输出块	单轴用,最大频率为100kP/s,顺控程序控制	55
	FX-1DIF	IDIF接口	ID接口模块	130
特殊单元	FX-1GM	定位脉冲输出单元(1轴)	单轴用最大频率为100kP/s	自给
	FX-10GM	定位脉冲输出单元(1轴)	单轴用最大频率为200kP/s	自给
	FX-20GM	定位脉冲输出单元(2轴)	双轴用最大频率为200kP/s,插补时为100kP/s	自给

第 3 章 三菱PLC的基本指令系统

在使用 PLC 控制被控对象时，必须编写与其对应的控制程序，因为不同厂家甚至同一厂家的不同型号 PLC 的编程语言指令的数量和种类都不一样。三菱 FX2N 系列 PLC 有 27 条基本指令、2 条步进指令、128 种（298 条）功能指令。

3.1 PLC 的基本指令

逻辑线圈指令用于梯形图中接点逻辑运算结果的输出或复位。各种逻辑线圈应和右母线连接，当右母线省略时逻辑线圈只能在梯形图的右边，注意输入继电器 X 不能作为逻辑线圈。逻辑线圈指令如表 3-1 所示。

表 3-1　逻辑线圈指令

	指令	梯形图符号		可用软元件
普通线圈指令	OUT	—(Y000)	—(Y000)	Y、M、S、T、C
置位线圈指令	SET	—[SET M3]	—[SET│M3]	Y、M、S
复位线圈指令	RST	—[RST M3]	—[RST│M3]	Y、M、S、T、C、D
上升沿线圈指令	PLS	—[PLS M2]	—[PLS│M2]	Y、M
下降沿线圈指令	PLF	—[PLF M3]	—[PLF│M3]	Y、M
主控线圈指令	MC	—[MC N0 M2]	—[MC│N0│M2]	Y、M
主控复位线圈指令	MCR	—[MCR N0]	—[MCR│N0]	N

只利用这些基本逻辑指令，就可以编制出任何开关量控制系统的用户程序，现对此加以介绍。

(1) 逻辑取和输出线圈指令

① LD，取指令。用于常开触点与左母线的连接指令，每一个以常开触点开始的逻辑行都要使用这一指令。

② LDI，取反指令。用于常闭触点与左母线的连接指令，每一个以常闭触点开始的逻辑行都要使用这一指令。

③ OUT，驱动线圈输出的指令，也叫输出指令。

LD、LDI 操作对象为 X、Y、M、S、T、C，这两个指令也与 ORB、ANB 指令配合用于分支电路的起点。OUT 操作对象为 Y、M、S、T、C，绝对不能用于 X（因为 X 不能由程序驱动，只能由外部电路驱动）。OUT 指令根据需要可以连续使用若干次，形式上相当于线圈的并联。定时器 T 或计数器 C 的线圈在梯形图中或在使用 OUT 指令后，必须紧接着设定十进制常数 K 或指定数据存储器的地址。

(2) 触点串联指令与触点并联指令

① AND，与指令。用于单个常开触点的串联，完成逻辑“与”运算。

② ANI，与非指令。用于单个常闭触点的串联，完成逻辑“与非”运算。

③ OR，或指令。用于单个常开触点的并联，完成逻辑“或”运算。

④ ORI，或非指令。用于单个常闭触点的并联，完成逻辑“或非”运算。

上述指令的操作元件为 X、Y、M、S、T、C。单个或几个触点与一个线圈串联后和上面单个线圈并联的情况，称为连续输出，此时这几个触点应使用 AND/ANI 指令（见图 3-1 指令表的第 5 步和第 6 步）。串联的次数没有限制，该指令可多次重复使用。使用 OR/ORI 指令时，并联触点的左端应接到 LD 点上，右端与前一条指令对应的触点的右端相连接，并联的次数无限制。

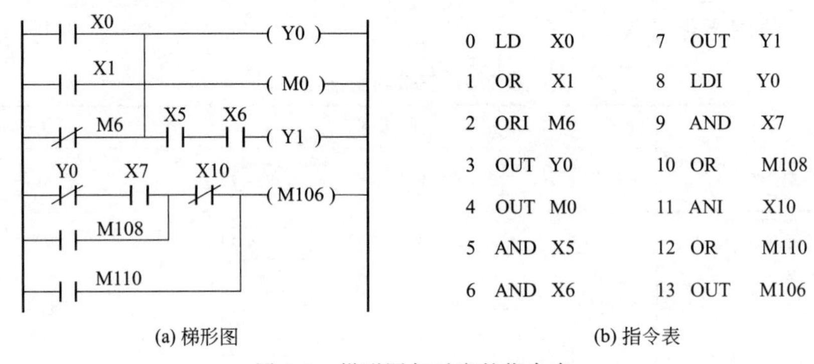

步	指令	元件	步	指令	元件
0	LD	X0	7	OUT	Y1
1	OR	X1	8	LDI	Y0
2	ORI	M6	9	AND	X7
3	OUT	Y0	10	OR	M108
4	OUT	M0	11	ANI	X10
5	AND	X5	12	OR	M110
6	AND	X6	13	OUT	M106

(a) 梯形图　　(b) 指令表

图 3-1　梯形图与对应的指令表

(3) 脉冲指令

脉冲指令有 LDP（取脉冲上升沿）、LDF（取脉冲下降沿）、ANDP（与脉冲上升沿）、ANDF（与脉冲下降沿）、ORP（或脉冲上升沿）、ORF（或脉冲下降沿）。

① 它们是与 LD、AND、OR 相对应的脉冲式操作指令。LDP、ANDP 与 ORP 指令中的 P 表示脉冲上升沿检测的触点指令，指令中的触点中间带有一个向上的箭头，操作元件只有出现上升沿（由 OFF→ON）时才接通一个扫描周期。

② LDF、ANDF 与 ORF 指令中的 F 表示脉冲下降沿检测的触点指令，指令中的触点中间带有一个向下的箭头，操作元器件只有出现下降沿（由 ON→OFF）时才接通一个扫描周期。

上述指令的操作元件为 X、Y、M、S、T 和 C。图 3-2 中，在 X0 上升沿或 X1 下降沿，Y0 接通一个扫描周期。M6 接通情况下，T9 由 OFF→ON 时 M0 接通一个周期。

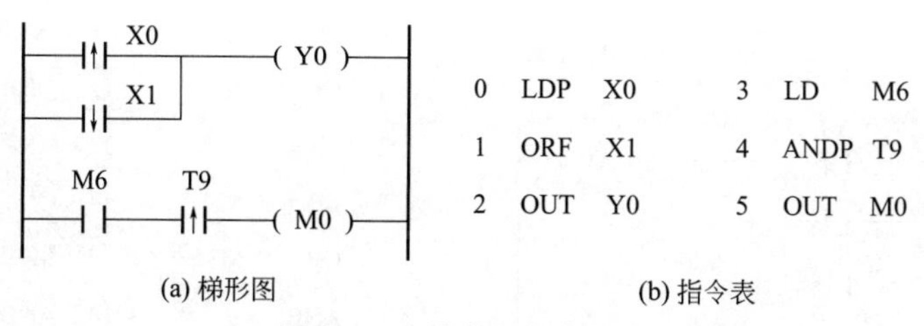

图 3-2 边沿检测触点指令

(4) 串联电路块的并联指令 ORB、并联电路块的串联指令 ANB

① ORB，块或指令。用于两个或两个以上触点串联连接的电路之间的并联，称之为串联电路块的并联连接。每个串联电路块的起点都要使用 LD/LDI 指令，串联电路块结束后，用 ORB 指令与前面电路并联（见图 3-3 中的第 4 步）。如要将多个串联电路块并联，在需要并联的每个串联电路块后加 ORB 指令，并联电路块的个数没有限制。

② ANB，块与指令。用于两个或两个以上触点并联连接的电路之间的串联，称之为并联电路块的串联连接。每个并联电路块的起点都要使用 LD/LDI 指令，并联电路块结束后，用 ANB 指令与前面电路串联（见图 3-3 的第 8 步）。如果有多个并联电路块串联，依次以 ANB 指令与前面支路连接，支路数量没有限制。

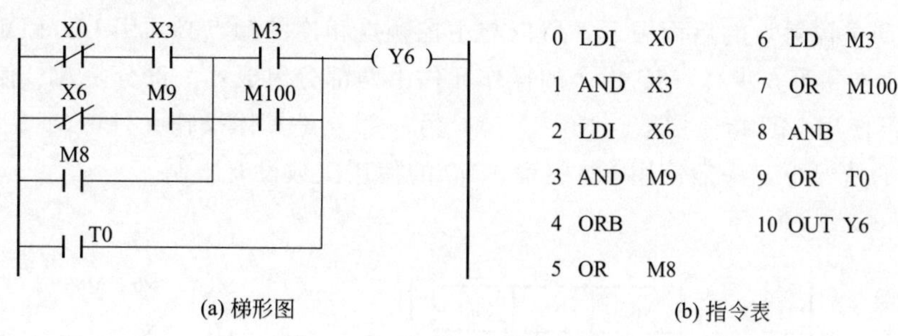

图 3-3 ORB/ANB 指令的使用

(5) 栈指令

在 FX 系列可编程控制器中设计有 11 个存储中间运算结果的存储器，称为栈存储，利用 MPS、MRD、MPP 三个栈指令可以将连接点的逻辑运算结果先存储起来，在需要的时候再取出来，用于多重输出电路，故这三个指令又统称为多重输出指令。使用时应注意，这三条指令均无操作数。

① MPS，进栈指令。用于将连接点的逻辑运算结果送入栈存储器。使用一次 MPS 指令，当时的逻辑运算结果被推入栈存储器的第一层，栈中原来的数据依次向下一层推移。

② MRD，读栈指令。用来读出最上层的数据，栈内的数据不会上移或下移。

③ MPP，出栈指令。使最上层的数据在读出后从栈内消失，并用来使其余各层的数据向上移动一层。需要注意的是 MPS、MPP 必须成对使用，而且连续使用应小于 11 次。多重输出指令的一层栈应用例子如图 3-4 所示。

(6) 主控及主控复位指令

MC 为主控指令，用于公共触点的串联。在编程时，经常遇到多个线圈同时受一个或

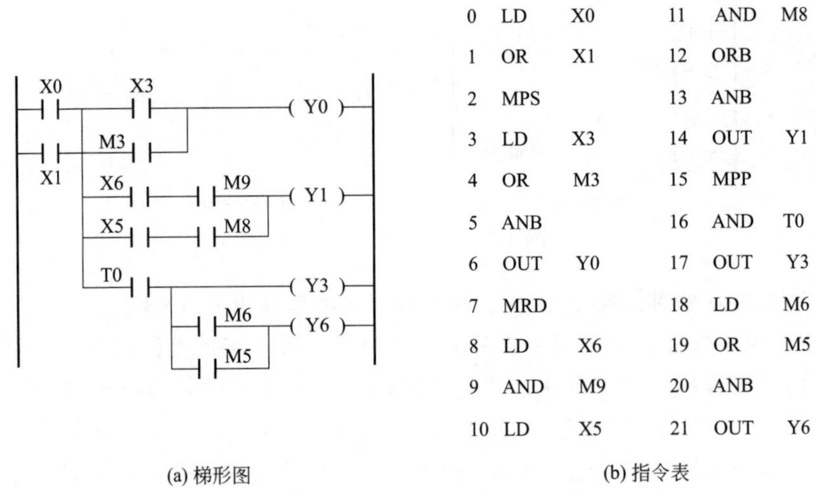

(a) 梯形图　　(b) 指令表

图 3-4　多重输出指令的一层栈应用例子

一组触点的控制。如果在每个线圈的控制电路中都串入同样的触点，将多占用存储单元，应用主控指令可解决这一问题。使用主控指令的触点称为主控触点，主控触点只有常开触点，在梯形图的左母线中垂直放置，作用相当于一组电路的总开关。因为使用 MC 指令后，母线移到主控触点的后面去了，所以与主控触点相连的触点必须用 LD/LDI 指令（见图 3-5 的第 4 步和第 6 步）。MC 指令的操作元件由两部分组成：一部分是 MC 使用的嵌套 MC 指令内再使用 MC 指令层数（N0～N7）；另一部分是具体操作元件（M 或 Y）。在没有嵌套结构的情况下，一般使用 N0 编程，N0 的使用次数没有限制。

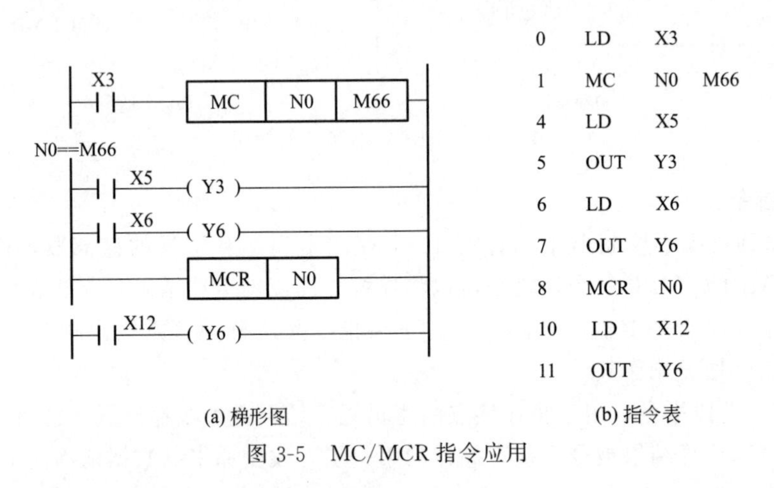

(a) 梯形图　　(b) 指令表

图 3-5　MC/MCR 指令应用

MCR 为主控复位指令，其作用是使母线（LD 点）回到原来的位置，它的操作元件只有 N0～N7，但一定要和 MC 指令中的嵌套层数相一致。它与 MC 必须成对使用，即 MC 指令之后一定要用 MCR 指令来返回母线。使用 MC/MCR 指令的例子如图 3-5 所示，图中 X3 常开触点接通时，执行从 MC 到 MCR 的指令。梯形图中的主控触点及主控复位的表达形式由三菱公司 FXGP-WIN-C 编程软件所提供。

(7) 置位与复位指令

SET，置位指令，使位元件状态为 ON 并保持，该指令可用于 Y、M、S。RST，复位指令，使位元件状态为 OFF 并保持或对字元件清零。该指令可用于 Y、M、S、T、C、D、V 和 Z。用 RST 指令可以对定时器、计数器、数据寄存器以及变址寄存器的内容清零。对同一元件可多次使用 SET、RST 指令，前后顺序根据用户需要可随意放置，但最后执行的一条指令才有效。SET、RST 指令应用如图 3-6 所示。

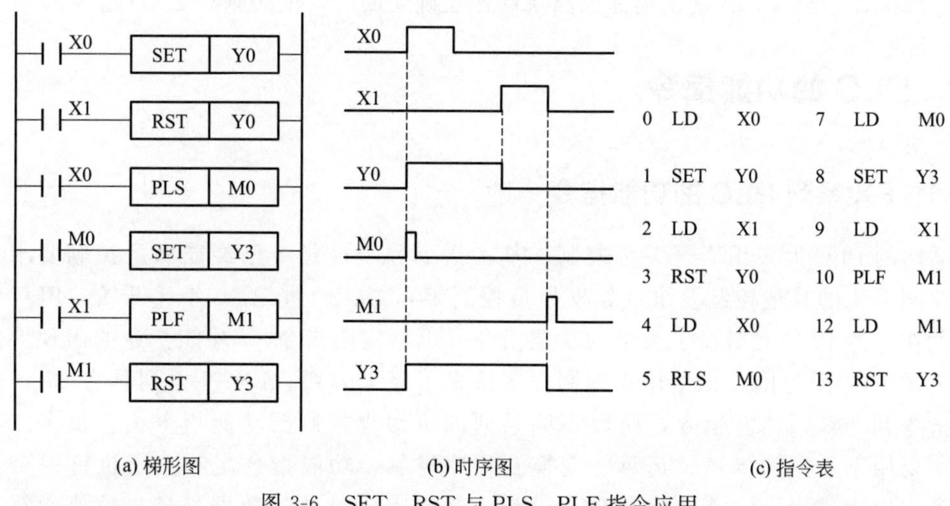

图 3-6 SET、RST 与 PLS、PLF 指令应用

(8) 脉冲输出指令

PLS，上升沿微分输出指令，用于在输入信号上升沿产生脉冲输出。PLF，下降沿微分输出指令，用于在输入信号下降沿产生脉冲输出。PLS/PLF 指令的操作元件为 Y 和 M，但特殊辅助继电器不能做目标元件。当检测到输入信号的上升沿（对应于 PLS）或下降沿（对应于 PLF）时，被操作的元件产生一个脉宽为一个扫描周期的脉冲输出信号。PLS、PLF 指令应用如图 3-6 所示。

(9) 取反指令

INV，取反指令。用于将执行该指令之前的运算结果取反。在图 3-7 中，如果 X6 为 ON，则 Y6 为 OFF；如果 X6 为 OFF，则 Y6 为 ON。

(10) 空操作指令

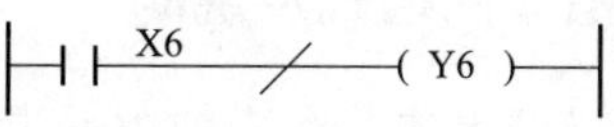

X6 Y6

(a)

0 LD X6
1 INV
2 OUT Y6

(b)

图 3-7 INV 指令的应用

NOP 指令（空操作指令）是一条无动作、无目标元件的 1 程序步指令。NOP 指令的作用有两个：一是在 PLC 的执行程序全部清除后，用户存储器的内容全部变为 NOP；二是用于修改程序，在程序中加入空操作指令，可在改动程序或增加指令时，使步序号的更改减少到最低程度，甚至不变。用 NOP 指令也可以替换一些已写入的指令，修改梯形图或程序。但要注意，如果将 LD、LDI、ANB、ORB 等指令换成 NOP 指令，会使梯形图电路的构成发生很大的变化，可能导致出错。故空操作指令实际上较少使用。

(11) 程序结束指令

END 为程序结束指令。PLC 总是按照指令进行输入处理、扫描执行程序，直到 END 指令结束，再进行输出处理工作。若在程序中不写入 END 指令，则 PLC 从用户程序的第 0 步扫描到程序存储的最后一步；若在程序中写入了 END 指令，则 END 以后的程序步不再扫描，而是直接进行输出处理，这样可以缩短扫描周期。END 指令的另一个用途是可以对较长的程序分段调试。调试时，可将程序分段后插入 END 指令，依次对各程序段的运算进行检查，然后，在确认前面电路块动作正确无误后，依次删除 END 指令。

3.2 PLC 的功能指令

3.2.1 FX 系列 PLC 的功能指令

早期的 PLC 大多用于开关量控制，基本指令和步进指令已经能满足控制要求。为适应控制系统的其他控制要求（如模拟量控制等），从 20 世纪 80 年代开始，PLC 生产厂家就在小型 PLC 上增设了大量的功能指令（也称应用指令），功能指令的出现大大拓宽了 PLC 的应用范围，也给用户编制程序带来了极大方便。FX2N 系列具有 27 条基本逻辑指令和 298 条功能指令，所以不同系列的可编程控制器功能指令相差很多。功能指令主要用于数据的传送、运算、变换及程序控制。功能指令实际上是执行一个不同功能子程序的调用，它既能简化程序设计，又能完成复杂的数据处理、数值运算，实现高难度控制。

三菱 FX2N 型 PLC 的功能指令有两种形式：一种是采用功能号 FNC00～FNC246 表示，另一种是采用助记符表示其功能意义。例如：传送指令的助记符为 MOV，对应的功能号为 FNC12，其指令的功能为数据传送。功能号（FNC□□□）和助记符是一一对应的。

FX2N 型 PLC 的功能指令主要有以下几种类型：①程序流程控制指令；②传送与比较指令；③算术与逻辑运算指令；④循环与移位指令；⑤数据处理指令；⑥高速处理指令；⑦方便指令；⑧外部输入/输出指令；⑨外部串行接口控制指令；⑩浮点运算指令；⑪时钟运算指令；⑫触点比较指令。

3.2.2 功能指令的格式及说明

功能指令相当于基本指令中的逻辑线圈指令，用法基本相同，只是逻辑线圈指令所执行的功能比较单一，而功能指令类似一个子程序，可以完成一系列较完整的控制过程。

FX2N 型 PLC 功能指令的图形符号与基本指令中的逻辑线圈指令也基本相同，在梯形图中使用方框表示。图 3-8 是基本指令和功能指令对照的梯形图示例。

图 3-8(a) 和（b）梯形图的功能都是一样的，当 X1＝1 时，将 M0～M2 全部复位。功能指令采用计算机通用的助记符和操作数（元件）的方式。功能指令主要用于数据处理，因此，除了可以使用 X、Y、M、S、T、C 等软继电器元件外，使用更多的是数据寄存器 D、V、Z。

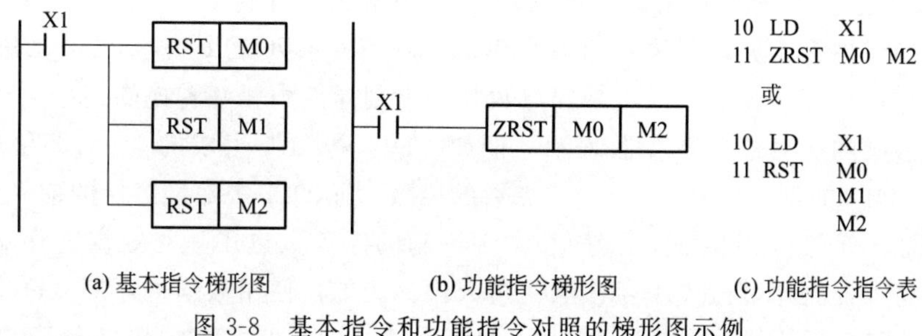

图 3-8 基本指令和功能指令对照的梯形图示例

(1) 功能指令的数据格式

① 位元件与字元件。功能指令使用的软元件有字元件和位元件两种类型：如 X、Y、M、S 等只处理 ON/OFF 信息的软元件称为位元件；而像 T、C、D 等处理数值的软元件则称为字元件，一个字元件由 16 位二进制数组成。

字元件	K，H	KnX	KnY	KnM	KnS	C	T	D	V，Z
位元件	X	Y	M	S					

字元件有两种类型。

a. 常数："K" 表示十进制常数，"H" 表示十六进制常数，如 K1369，H06C8。

b. 数据寄存器：D、V、Z、T、C，如 D100，T0。

在功能指令中可以将 4 个连续编号的位元件组合成一组组合单元，也称为位组合元件，通用表示方法由 Kn 加起始的软元件号组成，n 为单元数。例如，K2M0 表示 M0～M7 组成的 2 个位元件组（K2 表示 2 个单元)，它是一个 8 位数据，M0 为最低位；K2Y0 是由 Y0～Y7 组成的 2 个 4 位字元件。Y0 为低位，Y7 为高位。若将 16 位数据传送到不足 16 位的位元件组合（n＜4)，只传送低位数据，多出的高位数据不传送，32 位数据传送也一样。在作 16 位数操作时，参与操作的位元件不足 16 位时，高位的不足部分均作 0 处理，这意味着只能处理正数（符号位为 0)，在作 32 位数处理时也一样。被组合的首位元件可以任意选择，但为避免混乱，建议采用编号以 0 结尾的元件，如 S10，X0，X20 等。用它可以表示 2 位十进制数或 2 位十六进制数，也可以表示 8 位二进制数。

在执行 16 位功能指令时 n＝1～4，在执行 32 位功能指令时 n＝1～8。

例如，执行下面图 3-9 的梯形图时，当 X1＝1 时，将 D0 中的二进制数传送到 K2Y0 中，其结果是将 D0 中的低 8 位的值传送到 Y7～Y0 中，结果是 Y7～Y0＝01000101BIN，其中 Y0、Y2、Y6 三个输出继电器得电。

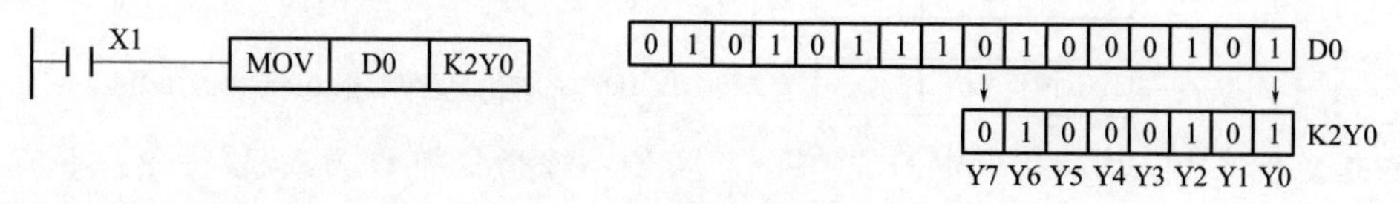

图 3-9 位组合元件的应用

② 数据格式。在 FX 系列 PLC 内部，数据以二进制（BIN）补码的形式存储，所有的四则运算都使用二进制数。二进制补码的最高位为符号位，正数的符号位为 0，负数的

符号位为 1。FX 系列 PLC 可实现二进制码与 BCD 码的相互转换。

为更精确地进行运算，可采用浮点数运算。在 FX 系列 PLC 中提供了二进制浮点运算和十进制浮点运算，设有将二进制浮点数与十进制浮点数相互转换的指令。二进制浮点数采用编号连续的一对数据寄存器表示，例如，D11 和 D10 组成的 32 位寄存器中，D10 的 16 位加上 D11 的低 7 位共 23 位为浮点数的尾数，而 D11 中除最高位的前 8 位是阶位，最高位是尾数的符号位(0 为正，1 是负)。十进制的浮点数也用一对数据寄存器表示，编号小的数据寄存器为尾数段，编号大的为指数段，例如，使用数据寄存器（D1，D0）时，表示数为：十进制浮点数=(尾数 D0)×10(指数 D1)，其中 D0、D1 的最高位是正负符号位。

(2) 功能指令的指令格式

每种功能指令都有规定的指令格式，例如，位右移 SFTR 功能指令的指令格式如下：

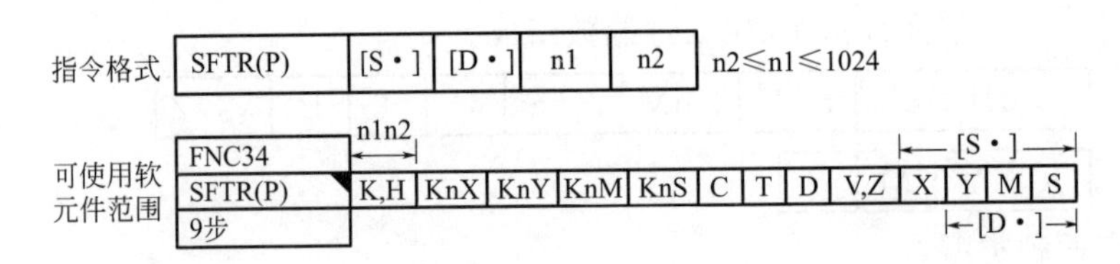

[S]：源元件，其数据或状态不随指令的执行而变化的元件。如果源元件可以变址，用［S•］表示，如果有多个源元件可以用［S1•］、［S2•］等表示。

[D]：目的元件，其数据或状态随指令的执行而变化的元件。如果目的元件可以变址，用［D•］表示，如果有多个源元件可以用［D1•］、［D2•］等表示。

m、n：既不做源元件又不做目的元件的元件用 m、n 表示，当元件数量多时用 m1、m2、n1、n2 等表示。

功能指令执行的过程比较复杂，通常程序步较多，例如，SFTR 功能指令的程序步为 9 步。功能指令最少为 1 步，最多为 17 步。

每种功能指令使用的软元件都有规定的范围，例如，上述 SFTR 指令的源元件［S•］可使用的位元件为 X、Y、M、S；目的元件［D•］可使用的位元件为 Y、M、S 等。

(3) 元件的数据长度

FX2N 型 PLC 中的数据寄存器 D 为 16 位，用于存放 16 位二进制数。在功能指令的前面加字母 D 就变成了 32 位指令，例如：

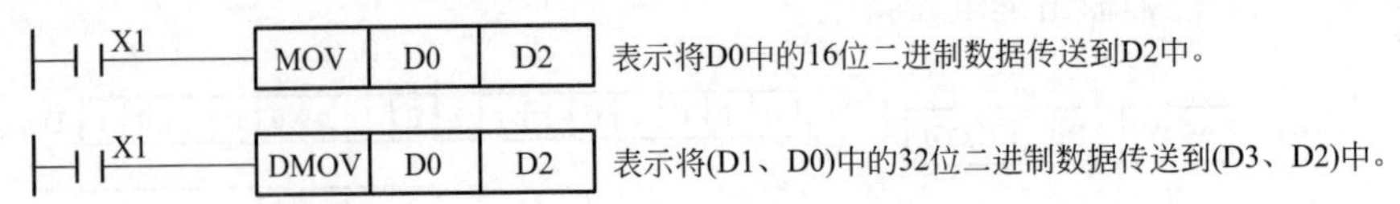

在指令格式中，功能指令中的“［D•］”表示该指令加 D 为 32 位指令，不加 D 为 16 位指令，在功能指令中的“D”表示该指令只能是 32 位指令。因为数据寄存器为 16 位，这时相邻的两个元件组成元件对，为避免出现错误，这种情况下尽可能使用偶数为首地址的操作数，表示低 16 位元件，而下一个元件即为高 16 位元件。

(4) 执行形式

功能指令有脉冲执行型和连续执行型两种执行形式。

指令中标有“(P)”的表示该指令可以是脉冲执行型也可以是连续执行型。如果在功能指令后面加P，该指令为脉冲执行型。在指令格式中没有（P）的表示该指令只能是连续执行型。

脉冲执行型指令在执行条件满足时仅执行一个扫描周期，这点对数据处理有很重要的意义。比如一条加法指令，在脉冲执行时，只将加数和被加数做一次加法运算。而连续型加法运算指令在执行条件满足时，每一个扫描周期都要相加一次，这样就失去了控制。为了避免发生这种情况，对需要注意的指令，在指令的旁边用“◥”加以警示。

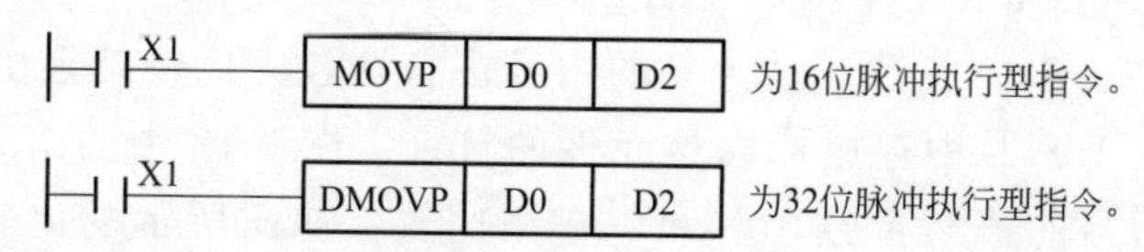

(5) 变址操作

功能指令的源元件［S］和目的元件［D］大部分都可以变址操作，可以变址操作的源元件用［S•］表示，可以变址操作的目的元件用［D•］表示。

变址操作使用变址寄存器V0～V7、Z0～Z7。用变址寄存器对功能指令中的源元件［S］和目的元件［D］进行修改，可以大大提高功能指令的控制能力。

如图3-10(a）中用四位输入接点K1X0（X3～X0）表示四位二进制数0000～1111，如X3、X2、X1、X0＝0101，则V＝6。如X7、X6、X5、X4＝1100，则Z＝12。当M0＝1时，则执行把D6（0＋6＝6）中的数据传送到D32（20＋12＝32）中的操作。

如图3-10(b）中用K1X0给V赋值，同样当V的值在0～15变化时，就可以把C0～C15中的任一个计数器的当前值以BCD数的形式在输出端Y17～Y0显示出来。

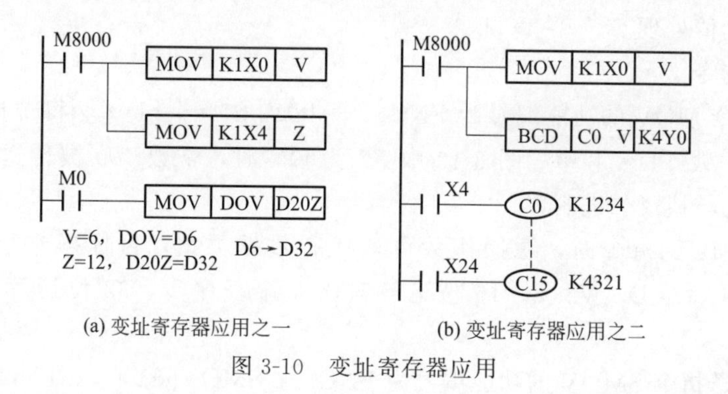

(a) 变址寄存器应用之一　(b) 变址寄存器应用之二

图3-10　变址寄存器应用

3.2.3 数据比较、传送指令

(1) 比较指令

① 数据比较指令CMP(FNC10)。CMP［S1•］［S2•］［D•］，是将源操作数［S1•］和源操作数［S2•］的数据进行比较，并将结果送到指定的三个连续目标操作数中，目标操作数［D•］中存放的是目标操作数的首址。图3-11中X3为OFF时不进行比较，

M0、M1、M2的状态保持不变。X3为ON时进行比较，由如图所示的比较结果决定M0、M1、M2的状态。

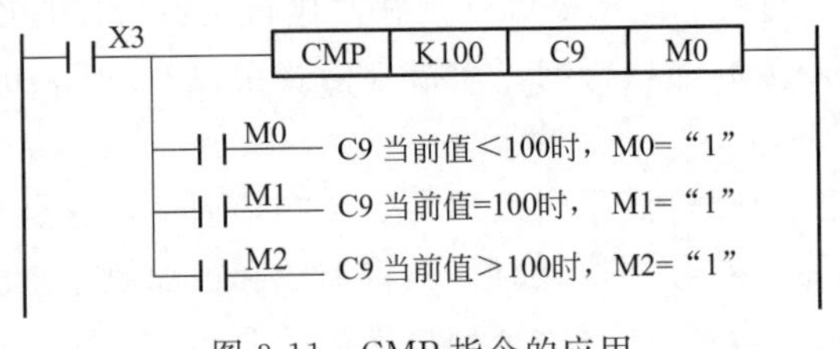

图 3-11　CMP指令的应用

② 区间比较指令ZCP（FNC11）。ZCP[S1•][S2•][S3•][D•]，指令执行时源操作数[S3•]与[S1•]和[S2•]的内容进行比较，比较结果由三个连续标志位元件的状态表示，[D•]中存放标志位元件的首址。图3-12中的X3为ON时，执行ZCP指令，将T3的当前值与常数100和120相比较，如图所示的比较结果决定M20、M21、M22的状态。

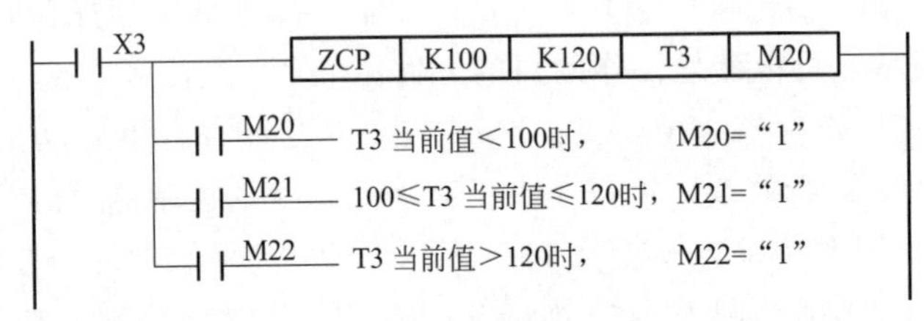

图 3-12　ZCP指令的应用

使用比较指令CMP/ZCP时，[S1•]、[S2•]可取任意数据格式，目标操作数[D•]可取Y、M和S。使用ZCP时，[S2•]的数值不能小于[S1•]。所有的源数据都被看成二进制值处理。

(2) 传送指令

① 传送指令MOV的功能编号为FNC12。MOV[S1•][D•]将源操作数[S1•]传送到目标操作数[D•]中。图3-13中X3为ON时，常数100被传送到数据寄存器D10中，并自动转换成二进制数。

使用应用MOV指令时，源操作数可取所有数据类型，目标操作数可以是KnY、KnM、KnS、T、C、D、V、Z。16位运算时占5个程序步，32位运算时则占9个程序步。

② 移位传送指令SMOV的功能编号为FNC13。SMOV[S1•]m1 m2[D•]n，其中[S1•]是源操作数，m1是被传送的起始位，m2是传送的位数，[D•]是目标操作数，n为传送的目标起始位。它将16位二进制源数据自动转换成4位BCD码，然后由源数据的指定位传送到目标操作数的指定位，其他位不受移位指令的影响。如图3-14中X3为ON时，D1中的16位二进制数被转换成4位BCD码，源操作数D1右起的第4位开始，向右2位的BCD码（4位和3位）移到D2右起第3位和第2位，D2中的第1位和第4位不受影响，然后D2中的BCD码自动转换成二进制码。

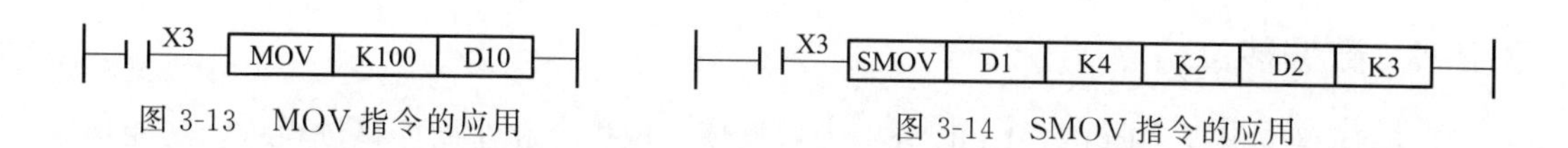

图 3-13　MOV 指令的应用　　图 3-14　SMOV 指令的应用

使用移位传送指令时，源操作数可取所有数据类型，目标操作数可为 KnY、KnM、KnS、T、C、D、V、Z。SMOV 指令只有 16 位运算，占 11 个程序步。

③ 取反传送指令 CML 的功能编号为 FNC14。CML[S1・][D・]，它将源元件中的数据逐位取反（1→0，0→1）并传送到指定目标元件。如果源数据为常数 K，该数据在指令执行时会自动转换成二进制数。图 3-15 中的 X3 接通时 D1 中的低四位取反后传送到 Y3、Y2、Y1、Y0 中。

使用取反传送指令 CML 时，源操作数可取所有数据类型，目标操作数可为 KnY、KnM、KnS、T、C、D、V、Z。16 位运算占 5 个程序步，32 位运算占 9 个程序步。

④ 块传送指令 BMOV 的功能编号为 FNC15。BMOV[S1・][D・]n，它将源操作数指定的元件的 n 个数据组成的数据块传送到指定的目标。如图 3-16 中的 X0 接通时，D6、D7、D8 中三个数据寄存器的内容对应传送到 D9、D10、D11 三个目标数据寄存器中。

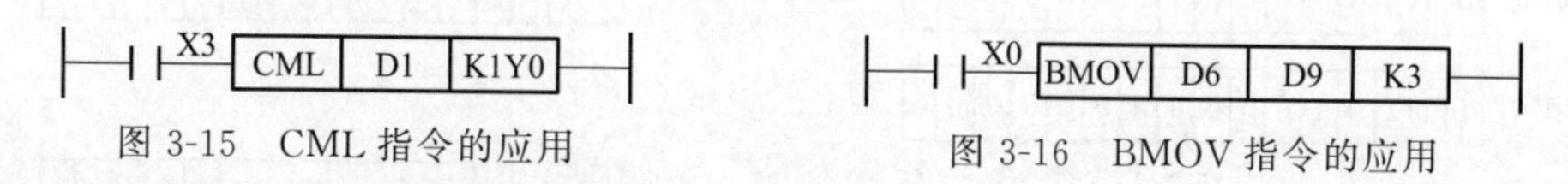

图 3-15　CML 指令的应用　　图 3-16　BMOV 指令的应用

使用块传送指令时，源操作数可取 KnX、KnY、KnM、KnS、T、C、D、K、H，目标操作数可取 KnT、KnM、KnS、T、C 和 D。该指令只有 16 位操作，占 7 个程序步。如果元件号超出允许范围，数据则仅传送到允许范围的元件。

⑤ 多点传送指令 FMOV 的功能编号为 FNC16。FMOV[S1・][D・]n，它将源元件中的数据传送到指定范围的 n 个元件中，指令执行完毕后 n 个元件中的数据完全相同。如图 3-17 中的 X0 接通时将常数 0 传送到 D6 开始的 10 个数据寄存器（即 D6～D15）中。

使用多点传送指令 FMOV 时，源操作数可取所有的数据类型，目标操作数可取 KnX、KnM、KnS、T、C 和 D，n 小于等于 512。16 位操作占 7 个程序步，32 位操作则占 13 个程序步。如果元件号超出允许范围，数据仅送到允许范围的元件中。

⑥ 数据交换指令 XCH 的功能编号为 FNC17。XCH[D1・][D2・]，它将两个目标元件中的数据进行交换。一般该指令采用脉冲执行方式，否则每个执行周期都要交换一次。图 3-18 中的 X0 接通前（D0）＝30，（D5）＝530。当 X0 接通 XCH 指令执行结束后，(D0)＝530，(D5)＝30。

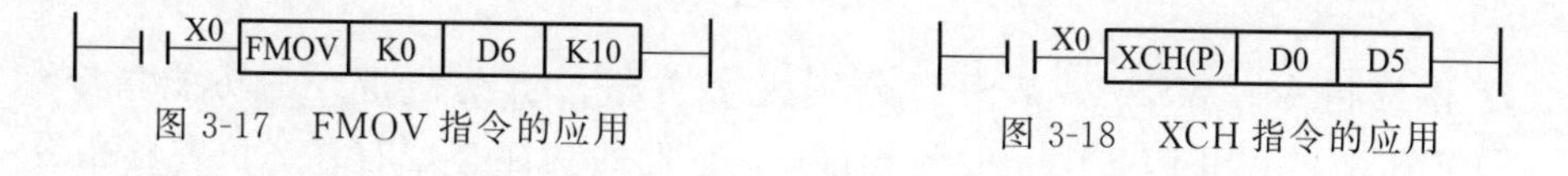

图 3-17　FMOV 指令的应用　　图 3-18　XCH 指令的应用

使用数据交换指令时，操作数的元件可取 KnY、KnM、KnS、T、C、D、V 和 Z。16 位运算时占 5 个程序步，32 位运算时占 9 个程序步。

3.2.4 数据移位

① 循环移位指令。ROR、ROL 分别为右循环移位指令和左循环移位指令，功能指令编号为 FNC30 和 FNC31。ROR[D•]n，其功能是将目标元件的数据向右（或向左）循环移动 n 位，最后一次移出的那一位同时存入进位标志特殊辅助继电器 M8022。图 3-19 中的 X3 由 OFF 变为 ON 时，D6 中的数据向右循环移动 3 位，最右边最后一次移出的是 1，所以 M8022 被置 1。ROL 指令的应用与 ROR 指令类同，仅仅移动方向不同而已。

② 进位的循环移位指令。RCR、RCL 分别为带进位的右、左循环移位指令，功能指令编号为 FNC32 和 FNC33。RCR[D•]n，其功能是将目标元件的数据连同 M8022 的数据一起向右（或向左）循环移动 n 位。RCR 指令的使用说明如图 3-20 所示。RCL 指令的应用与 RCR 指令类同，亦仅仅移动方向不同而已。

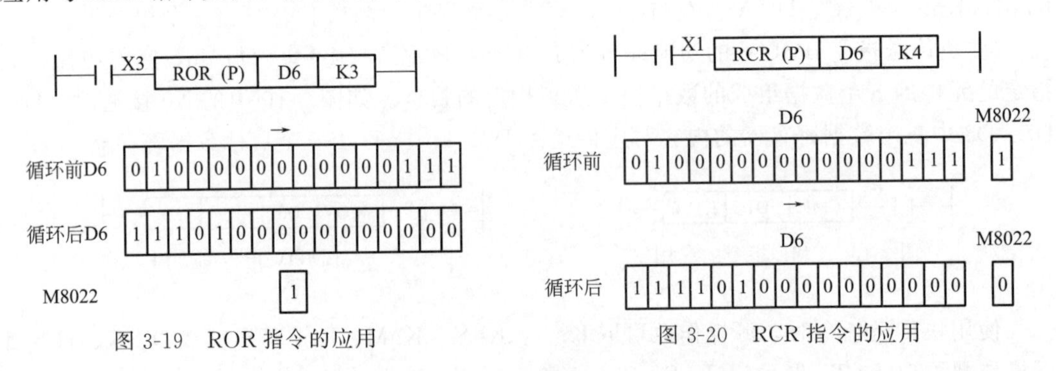

图 3-19 ROR 指令的应用

图 3-20 RCR 指令的应用

③ 位移位指令。SFTR、SFTL 分别为位右移、位左移指令，功能指令编号为 FNC34 和 FNC35。SFTR[S•][D•]n1 n2，其功能是将位元件中的状态成组地向右移动。源位元件［S•］的元件移位个数由 n2 指定，目标元件［D•］的个数由 n1 指定，［D•］可取 Y、M、S，指定的是位元件组的首位。源操作数［S•］可取 X、Y、M、S。如图 3-21 中 X3 由 OFF 变为 ON 时，M2～M0 的数据溢出，M5～M3→M2～M0，M8～M6→M5～M3，X2～X0→M8～M6。SFTL 指令的应用与 SFTR 指令类同，亦仅仅移动方向不同而已，是从最右端向左移动。

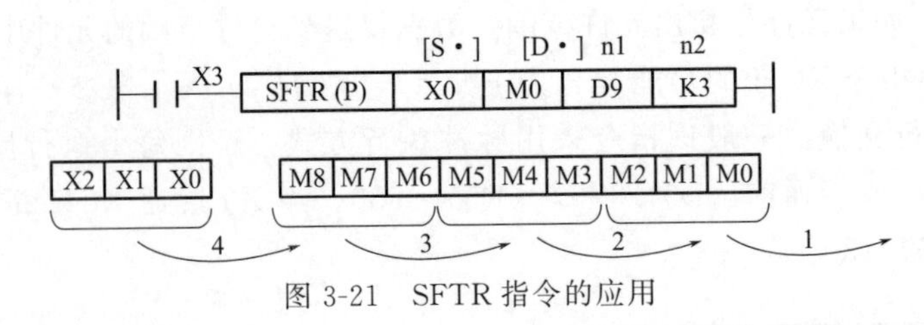

图 3-21 SFTR 指令的应用

④ 字移位指令。WSFR、WSFL 分别为字右移、字左移指令，功能指令编号为 FNC36 和 FNC37。WSFR[S•][D•]n1 n2，它们的功能与位右移、位左移指令一样，所不同的是它们的源操作数可取 KnX、KnY、KnM、KnS、T、C 和 D，目标操作数可取 KnY、KnM、KnS、T、C 和 D。

⑤ FIFO写入与读出指令。SFWR、SFRD分别为先进先出（FIFO）写入、读出指令，功能指令编号为FNC38和FNC39。SFWR[S·][D·]n，它们的功能都是将源操作数中的数据依次送到目标操作数，所不同的是写入指令n指定的是目标操作数的个数而读出指令n指定的是源操作数的个数。写入指令目标元件和读出指令源元件的首址元件数据反映了写入和读出的次数，只是写入为加而读出为减。

如图3-22 SFWR的应用中的X3第一次由OFF变为ON时，源元件D0中数据写入D3，同时D2置1（D2必须先被清0）；X3第二次由OFF变为ON时D0中的数据写入D4，D2的数据变为2。依此类推，源元件D0中的数据依次写入数据寄存器中，写入的次数存入D2中。D2中的数达到n－1后不再执行上述处理，进位标志特殊辅助继电器M8022置1。

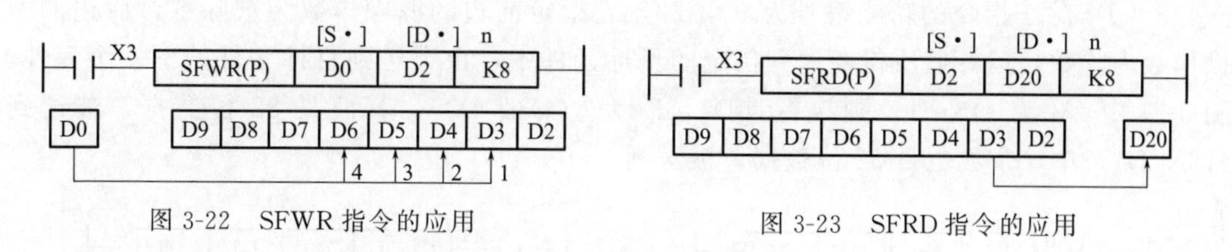

图3-22　SFWR指令的应用　　　　图3-23　SFRD指令的应用

如图3-23 SFRD的应用中的X3第一次由OFF变为ON时，源元件D3中数据送到D20，同时D2（初始值为n=8）的值减1，D4～D9的数据向右移一个字。数据总是从源元件D3读出，而其余数据右移；此过程中D9的数据保持不变，每移位一次D2减1。当D2为0时，不再执行上述处理，零标志特殊辅助继电器M8020置1。

3.2.5 数据运算指令

(1) 算术和逻辑运算类指令（FNC20～FNC29）

① 算术运算指令。

a. ADD加法指令的功能编号为FNC20，它是将指定的源元件中的二进制数相加结果送到指定的目标元件中去。图3-24中，X0为ON时执行指令，所进行的操作可表示为(D0)+(D10)→(D12)。另外，源数据和目标数据可用相同的元件号。

b. SUB减法指令的功能编号为FNC21，它是将第一个源操作数中的内容以二进制形式减去第二个源操作数的内容，其结果存入目标操作数中。图3-25中，X0为ON时执行(D0)－(D6)→(D8)。

图3-24　ADD指令的应用　　　　图3-25　SUB指令的应用

使用加法和减法指令时，操作数可取所有数据类型，目标操作数可取KnY、KnM、KnS、T、C、D、V和Z。16位运算占7个程序步，32位运算占13个程序步。数据为有符号二进制数，最高位为符号位（0为正，1为负）。加法指令有三个标志：零标志（M8020）、借位标志（M8021）和进位标志（M8022）。如果运算结果为0，则零标志特殊辅助继电器 M8020 置 1；如果运算结果小于－32767（16 位运算）或者－2147483647（32 位运算），则借位标志特殊辅助继电器 M8021 置 1；如果运算结果大于 32767（16 位运算）或者 2147483647（32 位运算），则进位标志特殊辅助继电器 M8022 置 1。浮点操作标志特殊辅助继电器 M8023 被 SET 指令驱动后，然后进行的加法运算或减法运算为浮点值之间运算。此外，浮点运算完毕后应用 RST 将 M8023 复位，且浮点运算必须为 32 位运算。

c. MUL 乘法指令的功能编号为 FNC22，将指定的 16 位二进制源操作数相乘，结果以 32 位的形式送到指定的目标操作元件中。如图 3-26 中，若（D0）＝9，（D2）＝8，则 X0 为 ON 时，执行（D0）×（D2）→（D6），即相乘的结果 72 存入（D7，D6），乘积的低位字送到 D6，高位字送到 D7。如果执行的是 32 位乘法运算指令（D）MUL，则执行（D1，D0）×（D3，D2）→（D9，D8，D7，D6），运算结果为 64 位。

d. DIV 除法指令的功能编号为 FNC23，它指定前边的源操作数为被除数，后边的源操作数为除数，运算后所得商送到指定的目标元件中，余数送到目标元件的下一个元件。图 3-27 中 X3 为 ON 时，则执行（D1，D0）÷（D3，D2），其商是 32 位数据，被送到（D5，D4）中，余数也是 32 位数据，被送到（D7，D6）中。

图 3-26　MUL 指令的应用　　图 3-27　DIV 指令的应用

使用乘法和除法指令时，源操作数可取所有数据类型，目标操作数可取 KnY、KnM、KnS、T、C、D、V 和 Z，要注意 Z 只有 16 位乘法时能用，32 位不可用。16 位运算占 7 个程序步，32 位运算为 13 个程序步。32 位乘法运算中，如用位元件做目标元件（如 KnM，n＝1～8），则最多只能得到乘积的低 32 位，高 32 位丢失。在这种情况下应先将数据移入字元件再进行运算。用字元件作目标元件时不可能同时监视 64 位数据内容，只能分别监视运算结果的高 32 位和低 32 位并利用下式计算 64 位运算结果，64 位运算结果＝(高 32 位数据)×232＋低 32 位数据。

② 加 1 指令和减 1 指令。

a. INC 加 1 指令的功能编号为 FNC24，它将指定的目标操作元件中的二进制数据自动加 1。

b. DEC 减 1 指令的功能编号为 FNC25，它将指定的目标操作元件中的二进制数据自动减 1。

图 3-28 中，由于加 1 指令和减 1 指令采用的是脉冲指令，X3 每次由 OFF 变为 ON 时 D9 中的数自动加 1。反之，X4 为 ON 期间的每一个扫描周期，D10 中的数都要自动减 1。

使用加 1 和减 1 指令时，指令的操作数可为 KnY、KnM、KnS、T、C、D、V、Z。

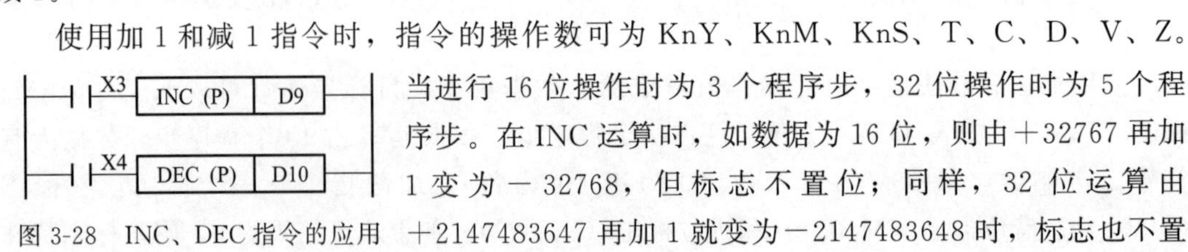

图 3-28　INC、DEC 指令的应用

当进行 16 位操作时为 3 个程序步，32 位操作时为 5 个程序步。在 INC 运算时，如数据为 16 位，则由＋32767 再加 1 变为－32768，但标志不置位；同样，32 位运算由＋2147483647 再加 1 就变为－2147483648 时，标志也不置

位。在 DEC 运算时，16 位运算由 −32768 减 1 变为 +32767，且标志不置位；32 位运算由 −2147483648 减 1 变为 2147483647，标志也不置位。

(2) 字逻辑运算类指令

① 字逻辑与指令 WAND 的编号为 FNC26。它将两个源操作数按位进行与操作，结果送入指定元件。

② 字逻辑或指令 WOR 的编号为 FNC27。它对两个源操作数按位进行或运算，结果送入指定元件。

③ 字逻辑异或指令 WXOR 的编号为 FNC28。它对源操作数位进行逻辑异或运算。

④ 求补指令 NEG 的编号为 FNC29。它将目标元件指定数的每一位取反后再加 1，结果存于同一元件。求补指令实际是绝对值不变的变号操作。

使用逻辑运算指令时，WAND、WOR 和 WXOR 指令的 [S1·] 和 [S2·] 均可取所有的数据类型，而目标操作数可取 KnY、KnM、KnS、T、C、D、V 和 Z。NEG 指令只有目标操作数，其可取 KnY、KnM、KnS、T、C、D、V 和 Z。WAND、WOR、WXOR 指令 16 位运算占 7 个程序步，32 位占 13 个程序步，而 NEG 分别占 3 步和 5 步。

3.2.6 高速计数器控制指令

① 高速计数器比较置位指令。高速计数器比较置位指令 HSCS 的功能指令编号为 FNC53，因高速计数器均为 32 位加/减计数器，故 HSCS 指令只有 32 位操作。它用于将指定的高速计数器当前值与源操作数 [S1·] 相比较，如果相等则将目标元件置“1”。[S1·] 可取所有的数据类型，[S2·] 为高速计数器 C235～C255，[D·] 可取 Y、M 和 S。

图 3-29 中，如果 X10 为 ON，并且 X7（C255 的置位输入端）也为 ON，C255 立即开始通过中断对 X3 输入的 A 相信号和 X4 输入的 B 相信号的动作计数，当 C255 的当前值由 149 变为 150 或由 151 变为 150 时，Y10 立即置“1”，不受扫描周期的影响；而 C255 的当前值达到 200 时，C255 对应的位存储单元的内容才被置“1”，其常开触点接通，常闭触点断开。

② 高速计数器比较复位指令。高速计数器比较复位指令 HSCR 的功能指令编号为 FNC54，同 HSCS 一样，HSCR 指令也只有 32 位操作。它用于将指定的高速计数器当前值与源操作数 [S1·] 相比较，如果相等则将目标元件置“0”。[D·] 除可取 Y、M 和 S 外，还可取 C。图 3-30 中 C255 的当前值达到 200 时其输出触点接通，达到 300 时 C255 立即复位，其当前值变为 0，输出触点断开。

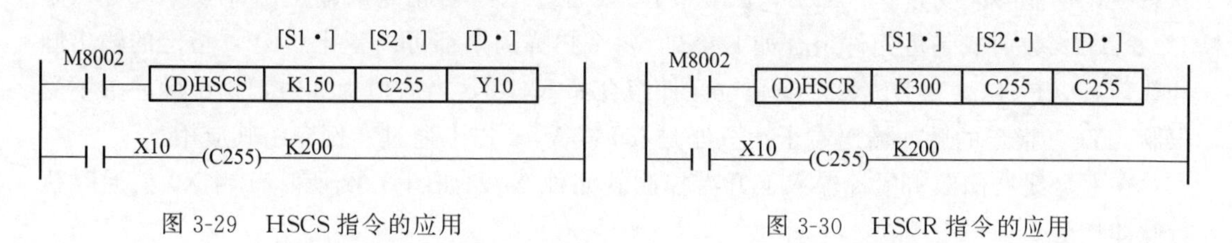

图 3-29 HSCS 指令的应用

图 3-30 HSCR 指令的应用

③ 高速计数器区间比较指令。高速计数器区间比较指令 HSZ 的功能指令编号为 FNC55，它用于将指定的高速计数器的当前值与指定的数据区间进行比较，结果驱动以目标元件［D·］为首址的连续三个元件。其工作方式与 ZCP（FNC11）指令相同。

图 3-31 中 X11 对应的端口接一转换开关，开关处于断开位置（对应系统的停止）时 X11 为 OFF，Y11、Y12、Y13 和 C251 被复位。当转换开关接通，X11 为 ON 后，C251 可通过中断对 X0 输入的 A 相信号和 X1 输入的 B 相信号的动作计数，C251 当前值＜1000 时，Y11 为 ON，Y12、Y13 为 OFF；1000≤C251 当前值≤2000 时，Y12 为 ON，Y11、Y13 为 OFF；C251 当前值＞2000 时，Y13 为 ON，Y11、Y12 为 OFF。由于 HSZ 计数、比较和目标的置位只在脉冲输入时通过中断进行，所以 X11 接通为 ON 到有计数脉冲输入期间，梯形图中如果只有 HSZ 指令而无 ZCP 指令，那么这个期间（显然 C251 当前值＜1000）Y11 不会被置 ON。ZCP 指令的使用确保了 X11 为 ON 到最初计数脉冲来临之前 Y11 为 ON。

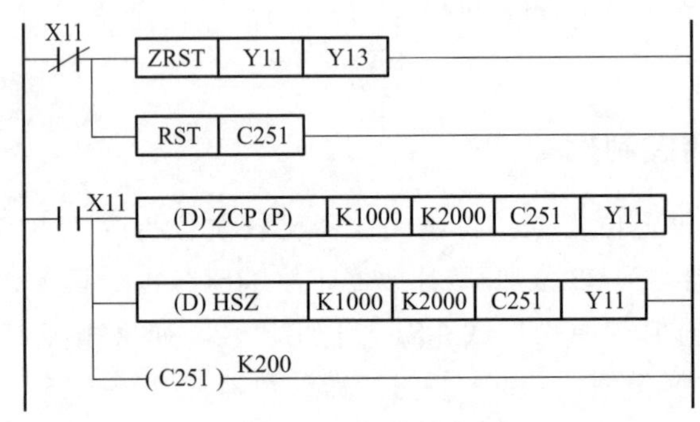

图 3-31　HSZ 指令的应用

3.2.7　脉冲输出控制指令

三菱 PLC 的脉冲输出指令包括前沿脉冲 PLS 和后沿脉冲 PLF，常用于检查一些旋转设备，它的操作元件只在输入接通后的一个扫描周期内动作。

PLSY：16 位连续执行型脉冲输出指令。DPLSY：32 位连续执行型脉冲输出指令。FX 系列 PLC 的 PLSY 指令的编程格式：PLSY K1000 D0 Y0。K1000：指定的输出脉冲频率，可以是 T、C、D、数值或是位元件组合如 K4X0。D0：指定的输出脉冲数，可以是 T、C、D、数值或是位元件组合如 K4X0，当该值为 0 时，输出脉冲数不受限制。Y0：指定的脉冲输出端子，只能是 Y0 或 Y1。PLSV 是可变频率的脉冲指令，即使在脉冲输出状态中，仍能够改变频率。PLSV K1000 K0 Y0，K1000：指定的输出脉冲频率，可以是 T、C、D、数值或是位元件组合如 K4X0，每个扫描周期都可以变化。K0：指定的输出脉冲数，可以是 T、C、D、数值或是位元件组合如 K4X0，当该值为 0 时，输出脉冲数不受限制。Y0：指定的脉冲输出端子，只能是 Y0 或 Y1。以下通过实例介绍其应用。

在左母线右侧双击鼠标输入上升沿控制软元件 X0，如图 3-32 所示，当 X0 接通时执行脉冲指令。

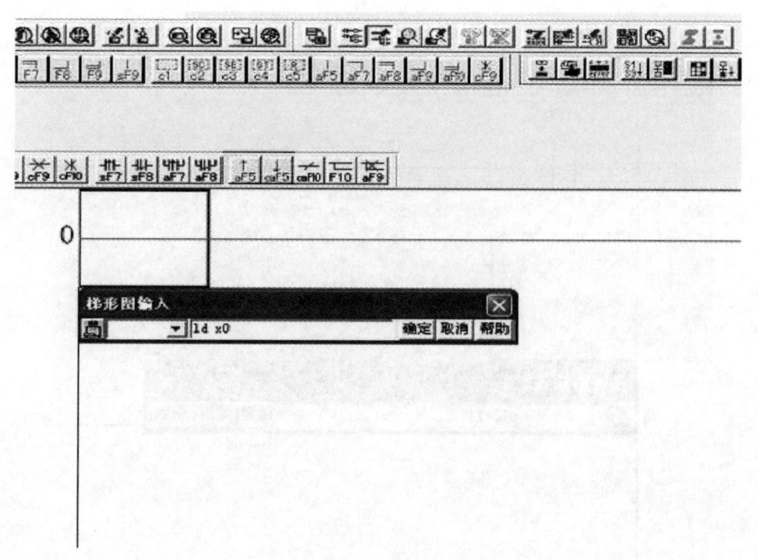

图 3-32　步骤（1）

在 X0 触点后输入前沿脉冲“PLS M0”，如图 3-33 所示，前沿脉冲指当 X0 从关到开时，M0 有脉冲信号，也就是在接通的一个扫描周期内接通，随即断开。

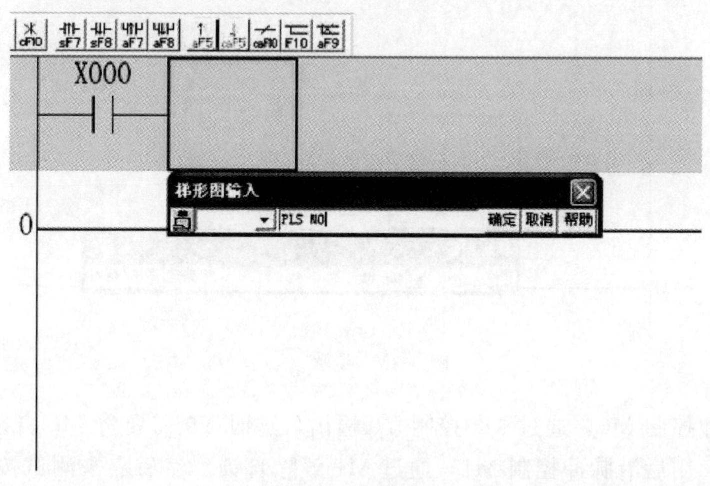

图 3-33　步骤（2）

用 X1 控制后沿脉冲，在左母线右侧输入“LD X1”，如图 3-34 所示，然后点击“确定”。

在 X1 触点后输入后沿脉冲“PLF M1”，如图 3-35 所示，后沿脉冲指当 X1 从开到关时，M1 有脉冲信号，也就是在接通的一个扫描周期内接通，下一个周期断开。

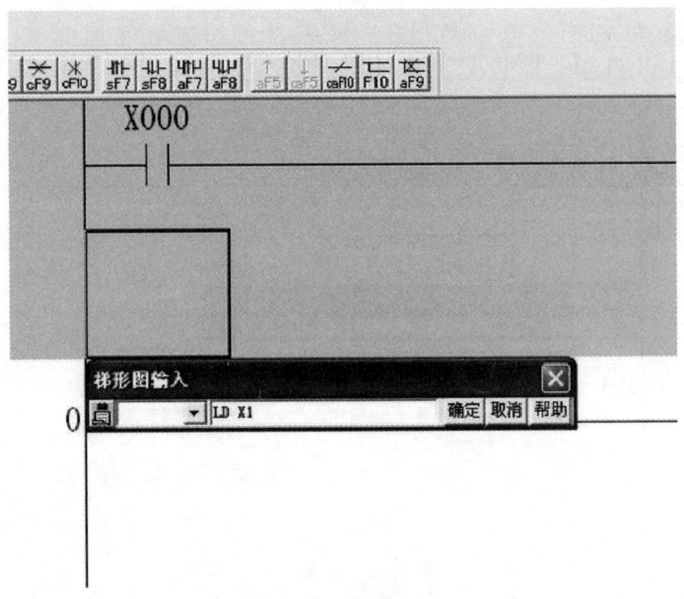

图 3-34　步骤（3）

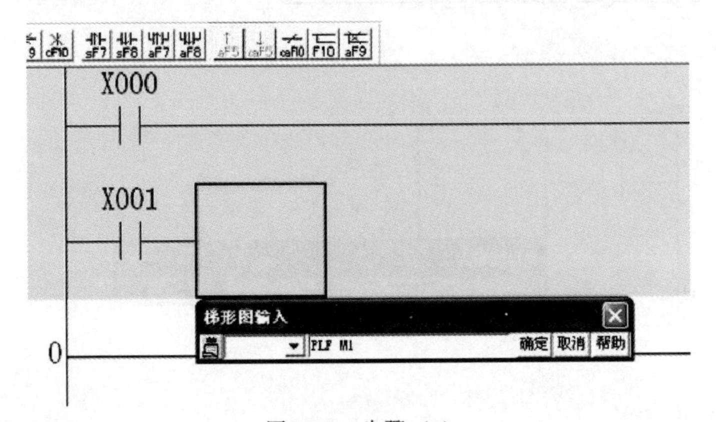

图 3-35　步骤（4）

用前沿脉冲控制 M0，通过 M0 控制 Y0 输出，这时 Y0 需要将 M0 自锁，否则 Y0 指示灯不能常亮；用后沿脉冲控制 M1，通过 M1 解除自锁。然后点击测试按钮将程序进行模拟，如图 3-36 所示。

通过测试对话框将 X、M、Y 三个软元件窗口调出来，如图 3-37 所示。

这时可以看到 M0 只是一个脉冲输出，Y0 的常亮是通过自锁实现的，如图 3-38 所示。

图 3-36　步骤（5）

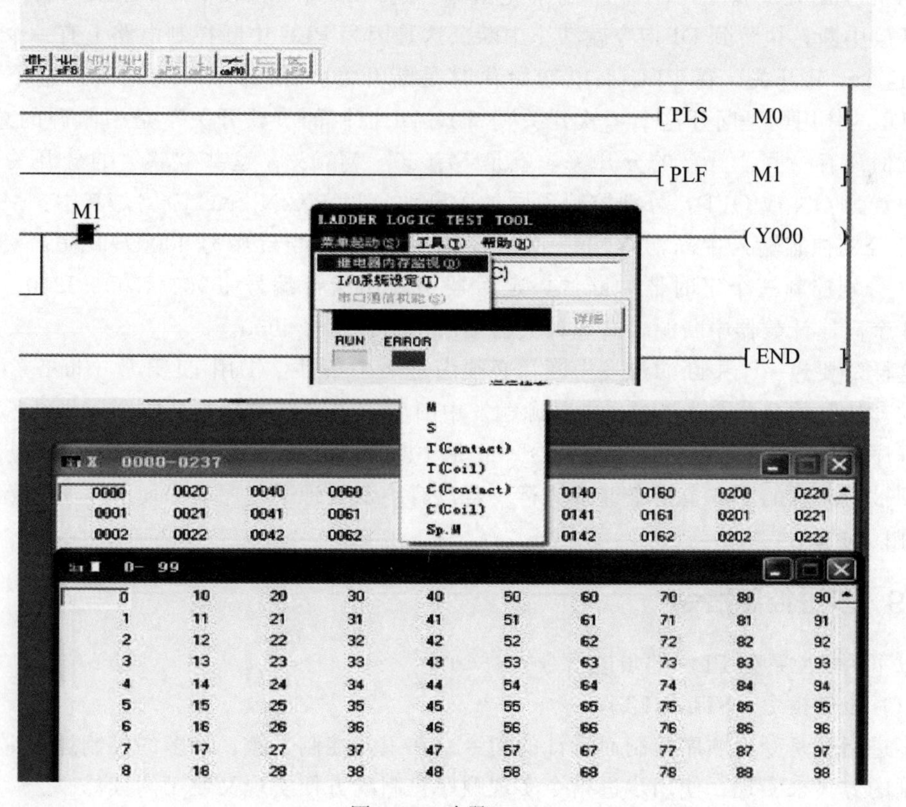

图 3-37　步骤（6）

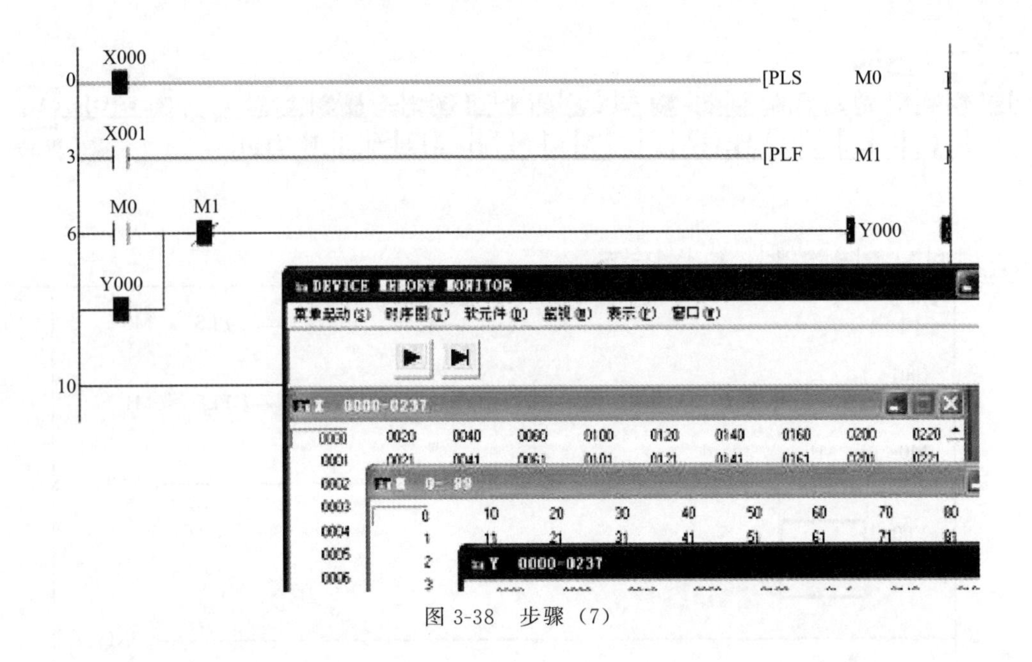

图 3-38 步骤（7）

3.2.8 中断控制指令

EI 是中断开放指令，DI 是中断禁止指令。这两条指令比较简单，PLC 执行到 EI 指令就开放中断，执行到 DI 指令就禁止中断。这是因为 PLC 中断控制电路上有一个“软开关”，这个“软开关”在 PLC 上电初始化时是断开的，EI 的作用就是接通这个“软开关”，DI 的作用则是断开这个“软开关”。EI、DI 控制的“软开关”是中断源的总开关，它的下面还有一些“软”的分开关，就是 M8050～M8059。这些“软”的分开关可以在程序中置为 ON 或 OFF，分别控制不同的中断源，以 FX2N-2NC 为例，其中：M8050～M8055 分别控制输入中断源 X000～X005，输入中断用指针编号 I000～I500；M8056～M8058 分别控制三个定时器中断源，定时器中断用指针编号 I600、I700、I800；M8059 控制 6 个高速计数器中断源，高速计数器中断用指针编号 I900。

这样，要想一个中断源触发中断，必须满足 2 个条件：①用 EI 开放中断；②使该中断源的“软”的分开关为 ON。中断源触发中断后，PLC 就跳转到其中断用指针编号指定的子程序执行。IRET 是中断返回指令，它是中断处理程序的结束指令，其作用是使 PLC 返回到被中断时的下一条指令继续执行。若没有中断处理子程序，即使触发了中断，也不能处理任何事情。

3.2.9 步进控制指令

以下为 FX 系列 PLC 的步进指令。

(1) 步进指令（STL/RET）

步进指令是专为顺序控制而设计的指令。在工业控制领域，许多的控制过程都可用顺序控制的方式来实现，使用步进指令实现顺序控制既方便实现又便于阅读修改。

FX2N 中有两条步进指令：STL（步进触点指令）和 RET（步进返回指令）。

STL 和 RET 指令只有与状态器 S 配合才能具有步进功能。如 STL S200 表示状态常开触点，称为 STL 触点，它在梯形图中的符号为⊣⊢，它没有常闭触点。我们用每个状态器 S 记录一个工步，例 STL S200 有效（为 ON），则进入 S200 表示的一步（类似于本步的总开关），开始执行本阶段该做的工作，并判断进入下一步的条件是否满足。一旦结束本步信号为 ON，则关断 S200 进入下一步，如 S201 步。RET 指令是用来复位 STL 指令的。执行 RET 后将重回母线，退出步进状态。

（2）状态转移图

一个顺序控制过程可分为若干个阶段，也称为步或状态，每个状态都有不同的动作。当相邻两状态之间的转换条件得到满足时，就将实现转换，即由上一个状态转换到下一个状态执行。我们常用状态转移图（功能表图）描述这种顺序控制过程。如图 3-39 所示，用状态器 S 记录每个状态，X 为转换条件。如 X1 为 ON，则系统由 S20 状态转为 S21 状态。

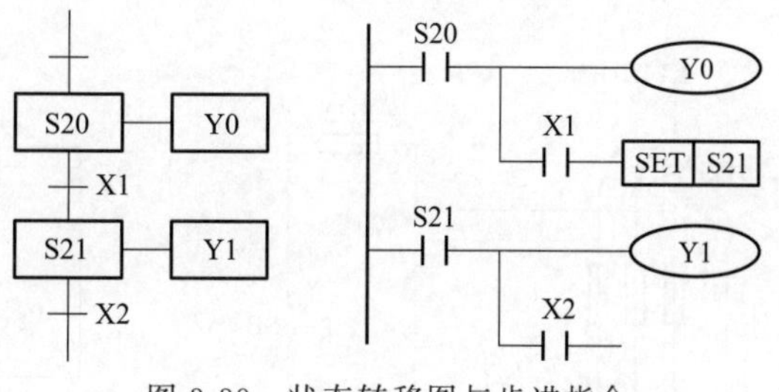

图 3-39　状态转移图与步进指令

状态转移图中的每一步包含三个内容：本步驱动的内容、转移条件及指令的转换目标。如图 3-39 中 S20 步驱动 Y0，当 X1 有效为 ON 时，则系统由 S20 状态转为 S21 状态，X1 即为转换条件，转换的目标为 S21 步。

（3）步进指令的使用说明

① STL 触点是与左侧母线相连的常开触点，某 STL 触点接通，则对应的状态为活动步。

② 与 STL 触点相连的触点应用 LD 或 LDI 指令，只有执行完 RET 后才返回左侧母线。

③ STL 触点可直接驱动或通过别的触点驱动 Y、M、S、T 等元件的线圈。

④ 由于 PLC 只执行活动步对应的电路块，所以使用 STL 指令时允许双线圈输出（顺控程序在不同的步可多次驱动同一线圈）。

⑤ STL 触点驱动的电路块中不能使用 MC 和 MCR 指令，但可以用 CJ 指令。

⑥ 在中断程序和子程序内，不能使用 STL 指令。

3.3　基本指令应用案例

3.3.1　电动机启停控制编程

（1）控制要求

用 PLC 实现电动机的点动控制，控制要求为：按下按钮 SB，电动机启动；松开按钮 SB，电动机停止。

(2) 设计过程

① 主电路设计。根据控制要求设计的控制主电路如图 3-40 所示。

② I/O 分配。根据控制要求，一个输入量是启停按钮 SB，按钮 SB 接 X0；一个输出量是接触器 KM，接触器 KM 接 Y0。电动机启停控制 I/O 分配表如表 3-2 所示，电动机点动控制的 PLC 硬件接线如图 3-41 所示。

表 3-2　电动机启停控制 I/O 分配表

输入元件		输出元件	
SB	X000	KM	Y000

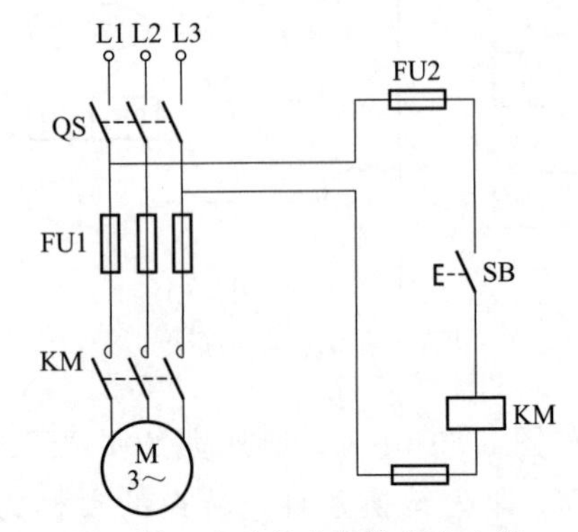

图 3-40　电动机启停控制主电路

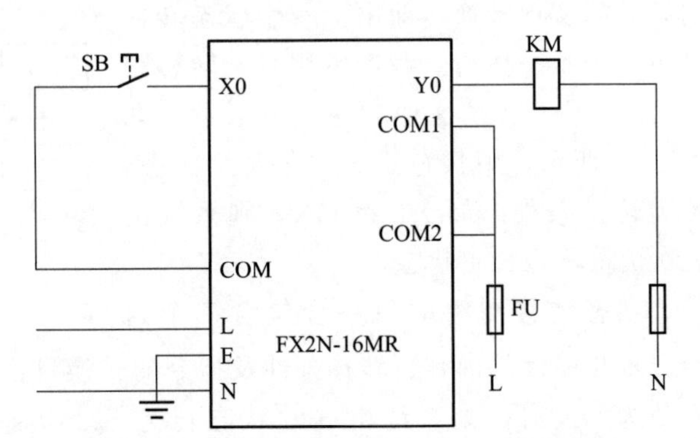

图 3-41　电动机点动控制的 PLC 硬件接线图

③ 程序设计。根据控制要求编制程序，如图 3-42 所示。

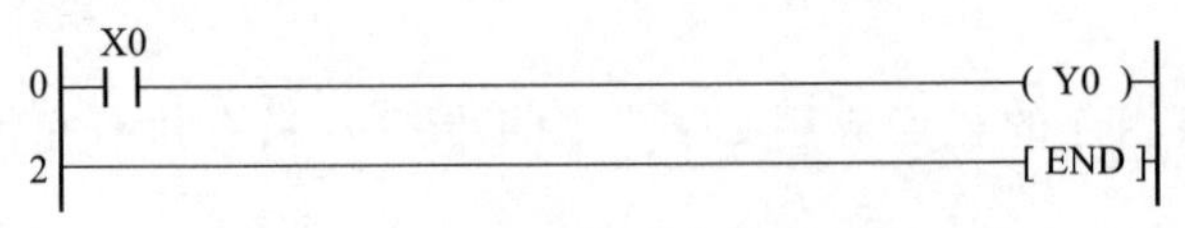

图 3-42　电动机启停控制梯形图

④ 程序解释。按下按钮 SB，X0 导通，Y0 得电，接触器 KM 得电，其常开触点闭合，电动机得电启动；松开按钮 SB，X0 失电，Y0 失电，接触器 KM 失电，其常开触点断开，电动机失电停止。

3.3.2 自锁控制编程

(1) 控制要求

继电器-接触器控制电动机的启动、自锁及停止电路。按下启动按钮 SB2，接触器 KM 线圈得电并自锁，电动机启动连续运行。若电动机过热，则热继电器 FR 动作，其常闭触点使接触器断电从而使电动机断电停止。按下停止按钮 SB1，接触器 KM 线圈失电，电动机停止运行。

(2) 设计过程

① 主电路设计。根据控制要求设计的控制主电路如图 3-43 所示。

② I/O 分配。根据控制要求，三个输入量分别为：热继电器 FR 接 X0，启动按钮 SB1 接 X1，停止按钮 SB2 接 X2；一个输出量接触器 KM 接 Y0。其 I/O 分配表如表 3-3 所示，PLC 接线图如图 3-44 所示。

表 3-3 自锁控制 I/O 分配表

输入元件		输出元件	
FR	X000	KM	Y000
SB1	X001		
SB2	X002		

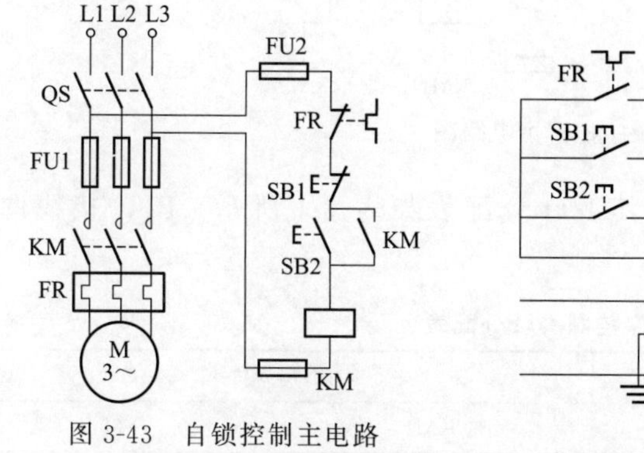

图 3-43 自锁控制主电路

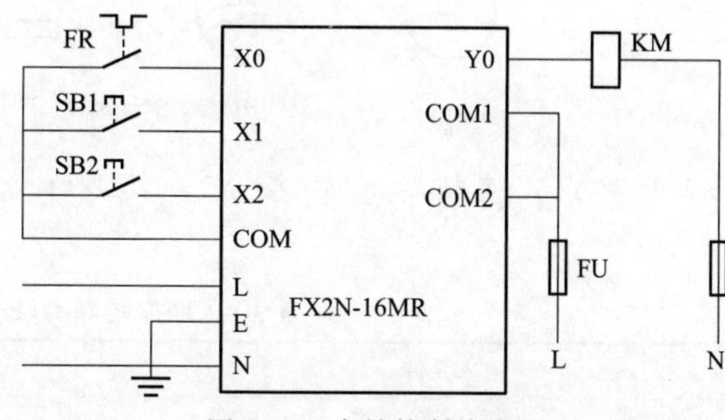

图 3-44 自锁控制接线图

③ 程序设计。根据控制要求编制程序，如图 3-45 所示。

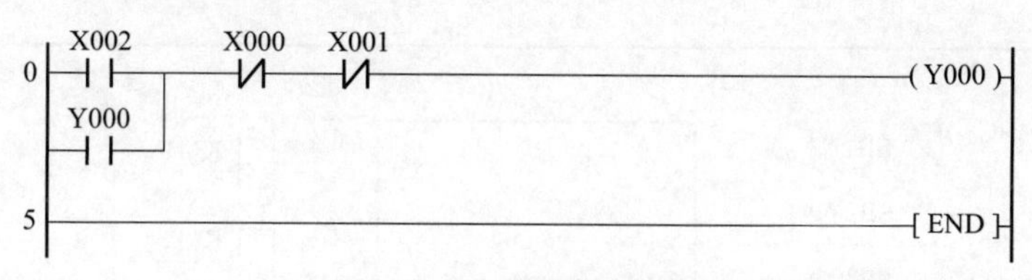

图 3-45 自锁控制梯形图

④ 程序解释。按下启动按钮 SB2，接触器 KM 线圈得电，其常开触点闭合形成自锁，电动机得电启动运行；按下停止按钮 SB1，接触器 KM 线圈失电，其常开触点断开，电动机停止运行。

3.3.3 电动机顺序控制编程

(1) 控制要求

电动机 M1 先启动，电动机 M2 才能启动，能控制每个电动机的启停。

(2) 设计过程

① 主电路设计。根据控制要求设计的控制主电路如图 3-46 所示。

② I/O 分配。根据控制要求，四个输入量分别为：停止按钮 SB1 接 X0，M1 启动按钮 SB2 接 X1，M2 停止按钮 SB3 接 X2，M2 启动按钮 SB4 接 X3。两个输出量分别为：接

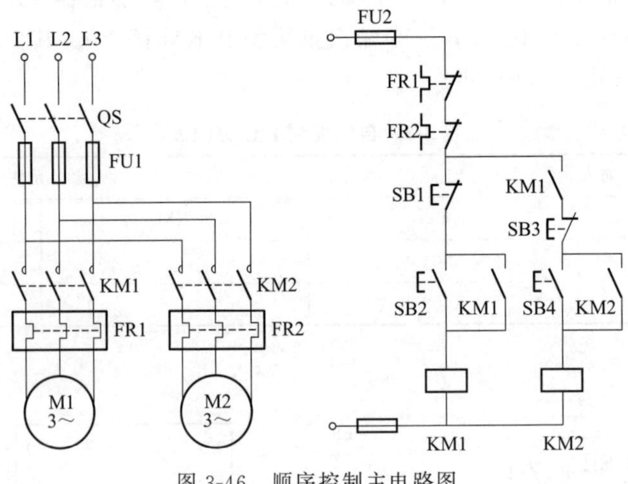

图 3-46　顺序控制主电路图

触器 KM1 接 Y0，接触器 KM2 接 Y1。其 I/O 分配表如表 3-4 所示，PLC 接线图如图 3-47 所示。

表 3-4　顺序控制 I/O 分配表

输入元件		输出元件	
SB1	X000	KM1	Y000
SB2	X001	KM2	Y001
SB3	X002		
SB4	X003		

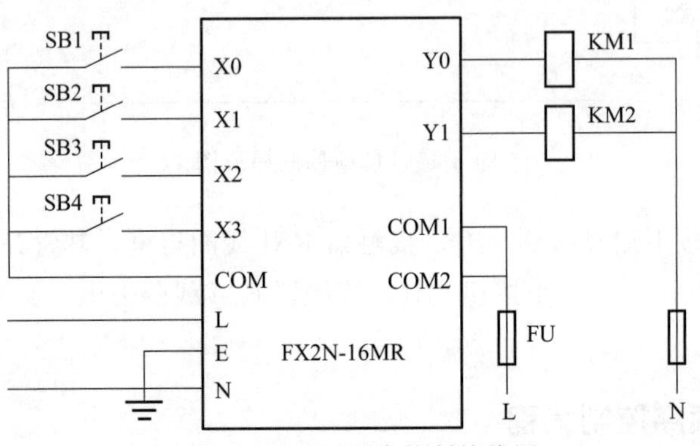

图 3-47　电动机顺序控制接线图

③ 程序设计。根据控制要求编制程序，如图 3-48 所示。

④ 程序解释。按下 M1 启动按钮 SB2，X1 得电，线圈 Y0 得电并自锁，电动机 M1 启动；Y0 的常开触点闭合，按下 M2 启动按钮 SB4，X3 得电，线圈 Y1 得电并自锁，电动机 M2 启动；按下 M2 停止按钮 SB3，常闭触点 X2 断开，电动机 M2 停止；按下停止按钮 SB1，常闭触点 X0 断开，线圈 Y0 失电，电动机 M1 停止。

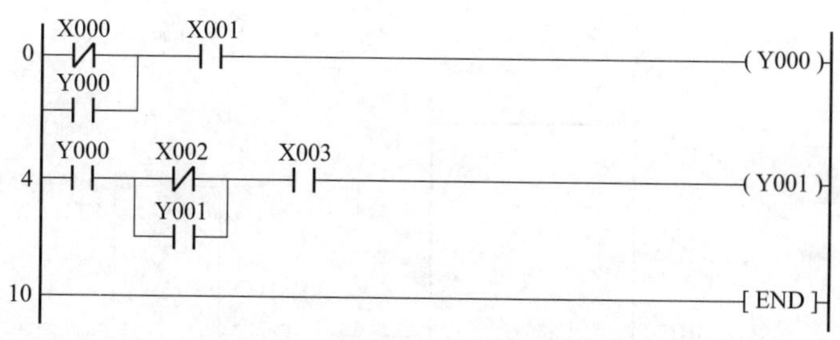

图 3-48　电动机顺序控制梯形图

3.3.4　电动机正反转控制编程

(1) 控制要求

按下正转按钮 SB2，电动机正转；按下反转按钮 SB3，电动机反转；按下停止按钮 SB1，电动机停止转动；当电动机过载时，热继电器 FR 动作，电动机断电而受到保护。

(2) 设计过程

① 主电路设计。根据控制要求设计的控制主电路如图 3-49 所示。

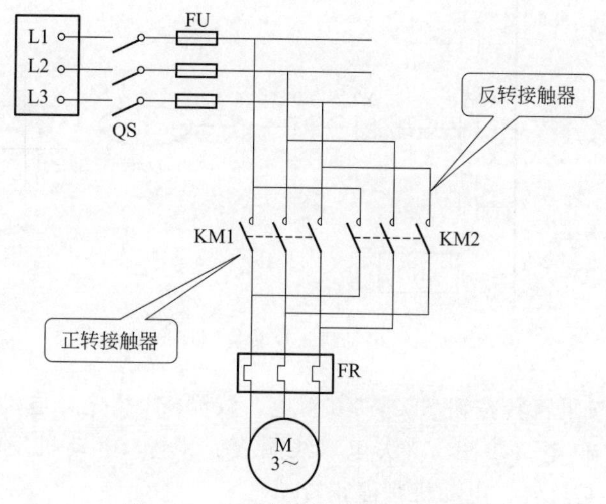

图 3-49　电动机正反转控制主电路

② I/O 分配。根据控制要求，三个输入量分别为：正转按钮 SB2 接 X0，反转按钮 SB3 接 X1，停止按钮 SB1 接 X2。两个输出量分别为：接触器 KM1 接 Y1，接触器 KM2 接 Y2。其 I/O 分配表如表 3-5 所示，电动机正反转控制接线图如图 3-50 所示。

表 3-5　电动机正反转控制 I/O 分配表

输入元件		输出元件	
SB1	X002	KM1	Y001
SB2	X000	KM2	Y002
SB3	X001		

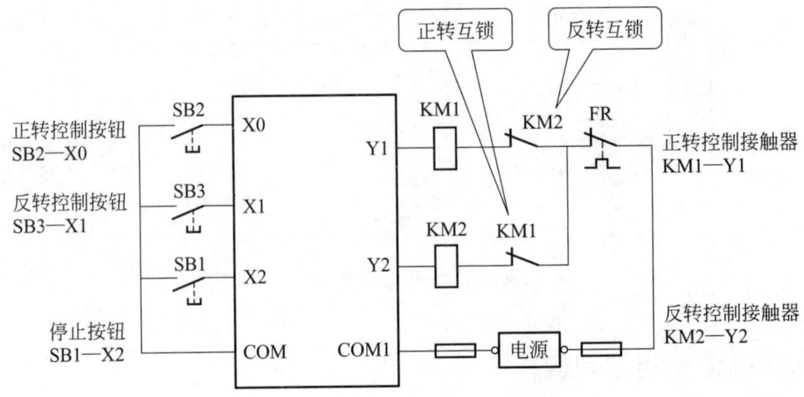

图 3-50　电动机正反转控制接线图

③ 程序设计。根据控制要求编制程序，如图 3-51 所示。

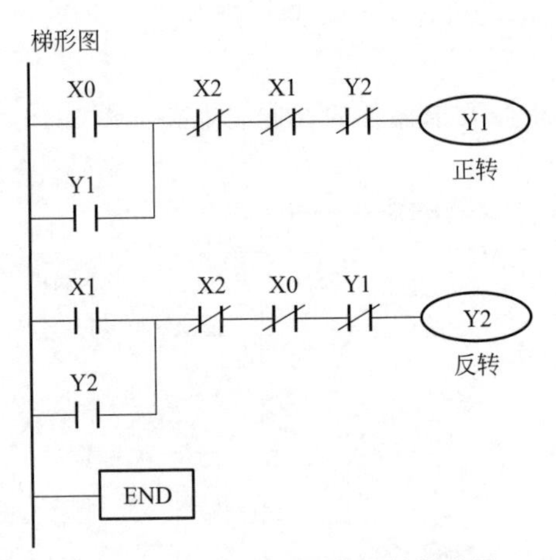

图 3-51　电动机正反转控制梯形图

④ 程序解释。按下正转按钮 SB2，X0 得电，线圈 Y1 得电，电动机正转；按下反转按钮 SB3，线圈 X1 得电，线圈 Y1 失电，线圈 Y2 得电，电动机反转；按下停止按钮 SB1，无论是正转还是反转，电动机都停止转动。

3.3.5　电动机 Y-△启动控制编程

(1) 控制要求

控制笼型异步电动机的 Y-△启动，并有按钮控制其启动停止。

(2) 设计过程

① 主电路设计。根据控制要求设计的控制主电路如图 3-52 所示。

② I/O 分配。根据控制要求，四个输入量分别为：停止按钮 SB1 接 X0，启动按钮 SB2 接 X1，电动机过载保护 FR 接 X2，备用输入量接 X3。四个输出量分别为：备用输出量接 Y0，供电电源接 Y1，三角形运行接 Y2，星形运行接 Y3。其 I/O 分配表如表 3-6 所示，电动机 Y-△启动控制接线图如图 3-53 所示。

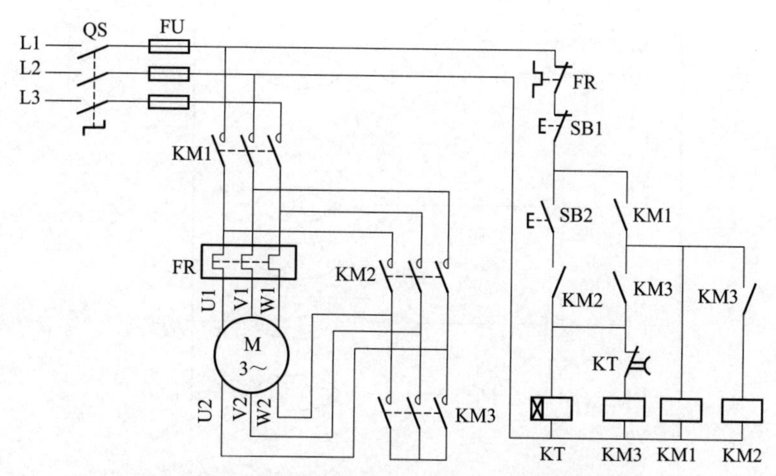

图 3-52 笼型异步电动机 Y-△启动控制主电路

表 3-6 笼型异步电动机 Y-△启动控制 I/O 分配表

输入地址		输出地址	
X0	停止按钮	Y0	备用
X1	启动按钮	Y1	供电电源
X2	电动机过载保护	Y2	三角形运行
X3	备用	Y3	星形运行

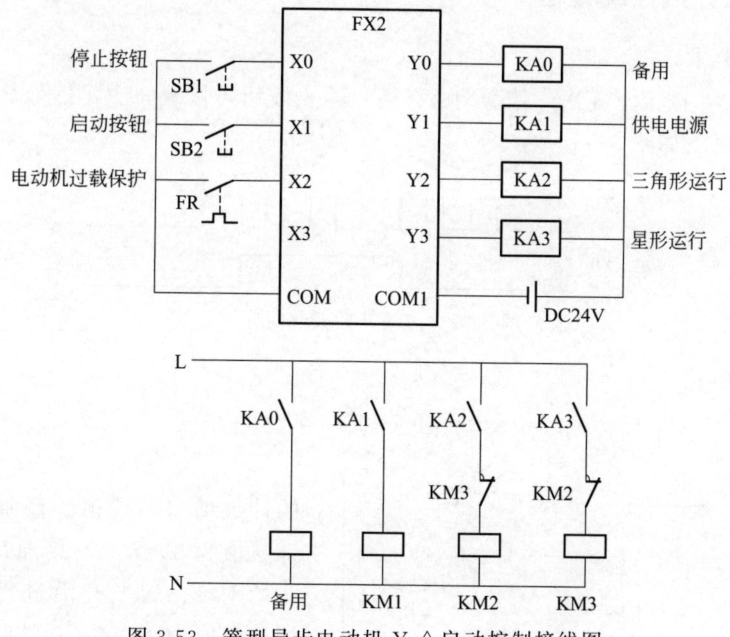

图 3-53 笼型异步电动机 Y-△启动控制接线图

③ 程序设计。根据控制要求编制程序，如图 3-54 所示。

④ 程序解释。在停止按钮 X0、过载保护继电器 X2 断开的情况下，按下启动按钮

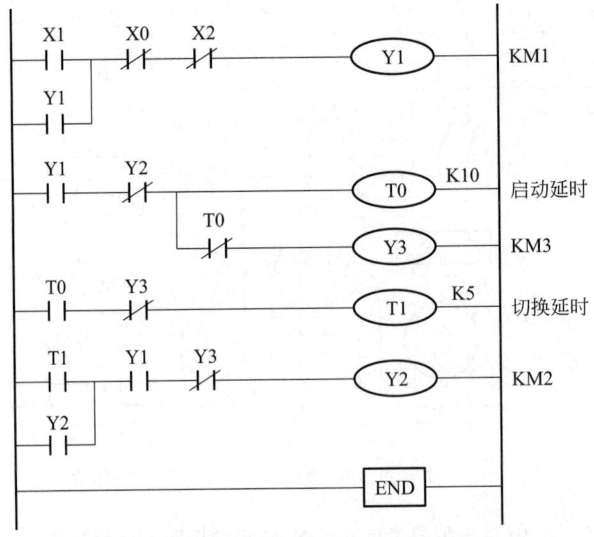

图 3-54　笼型异步电动机 Y-△启动梯形图

X1，则 Y1 接通，Y1 的触点又使得 Y3 接通，启动定时器 T0 开始延时，此时接触器 KM1 和 KM3 接通，电动机以 Y 接法启动；T0 延时到，其常闭触点断开，将 Y3 断开，并启动切换定时器 T1；T1 延时到，Y2 接通并自锁，此时 KM1 和 KM2 接通，电动机以△接法运行。

3.3.6 按钮计数控制编程

(1) 控制要求

输入按钮 X0 被按下 3 次，信号灯 Y0 亮；输入按钮再按下 3 次，信号灯 Y0 熄灭。按钮计数控制时序图如图 3-55 所示。

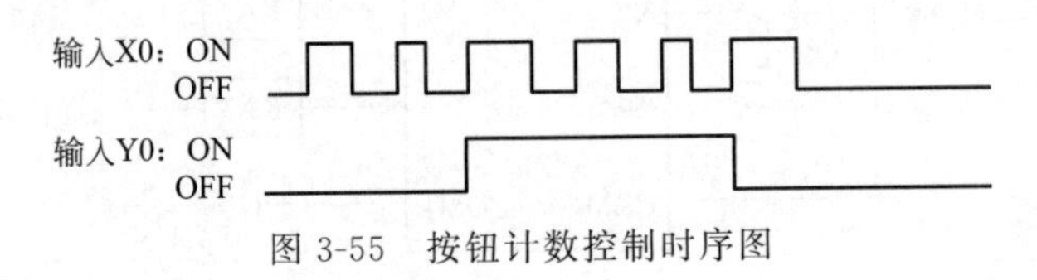

图 3-55　按钮计数控制时序图

(2) 设计过程

① 程序设计。根据控制要求编制程序，如图 3-56 所示。

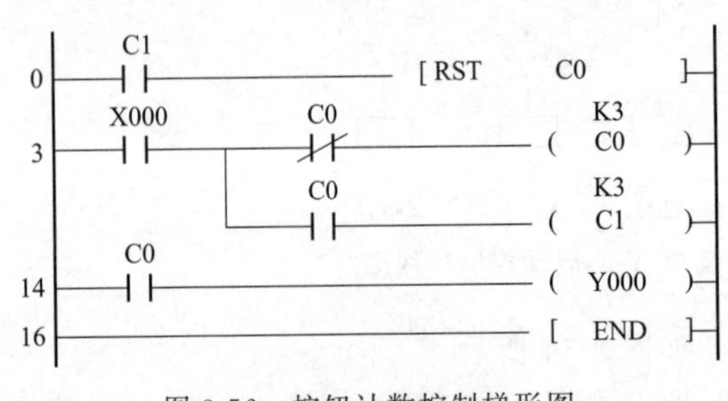

图 3-56　按钮计数控制梯形图

② 程序解释。X0 每接通一次，C0 的计数值（当前值）增加 1；当 C0 的计数值为 3 时，Y0 接通，并且此后 C1 开始对 X0 的上升沿进行计数；当 C1 的计数值为 3 时，C0 被复位，C0 的常开触点也将 C1 进行复位，开始下一次的计数。

3.3.7 绕线电动机串电阻启动控制编程

(1) 控制要求

绕线电动机开始启动时，启动电阻全部接入，以减小启动电流，保持较高的启动转矩。随着启动过程进行，电动机转速的升高，每隔一定时间，启动电阻被逐级短接切除。启动完毕后，启动电阻被全部切除，电动机在额定转速下运行。

(2) 设计过程

① 主电路设计。根据控制要求设计的控制主电路如图 3-57 所示。

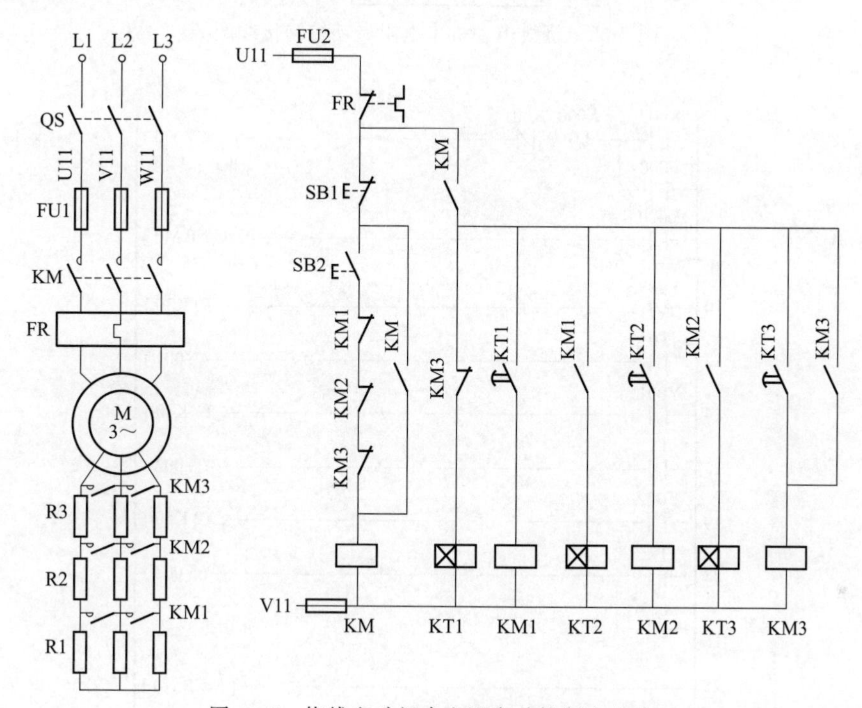

图 3-57 绕线电动机串电阻启动控制主电路

② I/O 分配。根据控制要求，其 I/O 分配表如表 3-7 所示，绕线电动机串电阻启动控制接线图如图 3-58 所示。

表 3-7 绕线电动机串电阻启动控制 I/O 分配表

输入元件		输出元件	
FR	X000	KM1	Y000
SB1	X001	KM2	Y001
SB2	X002	KM3	Y002
		KM4	Y003

③ 程序设计。根据控制要求编制程序，如图 3-59 所示。

④ 程序解释。当 X2 接通时，Y0 接通并自锁；当 Y0 接通时，执行主控指令 MC 到 MCR 的程序；T0 开始定时 3s，达到定时，T0 常开触点闭合，Y1 通电；接着 Y1 常开触

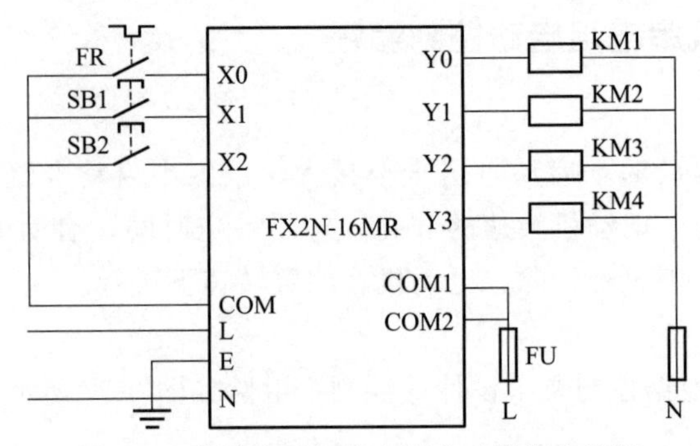

图 3-58　绕线电动机串电阻启动控制接线图

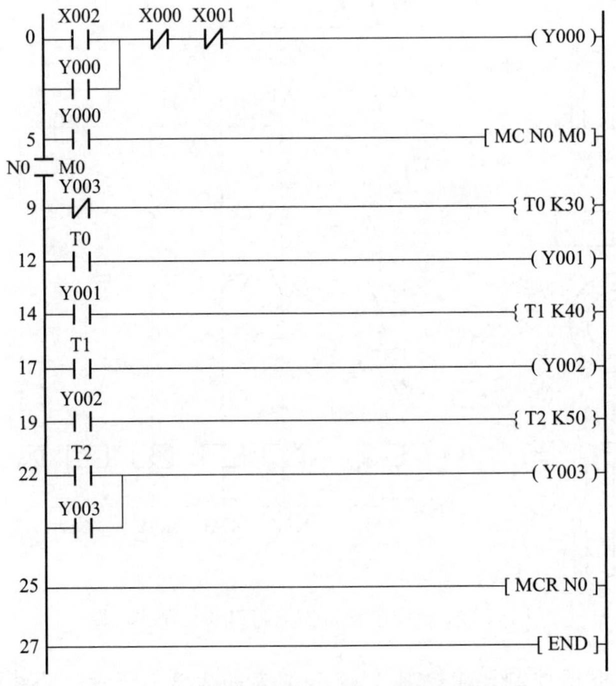

图 3-59　绕线电动机串电阻启动控制梯形图

点闭合，T1 开始定时 4s；达到定时，T1 常开触点闭合，Y2 通电；接着 Y2 常开触点闭合，T2 开始定时 5s；T2 常开触点闭合，Y3 通电自锁；Y3 常闭触点断开，T0、T1、T2 全部断电，主控返回；当 X0 或 X1 接通时，Y0、Y1、Y2、Y3 都断开。

第 4 章 三菱PLC的编程工具

4.1 GX Developer 软件

4.1.1 编程软件的简介

目前常用于FX系列PLC的编程软件有三款，分别是FX-GP/WIN-C、GX Developer和GX Works2，其中FX-GP/WIN-C是一款简单的编程软件，虽然易学易用，适合刚接触者使用，但其功能比较少，使用的人相对较少，因此本章不做介绍。GX Developer编程软件功能比较强大，应用广泛，因此本书将重点介绍。GX Works2推出时间不久，此软件吸收了欧系PLC编程软件结构化的优点，是一款功能强大的软件，本书后面将作介绍。

GX Developer编程软件的简介可以在三菱电机自动化（中国）有限公司的官方网站上免费下载（http://www.mitsubishielectric-automation.cn)，并可免费申请安装序列号。

GX Developer编程软件能够完成Q系列、QnA系列、A系列、FX系列（含FX0、FX0S、FX0N系列，FX1、FX2、FX2C系列，FX1S、FX1N、FX2N、FX2NC、FX3G、FX3U、FX3UC系列）PLC的梯形图、指令表和SFC的编辑。该编程软件能将编辑的程序转换成GPPQ、GPPA等格式文档，当使用FX系列PLC时，还能将程序存储为FXGP(DOS）和FXCGP(WIN）格式的文档。此外，该软件还能将EXCEL、WORD文档等软件编辑的说明文字、数据，通过复制等简单的操作导入程序中，使得软件的使用和程序编辑变得更加方便。

（1）GX Developer编程软件的特点

① 操作简单。

a. 标号编程。用标号，就不需要认识软元件的号码（地址），而能根据标识制成标准程序。

b. 功能块。功能块是为了提高程序的开发效率而开发的一种功能。把需要反复执行的程序制成功能块，使顺序程序的开发变得容易。功能块类似于C语言的子程序。

c. 使用宏。只要在任意的回路模式上加上名字（宏定义名）登录（宏登录）到文档，然后输入简单的命令，就能读出登录过的回路模式，变更软元件就能灵活使用了。

② 与PLC连接的方式灵活。

a. 通过串口（RS-232C、RS-422、RS-485）通信与可编程控制器CPU连接。

b. 通过USB接口通信与可编程控制器CPU连接。

c. 通过 MELSECNET/10（H）与可编程控制器 CPU 连接。

d. 通过 MELSECNET（Ⅱ）与可编程控制器 CPU 连接。

e. 通过 CC-LINK 与可编程控制器 CPU 连接。

f. 通过 Ethernet 与可编程控制器 CPU 连接。

g. 通过计算机接口与可编程控制器 CPU 连接。

③ 强大的调试功能。

a. 由于运用了梯形图逻辑测试功能，用户能够更加简单地进行调试作业。通过该软件能进行模拟在线调试。

b. 在帮助菜单中有 CPU 的出错信息、特殊继电器/特殊存储器的说明内容，所以对于在线调试过程中发生的错误，或者在程序编辑过程中想知道特殊继电器/特殊存储器内容的情况下通过帮助菜单可非常容易查询到有关信息。

c. 程序编辑过程中发生错误时，软件会提示错误信息或者错误原因，所以能大幅度缩短程序编辑的时间。

④ 操作界面。如图 4-1 所示为 GX Developer 编程软件的操作界面，该操作界面由下拉菜单、工具条、编程区、工程数据列表、状态条等部分组成。整个程序在 GX Developer 编程软件中称为工程。

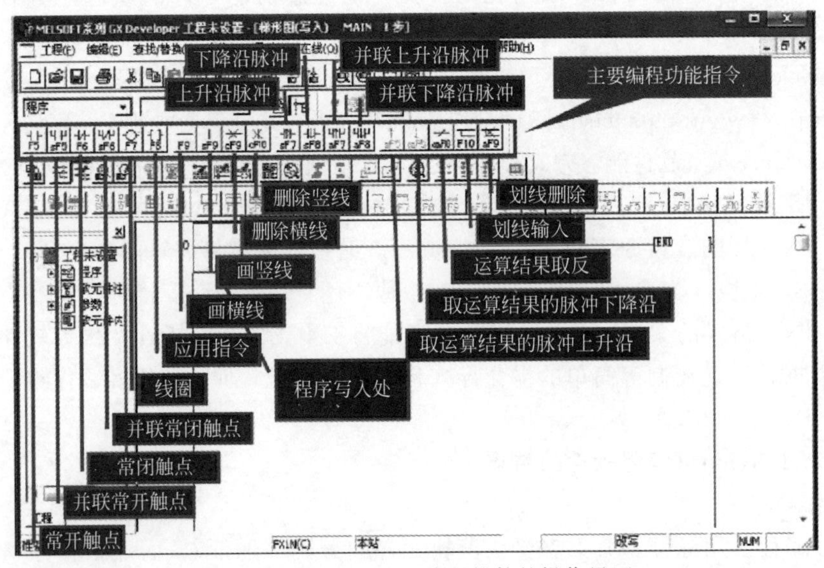

图 4-1　GX Developer 编程软件的操作界面

（2）GX Developer 编程软件的安装

① 计算机的软硬件条件。

a. 软件：Windows 98、Windows 2000、Windows XP 以上。

b. 硬件：至少需要 512MB 内存，以及 100MB 空余的硬盘。

② 安装方法。打开安装目录，先安装环境包，具体为：EnvMEL\SETUP. exe，再返回主目录，安装主目录下的 SETUP. exe 即可。安装前最好关闭杀毒监控软件，安装的具体过程如下。

a. 安装环境包。先单击环境包 EnvMEL 中的可执行文件 SETUP. exe，弹出“欢迎”界面，如图 4-2 所示，单击“下一个”按钮，弹出“信息”界面；单击“下一个”按钮，弹出“设置完成”界面，如图 4-3 所示，单击“结束”，环境包安装完成。

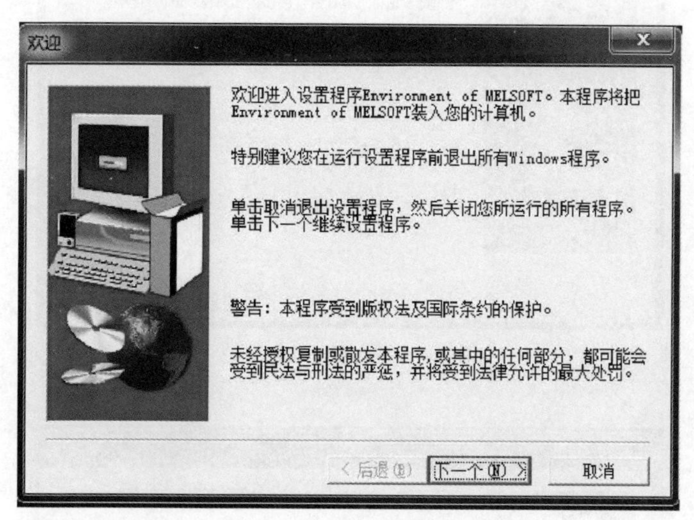

图 4-2 “欢迎”界面（1）

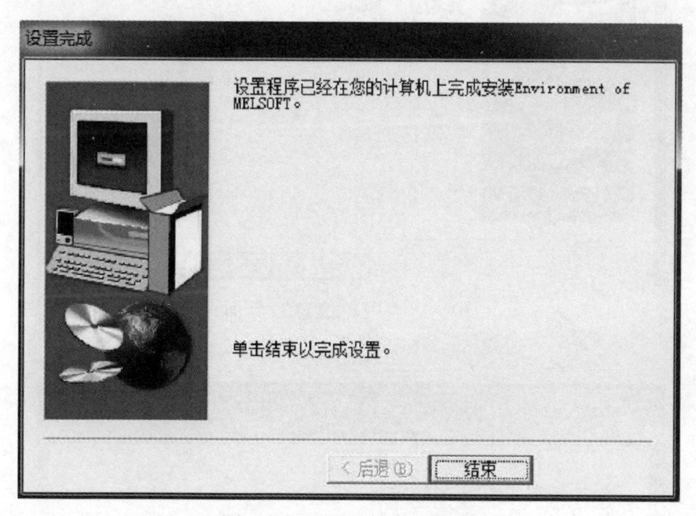

图 4-3 “设置完成”界面

b. 安装主目录下的文件。先单击主目录中的可执行文件 SETUP. exe，弹出“欢迎”界面，如图 4-4 所示；单击“下一个”按钮，弹出“用户信息”界面，如图 4-5 所示，在“姓名”中填入操作者的姓名，也可以是默认值；在“公司”中填入公司名称，也可以是系统默认值，最后单击“下一个”按钮即可。

c. 注册信息。如图 4-6 所示的“注册确认”界面，单击“是”按钮，弹出“输入产品序列号”界面，如图 4-7 所示，输入序列号，此序列号可到三菱公司免费申请，再单击“下一个”按钮。

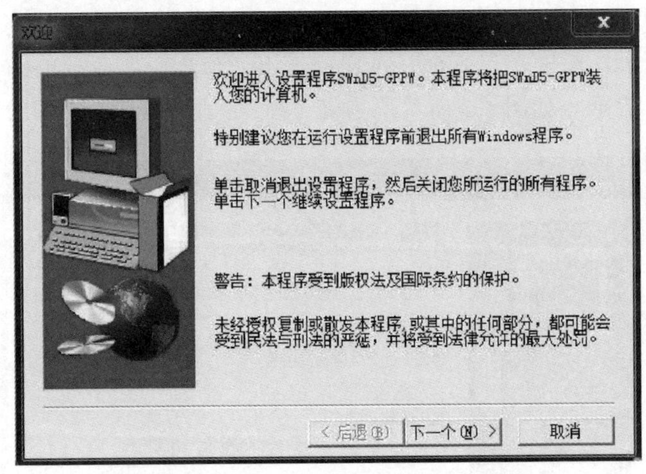

图 4-4 “欢迎”界面（2）

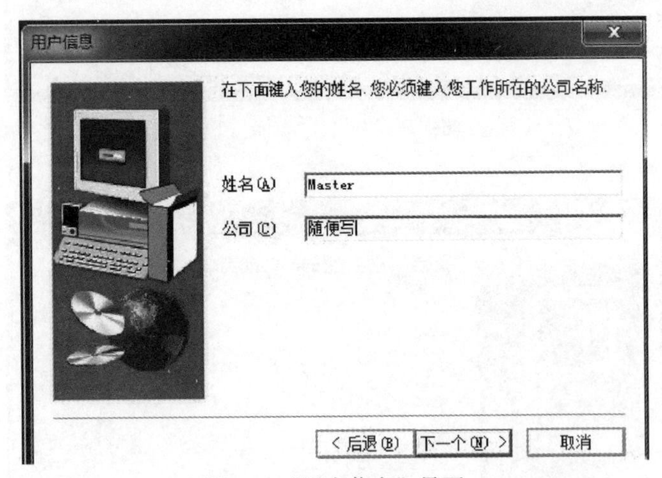

图 4-5 “用户信息”界面

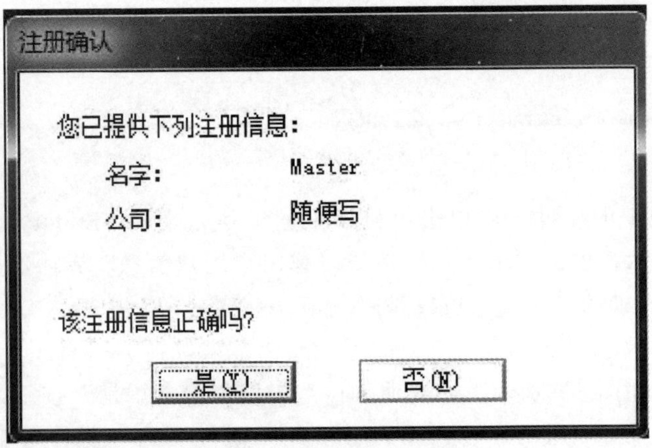

注册确认

您已提供下列注册信息：

名字： Master

公司： 随便写

该注册信息正确吗?

是(Y) 否(N)

图 4-6 “注册确认”界面

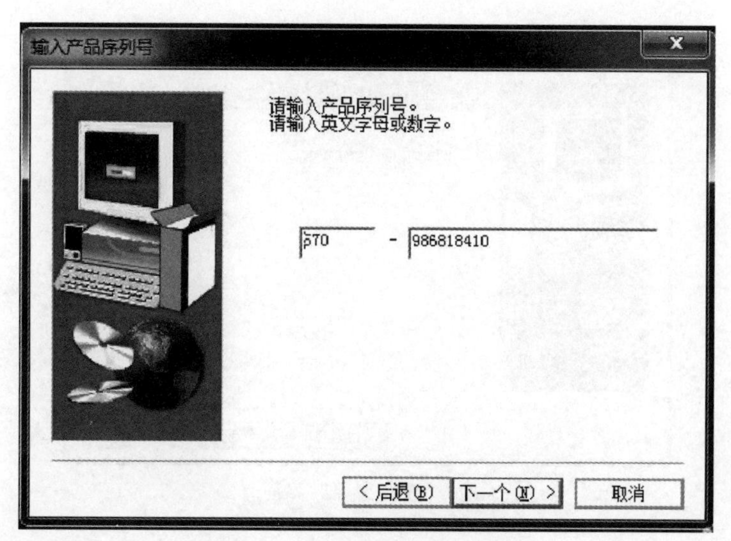

图 4-7 “输入产品序列号”界面

d. 选择部件。如图 4-8 所示，先勾选“ST 语言程序功能”，再单击“下一个”按钮，弹出“选择部件”界面，如图 4-9 所示，一定不能勾选“监视专用 GX Developer”，单击“下一个”按钮，弹出“选择部件”界面，如图 4-10 所示，三个选项都要勾选，单击“下一个”按钮。

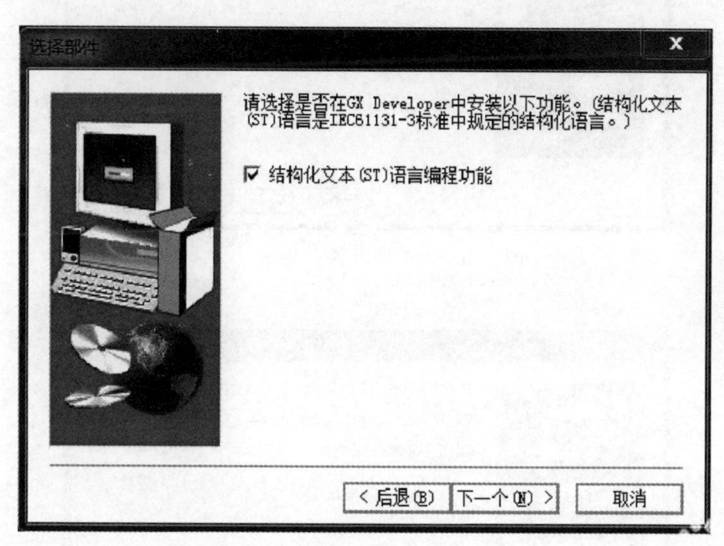

图 4-8 “选择部件”界面（1）

e. 选择目标位置。如果安装在默认目录下，只要单击“下一个”按钮就可以等待程序完成安装，如果 C 盘不够大，希望把软件安装在其他目录下，如图 4-11 所示，则先单击“浏览”按钮指定所希望安装的目录，再单击“下一个”按钮。

（3）GX Developer 编程软件的使用

在计算机上安装好 GX 编程软件后，运行 GX 软件，其界面如图 4-12 所示。

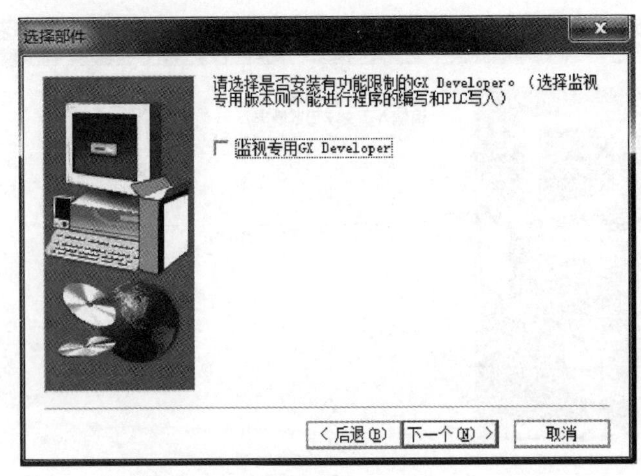

图 4-9 “选择部件”界面（2）

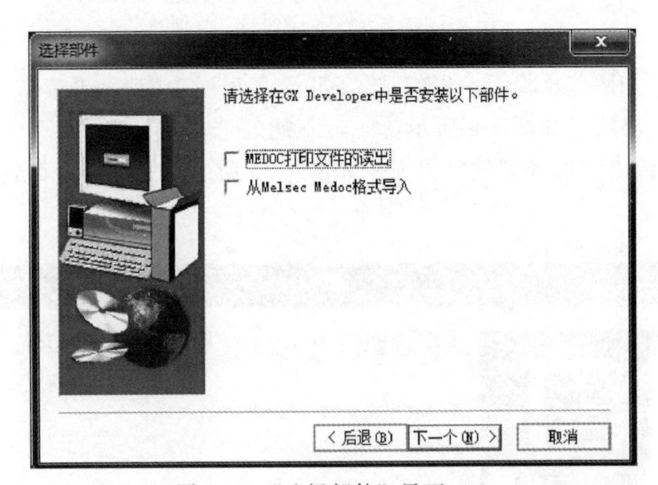

图 4-10 “选择部件”界面（3）

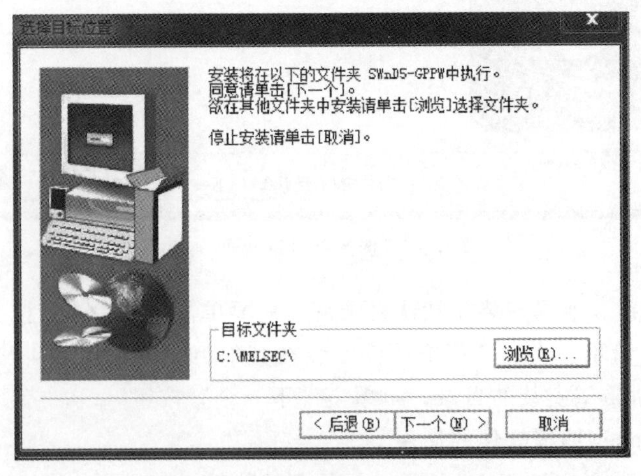

图 4-11 “选择目标位置”界面

图 4-12　运行 GX 软件的界面

可以看到该窗口编辑区域是不可用的，工具栏中除了新建和打开按钮可见以外，其余按钮均不可见，单击图 4-12 中的按钮，或执行“工程”菜单中的“创建新工程”命令，可创建一个新工程，出现如图 4-13 所示画面。

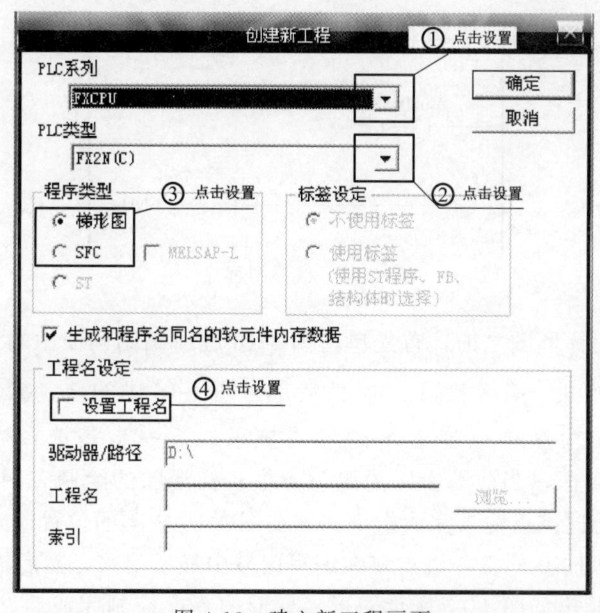

图 4-13　建立新工程画面

按图 4-13 所示选择 PLC 所属系列和类型，此外，设置项还包括程序的类型，即梯形图或 SFC（顺控程序），设置文件的保存路径和工程名等。注意 PLC 系列和 PLC 类型两项是必须设置项，且须与所连接的 PLC 一致，否则程序将可能无法写入 PLC。设置好上述各项后出现图 4-14 所示窗口，即可进行程序的编辑。

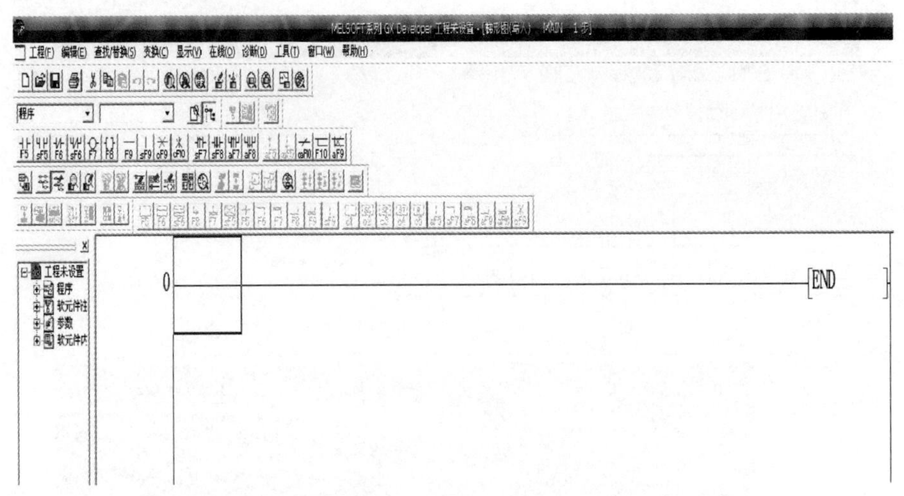

图 4-14　程序的编辑窗口

4.1.2　梯形图程序的编制

下面通过一个具体实例，用 GX 编程软件在计算机上编制图 4-15 所示的梯形图程序的操作步骤。

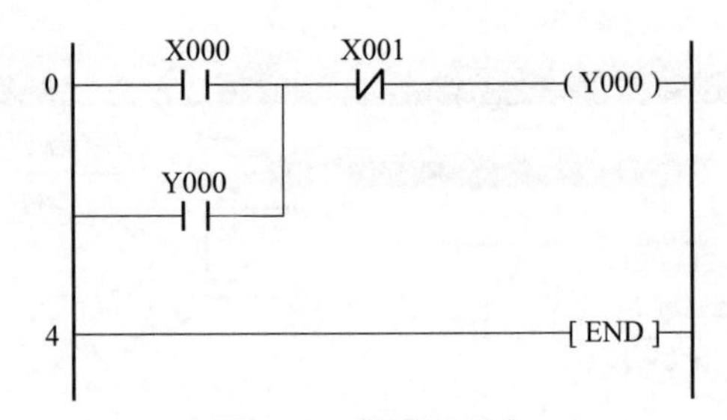

图 4-15　梯形图程序

在用计算机编制梯形图之前，首先单击图 4-16 程序编制画面中的位置①按钮或按 F2 键，使其为写入模式（查看状态栏），然后单击图 4-16 中的位置②按钮，选择梯形图显示，即程序在编写区中以梯形图的形式显示。下一步是选择当前编辑的区域如图 4-16 中的③前编辑区，当前编辑区为黑色方框。梯形图的绘制有两种方法，一种方法是用键盘操作，即通过键盘输入完成指令，如在图 4-16 中④的位置输入 LD X0，按 Enter 键（或单击确定），则 X0 的常开触点就在编写区域中显示出来，然后输入 LDI X1、OUT Y0、OR Y0，即绘制出如图 4-17 所示图形。梯形图程序编制完成后，在写入 PLC 之前，必须进行变换，单击图 4-17 中“变换”菜单下的“变换”命令，或直接按 F4 键完成变换，此时编写区不再是灰色状态，可以存盘或传送。

注意：在输入的时候要注意阿拉伯数字 0 和英文字母 O 的区别以及空格的问题。

另一种方法是用鼠标和键盘操作，即用鼠标选择工具栏中的图形符号，再键入其软元件和软元件号，输入完毕按 Enter 键即可。

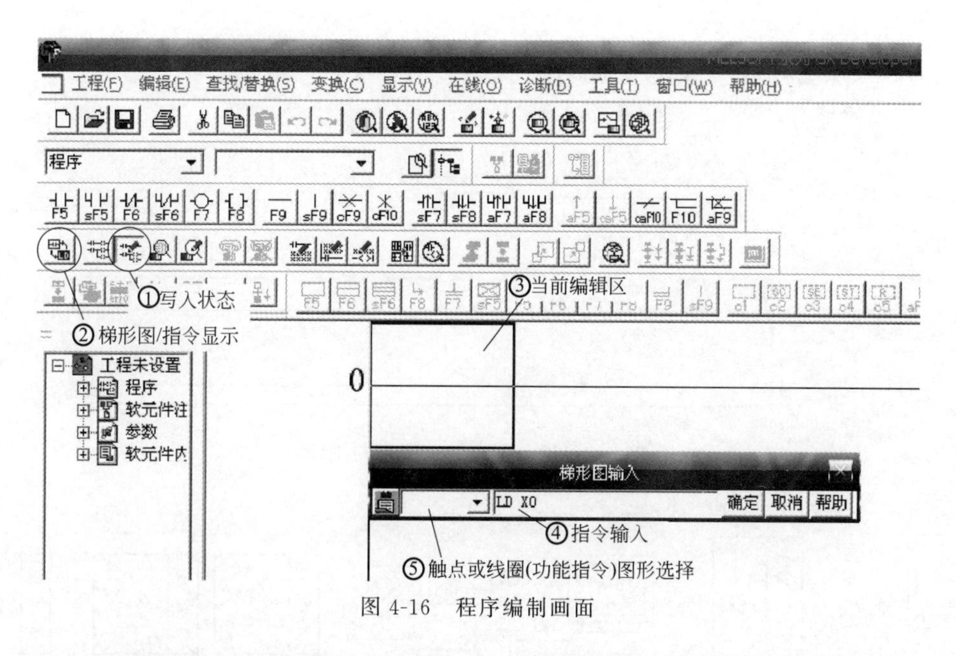

图 4-16　程序编制画面

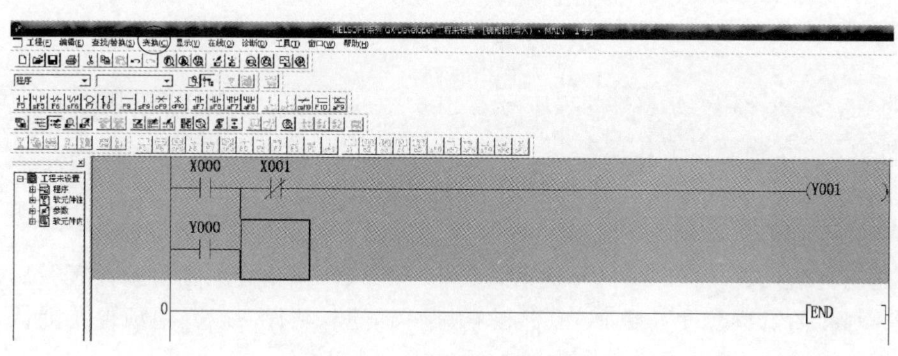

图 4-17　程序变换前的画面

4.1.3　指令方式编制程序

指令方式编制程序即直接输入指令的编程方式，并以指令的形式显示。对于图 4-17 所示的梯形图，其指令表程序在屏幕上的显示如图 4-18 所示。输入指令的操作与上述介绍的用键盘输入指令的方法完全一样，只是显示不一样，且指令表程序不需要变换，并可在梯形图显示与指令表显示之间切换（Alt＋F1 键）。

4.1.4　程序的传输

使用程序传输前首先确定计算机与 PLC 链接是否正确，可以通过 RS-232C 通信和 RS-485（RS-422）通信两种方式中的任意一种进行连接。通过 RS-232C 通信方式连接的时候，连接 1 台，并且请确保总延长距离在 15m 以内，如图 4-19 所示。通过 RS-485 通信方式连接的时候，最多可以连接 16 台，并且请确保总延长距离在 500m 以内（包含有 485BD 的时候在 50m 以内），其连接如图 4-20 所示。

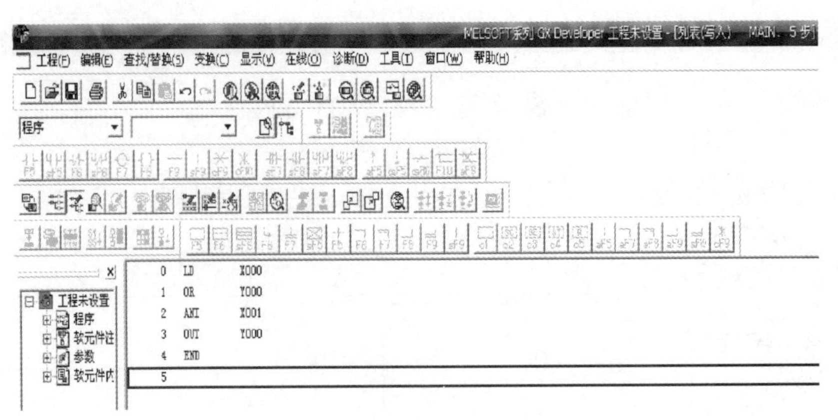

图 4-18　指令方式编制程序的画面

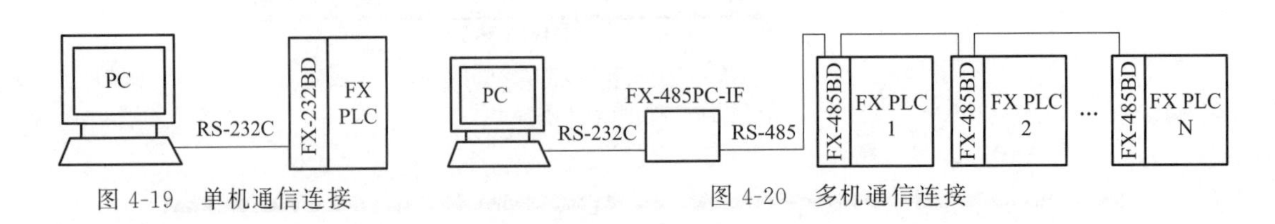

图 4-19　单机通信连接

图 4-20　多机通信连接

要将在计算机上用 GX 编好的程序写入 PLC 中的 CPU，或将 PLC 中 CPU 的程序读到计算机中，一般需要以下几步。

① PLC 与计算机的连接。正确连接计算机（已安装好了 GX 编程软件）和 PLC 的编程电缆（专用电缆），特别是 PLC 接口方向不要弄错，否则容易造成损坏。

② 进行通信设置。程序编制完成后，单击“在线”菜单中的“传输设置”后，出现如图 4-21 所示的窗口，设置好 PC I/F 和 PLC I/F 的各项设置，其他项保持默认，单击“确定”按钮。

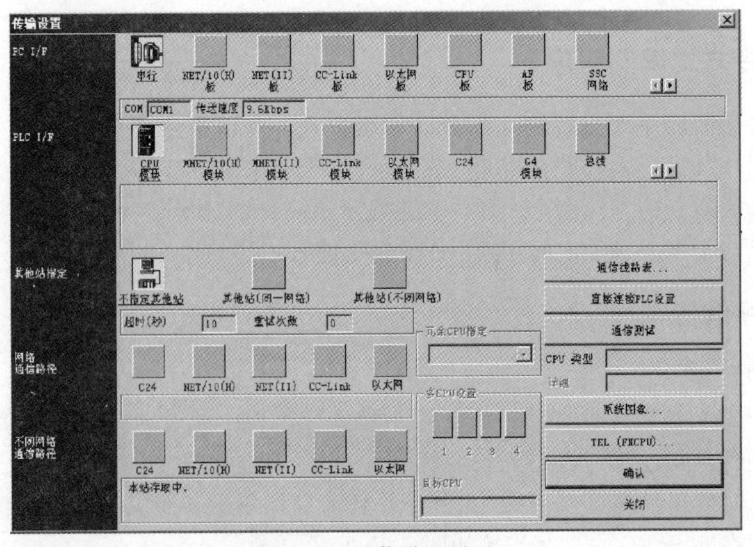

图 4-21　通信设置画面

③ 程序写入、读出。若要将计算机中编制好的程序写入PLC，单击“在线”菜单中的“PLC写入”，则出现如图4-22所示窗口，根据出现的对话窗进行操作。选中主程序，再单击“执行”即可。若要将PLC中的程序读出到计算机中，其操作与程序写入操作相似。

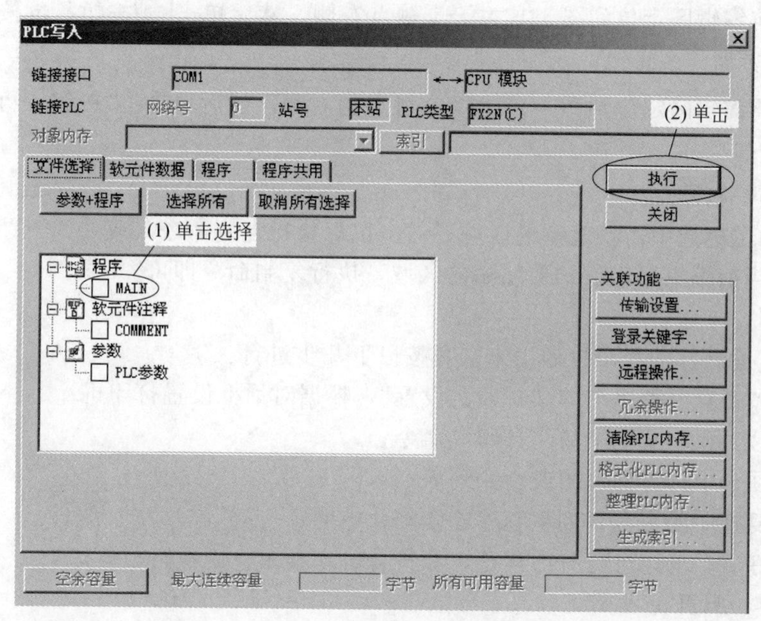

图4-22　程序写入画面

4.1.5　编辑操作

(1) 删除、插入

删除、插入操作可以是一个图形符号，也可以是一行，还可以是一列（END指令不能被删除），其操作有如下几种方法：

① 将当前编辑区定位到要删除、插入的图形处，右击鼠标，再在快捷菜单中选择需要的操作；

② 将当前编辑区定位到要删除、插入的图形处，在“编辑”菜单中执行相应的命令；

③ 将当前编辑区定位到要删除的图形处，然后按键盘上的“Del”键即可；

④ 若要删除某一段程序，可拖动鼠标选中该段程序，然后按键盘上的“Del”键，或执行“编辑”菜单中的“删除行”或“删除列”命令；

⑤ 按键盘上的“Ins”键，使屏幕右下角显示“插入”，然后将光标移到要插入的图形处，输入要插入的指令即可。

(2) 修改

若发现梯形图有错误，可进行修改操作，如图4-17中的X1常闭改为常开。首先按键盘的“Ins”键，使屏幕右下角显示“写入”，然后将当前编辑区定位到要修改的图形处，输入正确的指令即可。若在X1常开后再改成X2的常闭，则可输入LDI X2或ANI X2，即将原来错误的程序覆盖。

(3) 删除、绘制连线

若将图 4-17 中的 X0 右边的竖线去掉，在 X1 右边加一竖线，其操作如下：

① 将当前编辑区置于要删除的竖线右上侧，即选择删除连线，然后单击 cF10 按钮，再按 Enter 键即删除竖线；

② 将当前编辑区定位到图 4-17 中 X1 触点右侧，然后单击 sF9 按钮，再按 Enter 键即可在 X1 右侧添加一条竖线；

③ 将当前编辑区定位到图 4-17 中 Y0 触点的右侧，然后单击 F9 按钮，再按 Enter 键即添加一条横线。

(4) 复制、粘贴

首先拖动鼠标选中需要复制的区域，右击鼠标执行复制命令（或“编辑”菜单中复制命令），再将当前编辑区定位到要粘贴的区域，执行复制命令即可。

(5) 打印

如果要将编制好的程序打印出来，可按以下几步进行：

① 单击“工程”菜单中的“打印机设置”，根据对话框设置打印机；

② 执行“工程”菜单中的“打印”命令；

③ 在选项卡中选择梯形图或指令列表；

④ 设置要打印的内容，如主程序、注释、申明；

⑤ 设置好后，可以进行打印预览，如符合打印要求，则执行“打印”。

(6) 保存、打开工程

当程序编制完毕后，必须先进行变换（即单击“变换”菜单中的“变换”），然后单击按钮或执行“工程”菜单中的“保存”或“另存为”命令。系统会提示（如果新建时未设置）保存的路径和工程名称，设置好路径和键入工程名称再单击“保存”即可。在需要打开保存在计算机中的程序时，单击按钮，在弹出的窗口中选择保存的驱动器和工程名称再单击“打开”即可。

(7) 其他功能

如要执行单步执行功能，即单击“在线”—“调试”—“单步执行”，即可使 PLC 一步一步依程序向前执行，从而判断程序是否正确。又如在线修改功能，即单击“工具”—“选项”—“运行时写入”，然后根据对话框进行操作，可在线修改程序的任何部分。还有，如改变 PLC 的型号、梯形图逻辑测试等功能。

4.2 FX-20P-E 型手持编程器

FX-20P-E 型手持编程器（简称 HPP）是人机对话的重要外围设备，通过编程电缆可将它与三菱 FX 系列 PLC 相连，用来对 PLC 写入、读出、插入和删除程序，以及监视 PLC 的工作状态等。

4.2.1 FX-20P-E 型手持编程器的功能

FX-20P-E 型手持编程器可以用于 FX 系列 PLC，也可以通过 FX-20P-E-FKIT 转换器用于 F1、F2 系列 PLC。

FX-20P-E 型手持编程器如图 4-23 所示。它是一种智能简易型编程器，既可联机编程又可脱机编程。联机编程也称为在线编程，编程器和PLC 直接相连，并对 PLC 的用户程序存储器直接进行操作。在脱机编程（也称为离线编程）方式下，编制的程序先写入编程器的 RAM，再成批地传送到 PLC 的存储器中，也可以在编程器和 ROM 写入器之间进行程序传送。本机显示窗口可同时显示 4 条基本指令。它的功能如下。

① 读出（Read）：从 PLC 中读出已经存在的程序。

② 写入（Write）：向 PLC 中写入程序，或修改程序。

③ 插入（Insert）：插入和增加程序。

④ 删除（Delete）：从 PLC 程序中删除指令。

⑤ 监视（Monitor）：监视 PLC 的控制操作和状态。

⑥ 测试（Test）：改变当前状态或监视器件的值。

⑦ 其他（Others）：如屏幕菜单、监视或修改程序状态、程序检查、内存传送、修改等。

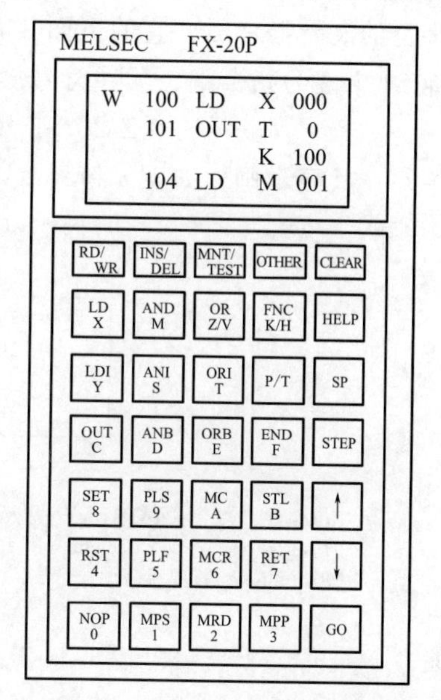

图 4-23 FX-20P-E 型手持编程器

4.2.2 FX-20P-E 型手持编程器的组成与面板布置

(1) FX-20P-E 型手持编程器的组成

FX-20P-E 型手持编程器主要包括以下几个部件。

① FX-20P-E 型编程器。

② FX-20P-CABO 型电缆，用于对三菱的 FX0 以上系列 PLC 编程。

③ FX-20P-RWM 型 ROM 写入器模块。

④ FX-20P-ADP 型电源适配器。

⑤ FX-20P-CAB 型电缆，用于对三菱的其他 FX 系列 PLC 编程。

⑥ FX-20P-E-FKIT 型接口，用于对三菱的 F1、F2 系列 PLC 编程。

其中的编程器与电缆是必需的，其他部件是选配件。编程器右侧面的上方有一个插座，将 FX-20P-CABO 型电缆的一端插到该插座内，电缆的另一端插到 FX0 以上系列 PLC 的 RS-422 编程器插座内。

FX-20P-E 型编程器的顶部有一个插座，可以连接 FX-20P-RWM 型 ROM 写入器。编程器的底部插有系统程序存储器卡盒，需要将编程器的系统程序更新时，只要更换系统程序存储器即可。

在 FX-20P-E 型编程器与 PLC 不相连的情况下（脱机方式下），需要用编程器编制用户程序时，可以使用 FX-20P-ADP 型电源适配器对编程器供电。

FX-20P-E 型编程器内附有 8KB 的 RAM 空间，在脱机方式下用来保存用户程序。编程器内附有高性能电容器，通电 1h 后，在该电容器的支持下，RAM 内的信息可以保留 3 天。

(2) FX-20P-E 型编程器的面板布置

FX-20P-E 型编程器的面板布置如图 4-23 所示。面板的上方是一个 4 行、每行 16 个字符的液晶显示屏。它的下面共有 35 个键，最上面一行和最右边一列为 11 个功能键，其他 24 个键为指令键、元件符号键和数字键。

① 液晶显示屏。FX-20P-E 型编程器的液晶显示屏上只能同时显示 4 行，每行 16 个字符，其显示画面如图 4-24 所示。

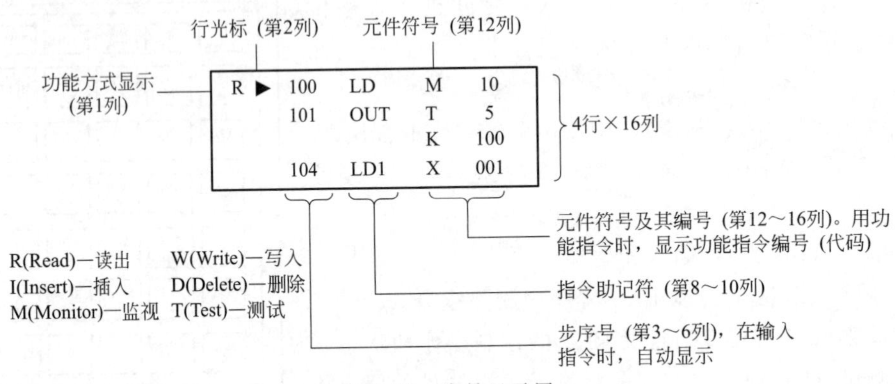

图 4-24 液晶显示屏

② 功能键。11 个功能键在编程时的功能如下。

a. RD/WR 键：读出/写入键，是双功能键。按第一下选择读出方式，在液晶显示屏的左上角显示“R”；按第二下选择写入方式，在液晶显示屏的左上角显示“W”；按第三下又回到读出方式。编程器当时的工作状态显示在液晶显示屏的左上角。

b. INS/DEL 键：插入/删除键，是双功能键。按第一下选择插入方式，在液晶显示屏的左上角显示“I”；按第二下选择删除方式，在液晶显示屏的左上角显示“D”；按第三下回到插入方式。编程器当时的工作状态显示在液晶显示屏的左上角。

c. MNT/TEST 键：监视/测试键，也是双功能键。按第一下选择监视方式，在液晶显示屏的左上角显示“M”；按第二下选择测试方式，在液晶显示屏的左上角显示“T”；按第三下又回到监视方式。编程器当时的工作状态显示在液晶显示屏的左上角。

d. GO 键：执行键。用于对指令的确认和执行命令，在键入某指令后，再按 GO 键，编程器就将该指令写入 PLC 的用户程序存储器。该键还可用于选择工作方式。

e. CLEAR 键：清除键。在未按 GO 之前，按 CLEAR 键，刚刚键入的操作码或操作数被清除。另外，该键还用于清除屏幕上的错误内容或恢复原来的画面。

f. SP 键：空格键。键入多参数的指令时，用于指定操作数或常数。在监视方式下，若要监视位编程元件，先按 SP 键，再送该编程元件的元件号。

g. STEP 键：步序键。如果需要显示某步的指令，先按 STEP 键，再送步序号。

h. ↑、↓ 键：光标键，用于移动光标和提示符，指定当前软元件的前一个或后一个元件，作上、下移动。

i. HELP键：帮助键。按FNC键后按HELP键，屏幕上显示应用指令的分类菜单，再按相应的数字键，就会显示该类指令的全部指令名称。在监视方式下按HELP键，可用于使字编程元件内的数据在十进制数和十六进制数之间进行切换。

j. OTHER键：其他键。无论什么时候按它，都会立即进入菜单选择方式。

③ 指令键、元件符号键和数字键。它们都是双功能键，键的上部分是指令助记符，键的下部分是数字或元件符号，何种功能有效，在当前操作状态下，由功能自动定义。下面的双重元件符号Z/V、K/H和P/I交替起作用，反复按键时相互切换。

4.2.3 工作方式选择

作为现场使用的编程工具，手持编程器在一些无法使用个人计算机编程的场合得到了广泛的应用，尤其是对于进行现场工作的工程人员，手持编程器更是必不可少的工具。

FX-20P-E型手持编程器具有在线（ONLINE，或称联机）编程和离线（OFFLINE，或称脱机）编程两种工作方式。在线编程时，编程器与PLC直接相连，编程器直接对PLC的用户程序存储器进行读/写操作。若PLC内安装有EEPROM卡盒，则程序写入该卡盒；若没有EEPROM卡盒，则程序写入PLC的RAM。在离线编程时，编制的程序首先写入编程器的RAM，以后再成批地传送到PLC的存储器中。

FX-20P-E型手持编程器上电后，其液晶显示屏上显示的内容如图4-25所示。其中，闪烁的符号“■”指明编程器所处的工作方式。按↑或↓键将“■”移动到所需的位置上，再按GO键，就进入了所选定的工作方式。

(1) 联机编程方式

在联机编程方式下，用户可用编程器直接对PLC的用户程序存储器进行读/写操作。在执行写操作时，若PLC内没有安装EEPROM卡盒，则程序写入PLC的RAM；反之，则写入EEPROM卡盒，此时EEPROM的写保护开关必须处于“OFF”位置。只有用FX-20P-RWM型ROM写入器才能将用户程序写入EPROM。

若按OTHER键，则进行工作方式选择的操作。此时，FX-20P-E型手持编程器的液晶显示屏上显示的内容如图4-26所示。闪烁的符号“■”指明编程器所处的工作方式。按↑或↓键将“■”移动到所需的位置上，再按GO键，就进入所选定的工作方式。在联机编程方式下，可供选择的工作方式共有七种。

```
PROGRAM MODE
■ONLINE   (PC)
 OFFLINE  (HPP)
```

图4-25　在线、离线工作方式选择

```
ONLINE MODE   FX
■ 1.OFFLINE MODE
  2.PROGRAM CHECK
  3.DATA TRANSFER
```

图4-26　联机编程方式下的工作方式选择

① OFFLINE MODE：进入脱机编程方式。

② PROGRAM CHECK：程序检查，若没有错误，显示“NO ERROR”（没有错

误）；若有错误，则显示出错误指令的步序号及出错代码。

③ DATA TRANSFER：数据传送，若 PLC 内安装有存储器卡盒，在 PLC 的 RAM 和外装的存储器之间进行程序和参数的传送；反之，则显示“NO MEM CASSETTE”（没有存储器卡盒），不进行传送。

④ PARAMETER：对 PLC 的用户程序存储器容量进行设置，还可以对各种具有断电保持功能的编程元件的范围及文件寄存器的数量进行设置。

⑤ XYM. NO. CONV：修改 X、Y、M 的元件号。

⑥ BUZZER LEVEL：调节蜂鸣器的音量。

⑦ LATCH CLEAR：复位有断电保持功能的编程元件。文件寄存器的复位与它使用的存储器类别有关，只能对 RAM 和写保护开关处于“OFF”位置的 EEPROM 中的文件寄存器复位。

(2) 脱机编程方式

脱机编程方式编制的程序存放在手持编程器的 RAM 中；联机编程方式的程序存放在 PLC 的 RAM 中，编程器 RAM 中的程序不变。编程器 RAM 中写入的程序可成批地传送到 PLC 的 RAM 中，也可成批地传送到装在 PLC 内的存储器卡盒中。往 ROM 写入器传送应当在脱机方式下进行。

手持编程器内 RAM 的程序用超级电容器作断电保护，充电 1h，可保持 3 天以上。因此，可将在实验室里脱机生成的装在编程器的 RAM 中的程序，传送给安装在现场的 PLC。

有两种方法可以进入脱机编程方式。

① FX-20P-E 型手持编程器上电后，按 [↓] 键将闪烁的符号“■”移动到“OFFLINE (HPP)”位置上，再按 [GO] 键，就进入脱机编程方式。

② FX-20P-E 型手持编程器处于 ONLINE（联机）编程方式时，按 [OTHER] 键，进入工作方式选择，此时闪烁的符号“■”处于“OFFLINE MODE”的位置上，接着按 [GO] 键，就进入了 OFFLINE（脱机）编程方式。

FX-20P-E 型手持编程器处于脱机编程方式时，所编制的用户程序存入编程器的 RAM，与 PLC 的用户程序存储器及 PLC 的运行方式都没有关系。除了联机编程方式中的 M 和 T 两种工作方式不能使用以外，其余的工作方式（R、W、I、D）及操作步骤均适用于脱机编程方式。按 [OTHER] 键后，即可进行工作方式选择的操作。此时，液晶显示屏上显示的内容如图 4-27 所示。

在脱机编程方式下，可用光标键选择 PLC 的型号，如图 4-28(a) 所示，FX2N、FX1N 和 FX1S 之外的其他系列的 PLC 应选择“FX、FX0”；选择好后按 [GO] 键，出现如图 4-28(b) 所示的确认画面，如果使用的 PLC 的型号有变化则按 [GO] 键，要复位参数或返回起始状态时按 [CLEAR] 键。

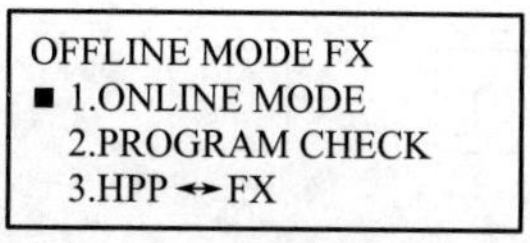

OFFLINE MODE FX
■ 1.ONLINE MODE
2.PROGRAM CHECK
3.HPP ↔ FX

图 4-27　脱机编程方式下的工作方式选择

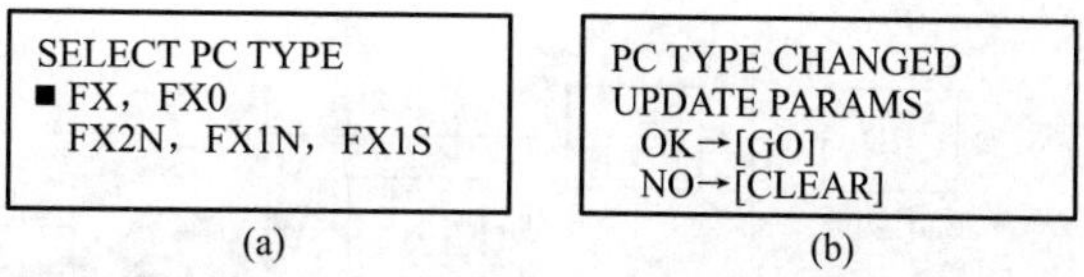

SELECT PC TYPE
■ FX，FX0
FX2N，FX1N，FX1S
(a)
PC TYPE CHANGED
UPDATE PARAMS
OK→[GO]
NO→[CLEAR]
(b)

图 4-28　选择 PLC 的型号及确认

在脱机编程方式下，可供选择的工作方式有七种。

① ONLINE MODE。

② PROGRAM CHECK。

③ HPP↔FX。

④ PARAMETER。

⑤ XYM. NO. CONV。

⑥ BUZZER LEVEL。

⑦ MODULE。

4.2.4　基本编程操作

(1) 用户程序存储器初始化

在写入程序之前，一般需要将存储器中原有的内容全部清除，再按 [RD/WR] 键，使编程器处于 W（写入）工作方式。清除操作可按以下顺序按键。

[NOP] → [A] → [GO] → [GO]

(2) 指令的读出

① 根据步序号读出。基本操作如图 4-29 所示，先按 [RD/WR] 键，使编程器处于 R（读出）工作方式，如果要读出步序号为 105 的指令，再按以下顺序按键，该指令就显示在屏幕上。

[STEP] → [1] → [0] → [5] → [GO]

RD
读出功能
STEP
步序号
GO
执行
↑ ↓

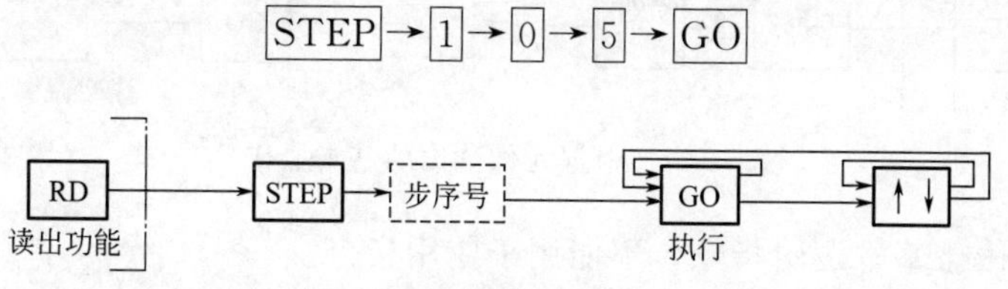

图 4-29　根据步序号读出的基本操作

若还需要显示该指令之前或之后的其他指令，可以按 [↑]、[↓] 或 [GO] 键，可以显示上一条或下一条指令，按 [GO] 键可以显示下面的 4 条指令。

② 根据指令读出。基本操作如图 4-30 所示，先按 [RD/WR] 键，使编程器处于 R（读出）工作方式，然后根据如图 4-30 或图 4-31 所示的操作依次按相应的键，该指令就显示在屏幕上。

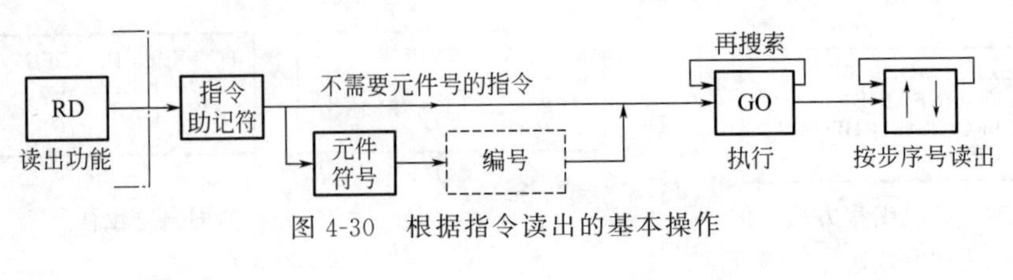

图 4-30　根据指令读出的基本操作

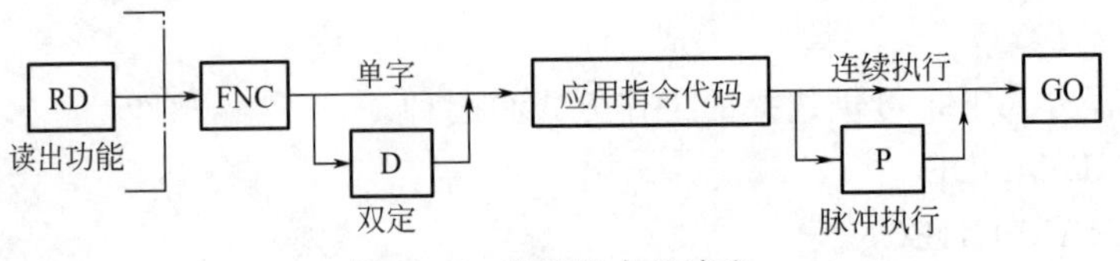

图 4-31　应用指令的读出

例如，指定指令 LD X020，从 PLC 中读出该指令。

先按 RD/WR 键，使编程器处于 R（读出）工作方式，然后按以下顺序按键。

LD → X → 2 → 0 → GO

按 GO 键后屏幕上显示出指定的指令和步序号，再按 GO 键，屏幕上显示出下一条相同的指令及其步序号。如果用户程序中没有该指令，则在屏幕上的最后一行显示"NOT FOUND"（未找到）。按 ↑ 或 ↓ 键可显示上一条或下一条指令，按 CLEAR 键则屏幕上显示出原来的内容。

③ 根据元件读出。基本操作如图 4-32 所示，先按 RD/WR 键，使编程器处于 R（读出）工作方式，如果要读出含有 Y1 的指令，再按以下顺序按键，该指令就显示在屏幕上。

SP → Y → 1 → GO

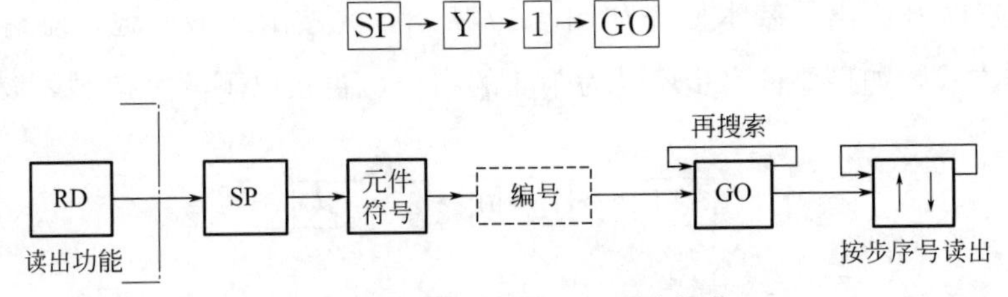

图 4-32　根据元件读出的基本操作

这种方法只限于基本逻辑指令，不能用于应用指令。

④ 根据指针查找其所在的步序号。根据指针查找其所在的步序号的基本操作如图 4-33 所示。在 R（读出）工作方式下读出 8 号指针的按键顺序如下。

P → 8 → GO

屏幕上将显示指针 P8 及其步序号。读出中断用指针时，应连续按两次 P/I 键。

(3) 指令的写入

先按 RD/WR 键，使编程器处于 W（写入）工作方式，然后根据该指令所在的步序

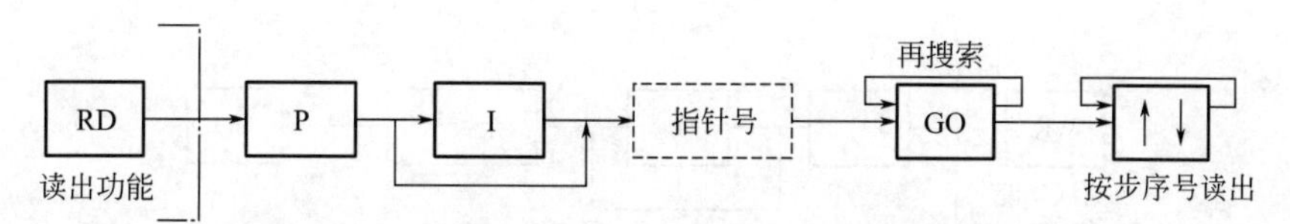

图 4-33　根据指针查找其所在的步序号的基本操作

号，按[STER]键后键入相应的步序号，接着按[GO]键，将光标“▶”移动到指定的步序号位置，可以开始写入指令。如果需要修改刚写入的指令，在未按[GO]键之前，按[CLEAR]键，刚键入的操作码或操作数被清除。按[GO]键之后，可按[↑]键，回到刚写入的指令，再作修改。

① 写入基本指令。写入指令 LD X010 时，先使编程器处于 W（写入）工作方式，将光标“▶”移动到指定的步序号位置，然后按以下顺序按键。

[LD]→[X]→[1]→[0]→[GO]

写入 LDP、ANDP、ORP 指令时，在按对应指令键后还要按[P/I]键；写入 LDF、ANDF、ORF 指令时，在按对应指令键后还要按[F]键；写入 INV 指令时，按[NOP]、[P/I]和[GO]键。

② 写入应用指令。基本操作如图 4-34 所示，先按[RD/WR]键，使编程器处于 W（写入）工作方式，将光标“▶”移动到指定的步序号位置，然后按[FNC]键，接着按该应用指令代码对应的数字键，然后按[SP]键，再按相应的操作数。如果操作数不止一个，每次键入操作数之前，先按一下[SP]键，键入所有的操作数后，再按[GO]键，该指令就被写入了 PLC 的存储器。如果操作数为双字，按[FNC]键后，再按[D]键；如果是脉冲执行方式，在键入应用指令代码的数字键后，接着按[P]键。

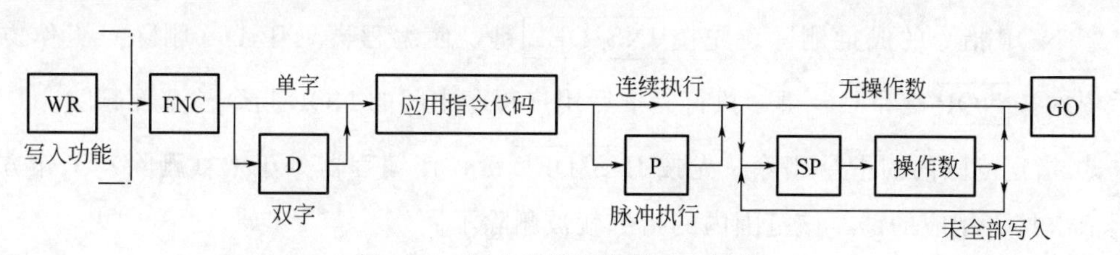

图 4-34　写入应用指令的基本操作

例如，写入数据传送指令 MOV D10 D14。

MOV 指令的应用指令代码是 12，按以下顺序按键。

[FNC]→[1]→[2]→[SP]→[D]→[1]→[0]→[SP]→[D]→[1]→[4]→[GO]

③ 写入指针。写入指针的基本操作如图 4-35 所示。写入中断用指针时，应连续按两次[P/I]键。

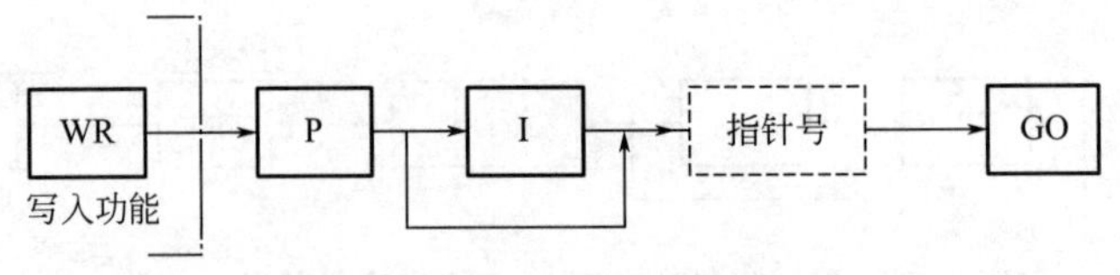

图 4-35　写入指针的基本操作

④ 修改指令。例如，将其步序号为 105 原有的指令 OUT T6 K150 改写为 OUT T6 K30。根据步序号读出原指令后，按 RD/WR 键，使编程器处于 W（写入）工作方式，然后按以下顺序按键。

OUT → T → 6 → SP → K → 3 → 0 → GO

如果要修改应用指令中的操作数，读出该指令后，将光标“▶”移动到欲修改的操作数所在的行，然后修改该行的操作数。

（4）指令的插入

如果需要在某条指令之前插入一条指令，按照前述指令的读出方法，先将某条指令显示在屏幕上，使光标“▶”指向该指令，然后按 INS/DEL 键，使编程器处于 I（插入）工作方式，再按照指令的写入方法，将指令写入，按 GO 键后，写入的指令插在原指令之前，后面的指令依次向后推移。

例如，要在 180 步之前插入指令 AND M3。首先读出 180 步的指令，然后使光标“▶”指向 180 步，再按以下顺序按键。

INS/DEL → AND → M → 3 → GO

（5）指令的删除

① 逐条指令的删除。如果需要删除某条指令或某个指针，按照指令的读出方法，先将该指令或指针显示在屏幕上，使光标“▶”指向该指令或指针，然后按 INS/DEL 键，使编程器处于 D（删除）工作方式，再按 GO 键，该指令或指针即被删除。

② NOP 指令的成批删除。先按 INS/DEL 键，使编程器处于 D（删除）工作方式，然后依次按 NOP 键和 GO 键，执行完毕后用户程序中间的 NOP 指令被全部删除。

③ 指定范围内的指令删除。先按 INS/DEL 键，使编程器处于 D（删除）工作方式，然后依次按下相应的键，该范围内的指令就被删除了。

STEP → 起始步序号 → SP → STEP → 终止步序号 → GO

第5章 三菱PLC控制系统设计方法

5.1 PLC控制系统设计的内容和步骤

设计PLC应用系统时，必须全面了解被控对象的机构和运行过程，明确动作的逻辑关系，最大限度地满足被控制对象的控制要求，并且力求应用系统简单、经济、方便、安全、可靠。

应用系统设计须遵循一些共同的原则，使PLC应用系统的设计方法和步骤符合科学化，形成工程化，趋于标准化。

(1) 设计原则及内容

① 系统设计的原则。在进行PLC控制系统的设计时，一般应遵循以下几个原则。

a. 完全满足被控对象的工艺要求。

b. 在满足控制要求和技术指标的前提下，尽量使控制系统简单、经济。

c. 控制系统要安全可靠。

d. 在设计时要给控制系统的容量和功能预留一定的裕度，便于以后的调整和扩充。

② 系统设计的内容。

a. 根据被控对象的特性及用户的要求，拟定PLC控制系统的技术条件和设计指标，并写出详细的设计任务书，作为整个控制系统设计的依据。

b. 参考相关产品资料，选择开关种类、传感器类型、电气传动形式、继电器-接触器的容量以及电磁阀等执行机构。

c. 选择PLC的型号及程序存储器容量，确定各种模块的数量。

d. 绘制PLC的输入/输出端子接线图。

e. 设计PLC控制系统的监控程序。

f. 输入程序并调试，根据设计任务书进行测试，提交测试报告。

g. 根据要求设计电气柜、模拟显示盘和非标准电器元部件。

h. 编写设计说明书和使用说明书等设计文档。

(2) 设计方法与步骤

PLC控制系统的设计方法与步骤如图5-1所示。

① 详细了解和分析被控对象的工艺条件，根据生产设备和生产过程的控制要求，分析被控对象的机构和运行过程，明确动作的逻辑关系（动作顺序、动作条件）和必须要加

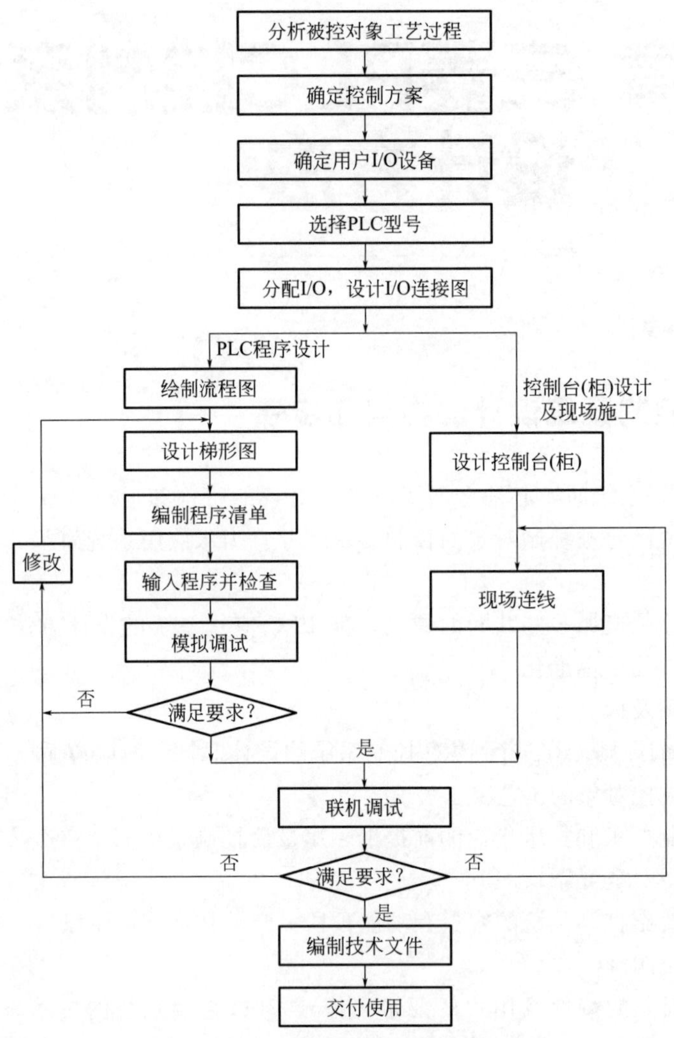

图 5-1 PLC 控制系统的设计方法与步骤

入的联锁保护及系统的操作方式（手动、自动）等。

② 根据被控对象对 PLC 控制系统的技术指标，确定所需输入/输出信号的点数，选配适当的 PLC。

③ 根据控制要求有规则、有目的地分配输入/输出（I/O 分配），设计 PLC 的 I/O 电气接线图（PLC 的 I/O 口与输入/输出设备的连接图）。绘出接线图并接线施工，完成硬件设计。

④ 根据生产工艺的要求画出系统的工艺流程图。

⑤ 根据系统的工艺流程图设计出梯形图，同时可进行电气控制柜的设计和施工。

⑥ 如用编程器，需将梯形图转换成相应的指令并输入到 PLC 中。

⑦ 调试程序，先进行模拟调试，再进行系统调试。调试时可模拟用户输入设备的信号给 PLC，输出设备可暂时不接，输出信号可通过 PLC 主机的输出指示灯监控通断变化，

对于内部数据的变化和各输出点的变化顺序，可在上位计算机上运行软件的监控功能，查看运行动作时序图。

⑧ 程序模拟调试通过后，进行现场实际控制系统与输入/输出设备联机调试，如不满足要求，再修改程序或检查更改接线，直至满足要求。调试成功后做程序备份，同时提交测试报告。

⑨ 编制有关技术文件（包括I/O电气接口图、流程图、程序及注释文件、故障分析及排除方法等），完成整个PLC控制系统的设计。

以上是设计一个PLC控制系统的大致步骤，具体系统设计要根据系统规模的大小、控制要求的复杂程度、控制程序步数的多少灵活处理，有的步骤可以省略，也可做适当的调整。

(3) 确定设计任务书

生产工艺流程的特点和要求是设计PLC控制系统的主要依据，所以必须详细了解和分析对象的特性。设计任务书一般应包括以下几个方面。

① 控制系统的名称。

② 控制任务和范围。在设计任务书中指明控制对象的范围，必须完成的动作，包括动作时序和方式（手动、自动，点动、间断、连续等）等。

③ 检测和控制的参数表（I/O分配表）。根据工艺指标、操作要求和安全措施等确定检测点和控制点的含义、数量、量程、精度、4特性、安装位置等。一般在满足控制要求和技术指标的前提下，检测点和控制点应尽可能地少，并且精度要求也应以满足实际需要为准，否则将使控制系统复杂化，增加系统成本。

④ 参数之间的关系。明确在控制过程中各输入/输出量之间的先后顺序和逻辑关系。

5.2 PLC控制系统硬件设计方法

硬件设计是控制系统设计的第一步，只有选择了适合的PLC硬件，才能在此基础上进行软件的设计调试。并不是越贵越高级的PLC就一定越好，在满足功能的前提下，选择适合的PLC才是正确的做法。

5.2.1 PLC机型的选择

随着PLC控制的普及与应用，PLC产品的种类和数量越来越多，而且功能也逐步完善。近年来，从美国、日本、德国引进的PLC产品及国内厂家组装或自行开发的产品已有几十个系列、上百种型号。目前在国内应用较多的PLC产品主要包括美国AB公司、美国GE公司、法国MODICON公司、德国西门子公司、日本OMRON（欧姆龙）公司、日本三菱公司等生产的PLC产品，其结构形式、性能、容量、指令系统、编程方法及价格等各有自己的特点，适用场合也各有侧重。因此，合理地选择PLC，对于提高PLC控制系统的技术指标起着重要的作用。一般选择机型要以满足系统功能需要为主要目的，不要盲目贪大求全，以免造成投资和设备资源的浪费。机型的选择可从如下几个方面来考虑。

① 对I/O点的选择。PLC是一种工业控制系统，它的控制对象是工业生产设备或工

业生产过程，工作环境是工业生产现场。其与工业生产过程的联系是通过 I/O 接口模块来实现的。

通过 I/O 接口模块可以检测被控生产过程的各种参数，并以这些现场数据作为控制信息对被控对象进行控制。同时，通过 I/O 接口模块将控制器的处理结果送给被控设备或工业生产过程，从而驱动各种执行机构来实现控制。PLC 从现场收集的信息及输出给外部设备的控制信号都需经过一定距离，为了确保这些信息正确无误，PLC 的接口模块都具有较好的抗干扰能力。根据实际需要，一般都有许多 I/O 接口模块，包括开关量输入模块、开关量输出模块、模拟量输入模块、模拟量输出模块以及其他一些特殊模块，使用时应根据它们的特点进行选择。

PLC 的 I/O 点的平均价格还是比较高的，因此应该合理选用 PLC 的 I/O 点的数量，在满足控制要求的前提下力争使用的 I/O 点最少，但必须留有一定的裕量。

通常情况下，I/O 点数是根据被控对象的输入、输出信号的实际需要，再加上 10%～15%的裕量来确定的。

PLC 的输出点可分为共点式、分组式和隔离式 3 种接法。隔离式的各组输出点之间可以采用不同的电压种类和电压等级，但这种 PLC 平均每点的价格较高。如果输出信号之间不需要隔离，则应选择前两种输出方式的 PLC。

② 对存储容量的选择。用户程序所需的存储容量大小不仅与 PLC 系统的功能有关，而且与功能实现的方法、程序编写水平有关。一个有经验的程序员和一个初学者，在完成同一复杂功能时，其程序量可能相差 1/4 之多，所以刚接触者应该在存储容值估算时多留裕量。

PLC 系统所用的存储器基本上为 ROM、EPROM 及 EEPROM 类型，存储容量则随机器的大小变化。一般小型机的最大存储能力低于 6KB，中型机的最大存储能力可达 64KB，大型机的最大存储能力可上兆字节，使用时可以根据程序及数据的存储需要来选用合适的机型，必要时也可专门进行存储器的扩充设计。

PLC 存储器容量的选择和计算有两种方法：第一种方法是根据编程使用的节点数精确计算存储器的实际使用容量；第二种为估算法，根据控制规模和应用目的进行设定，为了使用方便，一般应留有 25%～30%的裕量。生成程序获取存储容量，即用了多少字，知道每条指令所用的字数，用户便可确定准确的存储容量。

PLC 的 I/O 点数的多少，在很大程度上反映了 PLC 系统的功能要求，因此可在 I/O 点数确定的基础上，按下式估算存储容量后，再加 20%～30%的裕量。

存储量(B)＝开关量 I/O 点数×10＋模拟量 I/O 通道数×100

另外，在存储容量选择的同时，需注意对存储器类型的选择。

③ 对 I/O 响应时间的选择。PLC 的 I/O 响应时间包括输入电路延迟、输出电路延迟和扫描工作方式引起的时间延迟（一般在 2～3 个扫描周期）等。对开关量控制的系统，PLC 和 I/O 响应时间一般都能满足实际工程的要求，可不必考虑 I/O 响应问题。但对模拟量控制的系统，特别是闭环系统，就必须要考虑这个问题。

④ 根据输出负载的特点选型。不同的负载对 PLC 的输出方式有相应的要求。例如，对于频繁通断的感性负载，应选择晶体管或晶闸管输出型的，而不应选用继电器输出型

的。但继电器输出型的PLC有许多优点，如导通压降小，有隔离作用，价格相对便宜，承受瞬时过电压和过电流的能力较强，负载电压灵活（可交流、可直流）且电压等级范围大等。所以对于动作不频繁的交、直流负载，可以选择继电器输出型的PLC。

⑤ 对在线和离线编程的选择。离线编程是指主机和编程器共用一个CPU，通过编程器的方式选择开关来选择PLC的编程、监控和运行工作状态。编程状态时，CPU只为编程器服务，而不对现场进行控制。在线编程是指主机和编程器各有一个CPU，主机的CPU完成对现场的控制，在每一个扫描周期末尾都与编程器通信，编程器会把修改的程序发给主机，主机在下一个扫描周期将按新的程序对现场进行控制。计算机辅助编程既能实现离线编程，也能实现在线编程。在线编程需购置计算机，并配置编程软件。采用哪种编程方法应根据实际需要决定。

⑥ 根据是否联网通信选型。若PLC控制的系统需要连入工厂自动化网络，则PLC需要有通信联网功能，即要求PLC具有连接其他PLC、上位计算机及CRT等的接口。大、中型机都有通信功能，目前大部分小型机也具有通信功能。

⑦ 对PLC结构形式的选择。在相同功能和相同I/O点数的情况下，整体式PLC比模块式PLC价格低，但模块式PLC具有功能扩展灵活、维修方便（换模块）、容易判断故障等优点。设计过程中要按实际需要选择PLC的结构形式。

5.2.2 I/O模块的选择

一般I/O模块的价格占PLC价格的50%以上。PLC的I/O模块有开关量I/O模块、模拟量I/O模块及各种特殊功能模块等，不同的I/O模块，其电路及功能也不同，直接影响PLC的应用范围和价格，应当根据实际需要加以选择。

(1) 开关量输入模块的选择

开关量输入模块用来接收现场输入设备的开关信号，将信号转换为PLC内部能接受的低电压信号，并在实现PLC内、外信号的电气隔离选择时主要应考虑以下几个方面。

① 输入信号的类型及电压等级。开关量输入模块有直流输入、交流输入和交流/直流输入3种类型，主要根据现场输入信号和周围环境因素等进行选择。直流输入模块的延迟时间较短，还可以直接与接近开关、光电开关等电子输入设备连接；交流输入模块可靠性好，适合在有油雾、粉尘的恶劣环境下使用。

开关量输入模块的输入信号电压等级：直流5V、12V、24V、48V、60V等，交流110V、220V等，选择时主要根据现场输入设备与输入模块之间的距离来考虑。直流5V、12V、24V可用于传输距离较近的场合，如5V输入模块最远不得超过10m。距离较远的应选用输入电压等级较高的模块。

② 输入接线方式。开关量输入模块主要有汇点式和分组式两种接线方式，汇点式的开关量输入模块所有输入点共用一个公共端（COM），而分组式的开关量输入模块是将输入点分成若干组，每一组（几个输入点）有一个公共端，并且各组之间是分隔的。分组式的开关量输入模块价格较汇点式略高，如果输入信号之间不需要分隔，一般选用汇点式。

③ 同时接通的输入点数量。对于选用高密度的输入模块（如32点、48点等），应考虑该模块同时接通的点数一般不要超过输入点数的60%。

④ 输入门槛电平。为了提高系统的可靠性，必须考虑输入门槛电平的大小。门槛电平越高，抗干扰能力越强，传输距离也越远。具体可参阅 PLC 说明书。

（2）开关量输出模块的选择

开关量输出模块的功能，是将 PLC 内部的低电压信号转换成驱动外部输出设备的开关信号，并实现 PLC 内外信号的电气隔离。选择时主要应考虑以下几个方面。

① 输出方式。开关量输出模块有继电器输出、晶闸管输出和晶体管输出 3 种方式。继电器输出的价格便宜，既可以用于驱动交流负载，又可用于驱动直流负载，而且适用的电流大小范围较宽、导通压降小，同时承受瞬时过电压和过电流的能力较强；但其属于有触点元件，动作速度较慢（驱动感性负载时，触点动作频率不得超过 1Hz），寿命较短，可靠性较差，只能适用于不频繁通断的场合。对于频繁通断的负载，应该选用晶闸管输出或晶体管输出，它们属于无触点元件。但晶闸管输出只能用于交流负载，而晶体管输出只能用于直流负载。

② 输出接线方式。开关量输出模块主要有分组式和分隔式两种输出接线方式。分组式输出是几个输出点为一组，一组有一个公共端，各组之间是分隔的，可分别用于驱动不同电源的外部输出设备；分隔式输出是每一个输出点用一个公共端，各输出点之间相互隔离。选择时主要根据 PLC 输出设备的电源类型和电压等级的多少而定。一般整体式 PLC 既有分组式输出，也有分隔式输出。

③ 驱动能力。开关量输出模块的输出电流（驱动能力）必须大于 PLC 外接输出设备的额定电流。用户应根据实际输出设备的电流大小来选择输出模块的输出电流。如果实际输出设备的电流较大，输出模块无法直接驱动，可增加中间的放大环节。

④ 同时接通的输出点数量。选择开关量输出模块时，还应考虑能同时接通的输出点数量，同时接通输出设备的累计电流值必须小于公共端所允许通过的电流值。如一个 220V/2A 的 8 点输出模块，每个输出点可承受 2A 的电流，但输出公共端允许通过的电流并不是 16A（82A），通常要比此值小得多。一般来讲，同时接通的点数不要超出同一公共端输出点数的 60%。

开关量输出模块的技术指标与不同的负载类型密切相关，特别是输出的最大电流。另外，晶闸管的最大输出电流随环境温度升高会降低，在实际使用中也应注意。

（3）模拟量 I/O 模块的选择

模拟量 I/O 模块的主要功能是实现数据转换，并与 PLC 内部总线相连，同时为了安全也有电气隔离功能。模拟量输入（A/D）模块可将现场由传感器检测而产生的连续的模拟量信号转换成 PLC 内部可接受的数字量，模拟量输出（D/A）模块可将 PLC 内部的数字量转换为模拟量信号输出。

典型模拟量 I/O 模块的量程为－10～＋10V、0～＋10V、4～20mA 等，可根据实际需要选用；同时还应考虑其分辨率和转换精度等因素。一些 PLC 制造厂家还提供特殊模拟量输入模块，可用来直接接收低电平信号，如 RTD、热电偶等。

FX 系列 PLC 常用的模拟量控制设备有模拟量扩展板（FX1N-2AD-BD）、普通模拟量输入模块（FX2N-2AD、FX2N-4AD、FX2NC-4AD、FX2N-8AD）、模拟 M 输出模块（FX2N-2DA、FX2N-4DA、FX2NC-4DA）、模拟量输入/输出混合模块（FX0N-3A）、温

度传感器用输入模块（FX2N-4AD-PT、FX2N-4AD-TC、FX2N-8AD）及温度调节模块（FX2N-2LC）等。

5.3 PLC控制系统软件设计方法

硬件选择完毕之后，就要根据工程要求进行软件设计，程序编制完毕之后，还需要进一步的调试才能满足工程实际需要。下面介绍软件设计的方法。

5.3.1 PLC软件设计的方法

了解PLC程序结构之后，就要具体地编制程序了。编制PLC控制程序的方法很多，这里主要介绍几种典型的编程方法。

(1) 经验设计法

经验设计法根据被控制对象的具体要求（如生产机械的工艺要求和生产过程），在典型的控制程序的基础上进行适当选择组合，并多次反复调试和修改梯形图，有时需增加一些辅助触点和中间编程环节，才能达到控制要求。

经验设计法运用自己或别人的经验进行设计，设计所用的时间和设计质量与设计者的经验有很大的关系，所以称为经验设计法。经验设计法一般用于较简单的梯形图设计。应用经验设计法必须熟记六大典型控制程序，如自锁程序、互锁程序、时间程序、分频程序、振荡程序和时钟程序等。

经验设计法的优点是设计方法简单，无固定的设计程序，容易为初学者所掌握。对于具备一定工作经验的技术人员来说，该方法能较快地完成设计任务，因此在设计中被普遍采用。其缺点是设计出的方案不一定是最佳方案，当经验不足或考虑不周全时会影响控制系统工作的可靠性，故应反复审核系统工作情况，有条件时还应进行模拟试验，发现问题及时修改，直到系统动作准确无误，满足控制要求为止。

(2) 转换设计法

转换设计法是将继电器控制系统直接转换成PLC系统的一种设计方法。

① 应用步骤。

a. 熟悉现有的继电器控制线路。

b. 对照PLC的I/O端子接线图，将继电器电路图上的被控器件（如接触器线圈、指示灯、电磁阀等）换成接线图上对应输出点的编号，将电路图上的输入装置（如传感器、按钮开关、行程开关等）触点都换成对应输入点的编号。

c. 将继电器电路图中的中间继电器、时间继电器，用PLC的辅助继电器、定时器来代替。

d. 画出全部梯形图，并予以简化和优化。

② 应用技巧。把继电器控制转化成PLC控制时，要注意转化方法，以确保转换后系统的功能不变。

a. 遵守梯形图语法规定，由于工作原理不同，梯形图不能照搬继电器电路中的某些处理方法。例如，在继电器电路中，触点可以放在线圈的两侧，但是在梯形图中，线圈必须放在电路的最右边。

b. 尽量减少 I/O 点数，PLC 的价格与 I/O 点数有关，减少输入/输出点数是降低硬件费用的主要措施。

c. 对继电器控制系统的电气元件的处理。

(a) 对各种继电器、电磁阀等的处理。在继电器控制的系统中，大量使用各种控制电器，例如交/直流接触器、电磁阀、电磁铁、中间继电器等。交/直流接触器、电磁阀、电磁铁的线圈是执行元件，要为它们分配相应的 PLC 输出继电器号。中间继电器可以用 PLC 内部的辅助继电器来代替。

(b) 对常闭按钮的处理。在继电器控制电路中，一般启动用常开按钮，停车用常闭按钮。用 PLC 控制时，启动和停车一般用常开按钮。

(c) 对热继电器触点的处理。若 PLC 的输入点较富裕，热继电器的常闭触点要换成常开触点，可占用 PLC 的输入点；若输入点较紧张，热继电器的信号可不输入 PLC，而接在 PLC 外部的控制电路中。

(d) 对时间继电器的处理。时间继电器除了有延时动作的触点外，还有线圈通电瞬间接通的瞬动触点。用 PLC 控制时，时间继电器可以用 PLC 的定时器/计数器来代替。在梯形图中，可以在定时器的线圈两端并联辅助继电器的线圈。它的触点相当于定时器的瞬动触点。

d. 设置中间单元。在梯形图中，若多个线圈都受某一触点串并联电路的控制，为了简化电路，在梯形图中可以设置中间单元，即用该电路来控制某辅助继电器，在各线圈的控制电路中使用其常开触点。这种中间元件类似于继电器电路中的中间继电器。

e. 设立外部互锁电路。控制异步电动机正反转的交流接触器，如果同时动作会造成三相电源短路。为了防止出现这样的事故，应在 PLC 外部设置硬件互锁电路。

f. 外部负载额定电压问题。PLC 双向晶闸管输出模块一般只能驱动额定电压 AC220V 的负载，如果系统原来的交流接触器的线圈电压为 380V，应换成 220V 的线圈，或是设置外部中间继电器。

(3) 逻辑设计法

① 功能。逻辑设计法的理论基础是逻辑（布尔）代数，根据生产过程中各工步之间的各个检测元件（如行程开关、传感器等）状态的变化，列出检测元件的状态表，确定所需的中间记忆元件，再列出各执行元件的工序表，然后写出检测元件、中间记忆元件和执行元件的逻辑表达式，再转换成梯形图。

逻辑设计法分为组合逻辑设计法和时序逻辑设计法两种。这些设计方法既有严密可循的规律性与明确可行的设计步骤，又具有简便、直观、规范的特点。对单一的条件控制系统所编写的程序方便优化，不失为一种实用可靠的程序设计方法。可是对与时间有关的控制系统设计就很复杂，难度也较大，并且涉及一些新概念，因此，一般常规设计很少单独采用。

② 步骤。应用逻辑设计法设计 PLC 控制程序的基本步骤如下。

a. 根据控制要求列出逻辑代数表达式。

b. 应用逻辑代数化简逻辑代数表达式。

c. 根据化简后的逻辑代数表达式画梯形图。

逻辑代数的变量只有“0”和“1”两种取值，“0”和“1”分别代表两种对立的、非此即彼的概念，若“1”代表“通”，“0”即为“断”。逻辑代数的三种基本运算“与”“或”“非”都有着非常明确的物理意义。逻辑代数表达式的线路结构与PLC梯形图相互对应，可以直接转化。逻辑代数与梯形图的对应关系演示如下。

如图5-2所示梯形图的相关对应逻辑代数为

$$Y0=(X0+X1)\cdot X2\cdot X3 \qquad Y1=X0\cdot X1+X2\cdot X3$$

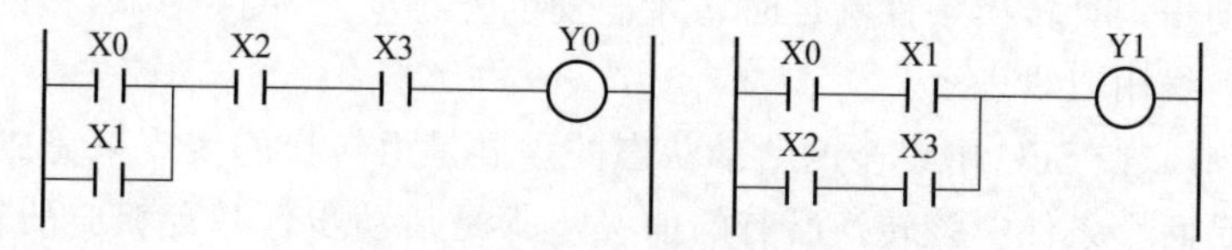

图5-2 逻辑代数与梯形图的关系

(4) 功能流程图设计法

功能流程图（SFC，也称状态转移图）是描述控制系统的控制过程、功能和特性的一种图形，以工步为核心，从起始步开始一步一步地设计下去，直至完成。

SFC设计法的关键是画出功能流程图。首先将被控制对象的工作过程按输出状态的变化分为若干步，并指出工步之间的转换条件和每个工步的控制对象。它不涉及控制功能的具体技术，是一种通用的技术语言，可供进一步设计和不同专业人员之间进行技术交流。

① 构成形式。SFC主要由步、有向连线、转换条件和动作（或命令）组成。SFC分为单流程、选择分支和并行分支三种结构形式，如图5-3所示。任何复杂的SFC都由这三种形式组合而成。

单流程结构形式简单，如图5-3(a)所示，其特点是：每一工步后面只有一个转换，

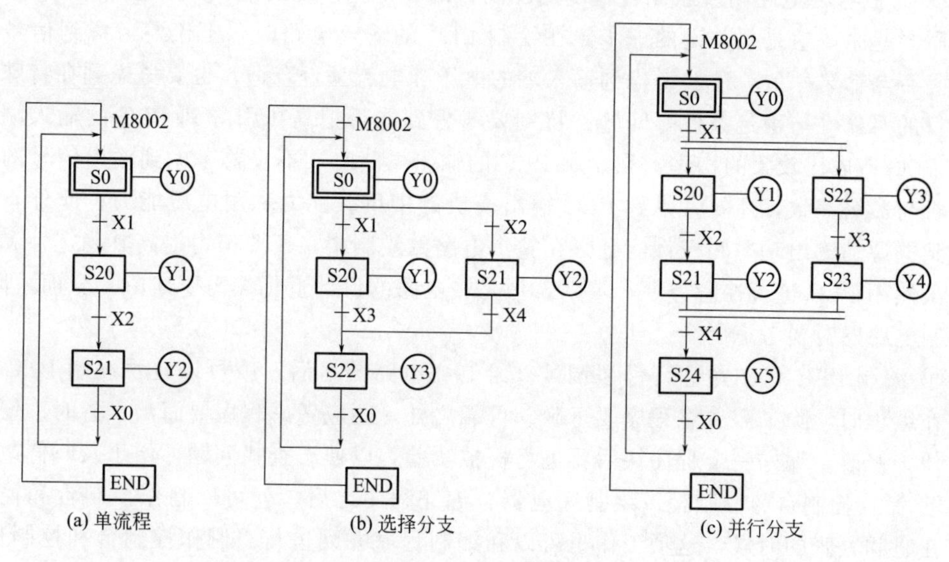

图5-3 SFC基本结构

每个转换后面只有一工步。各个工步按顺序执行，上一工步执行结束，转换条件成立就立即开通下一工步，同时关断上一工步。

如图 5-3(b) 所示的选择分支中，开始称为分支，转换条件只能标在分支线之下，分支数与转换条件一一对应。结束称为合并，多个选择分支合并到一个公共步时需要相同数量的转换条件，且条件只能标在合并线之上。

如图 5-3(c) 所示的并行分支的特点是转换的实现导致几个分支同时被激活（分支），激活后每个分支中活动步的进展将是独立的。当并行结束（合并）时，只有当合并前的所有前级步为活动步，且转换条件满足时，才会发生公共步。为了强调转换的同步实现，在功能图中水平连线用双线表示。

② 转换规则。在 SFC 中，步的活动状态的进展是由转换的实现来完成的。转换的实现必须同时满足两个条件：该转换所有的前级步都是活动步，并且相应的转换条件满足。转换的实现使所有由有向连线与相应转换符号相连的后续步都变为活动步，而使所有前级步都变为不活动步。

5.3.2 软件设计的步骤

在了解了程序结构和编程方法的基础上，就要实际编写 PLC 程序了。编写 PLC 程序和编写其他计算机程序一样，都需要经历如下过程。

① 对系统任务分块。分块的目的就是把一个复杂的工程分解成多个比较简单的小任务，这样就把一个复杂的大问题化为多个简单的小问题，可便于编制程序。

② 编制控制系统的逻辑关系图。逻辑关系图上可以反映出某一逻辑关系的结果是什么，并能反映出这一结果能引起哪些动作。这个逻辑关系可以是以各个控制活动顺序为基准，也可以是以整个活动的时间节拍为基准。逻辑关系图反映了控制过程中的控制作用与被控对象的活动，也反映了输入与输出的关系。

③ 绘制各种电路图。绘制各种电路图的目的，是把系统的输入/输出所涉及的地址和名称联系起来，这是很关键的一步。在绘制 PLC 的输入电路时，不仅要考虑到信号的连接点是否与命名一致，还要考虑到输入端的电压和电流是否合适，也要考虑到在特殊条件下运行的可靠性与稳定条件等问题；特别要考虑到能否把高压引导到 PLC 的输入端，以免对 PLC 造成比较大的伤害。在绘制 PLC 的输出电路时，不仅要考虑到输出信号的连接点是否与命名一致，还要考虑到 PLC 输出模块的带负载能力和耐电压能力；此外，还要考虑到电源的输出功率和极性问题。在整个电路的绘制中，还要努力提高其稳定性和可靠性。虽然用 PLC 进行控制方便、灵活，但是在电路的设计上仍然需要谨慎、全面。因此，在绘制电路图时要考虑周全。

④ 编制 PLC 程序并进行模拟调试。绘制完电路图之后，就可以着手编制 PLC 程序了。在编程时，除了需注意程序要正确、可靠之外，还应考虑程序要简洁、省时、便于阅读、便于修改。编好一个程序块后要进行模拟实验，以便于查找问题，便于及时修改。

⑤ 制作控制台与控制柜。绘制完电器，编完程序之后，就可以制作控制台和控制柜了。在时间紧张的时候，这项工作也可以和编制程序并列进行。制作控制台和控制柜时，要注意所选开关、按钮、继电器等器件的质量，规格必须满足要求。安装设备时必须注意

安全、可靠。比如屏蔽问题、接地问题、高压隔离等问题，都必须妥善处理。

⑥ 现场调试。现场调试是整个控制系统完成的重要环节。任何程序的设计很少有不经过现场调试就能使用的。只有通过现场调试才能发现控制回路和控制程序不能满足系统要求之处；只有通过现场调试才能发现控制电路和控制程序发生矛盾之处；只有进行现场调试后才能进行实地测试并调整控制电路和控制程序，满足控制系统的要求。

⑦ 编写技术文件并现场试运行。经过现场调试以后，控制电路和控制程序基本确定，整个系统的硬件和软件就基本没有问题了。这时就要全面整理技术文件，包括整理电路图、PLC 程序，编写使用说明及帮助文件。到此工作基本结束。

5.4 PLC 控制系统的安装、调试及维护

软件、硬件设计完成之后，并不代表系统设计已经成功。由于设计开发系统的环境与工厂实际生产环境有所区别，系统未必能够正常工作，因此控制系统的安装与调试就显得尤为重要，这一环节的工作量甚至更大。

5.4.1 安装注意事项

在现场进行系统安装前，需要考虑安装环境是否满足 PLC 的使用环境要求，这一点可以参考各类产品的使用手册。但无论什么 PLC，都不能装设在下列场所：含有腐蚀性气体的场所；阳光直接照射到的地方；温度上下值在短时间内变化急剧的地方；油、水、化学物质容易侵入的地方；有大量灰尘的地方；振动大且会造成安装件移位的地方。

如果必须要在上面的场所使用，则要为 PLC 制作合适的控制箱，并采用规范和必要的防护措施。如果需要在野外极低温度的环境中使用，可以使用有加热功能的控制箱，各制造商会为客户提供相应的供应和设计方案。

使用控制箱时，PLC 在控制箱内安装的位置要注意如下事项：控制箱内空气流通是否顺畅（各装置间需要保持适当的距离）；变压器、马达控制器、变频器等是否与 PLC 保持适当距离；动力线与信号控制线是否分离配置；组件装设位置是否利于日后检修；是否需预留空间，供日后系统扩充使用。

除了上述注意事项之外，还有其他注意事项要留意。首先比较重要的是静电的隔离，静电是无形的杀手，但往往因为不会对人造成生命危险而被忽视。在干燥的场所，人体的静电是造成静电损坏电子组件的因素。虽然人被静电打到，只是轻微的酥麻但这对 PLC 和其他任何电子器件都足以致命。

避免静电冲击的方法：进行维修或更换组件时，先碰触接地的金属，去除静电；不要碰触电路板上的接头或是 IC 接脚；对于不使用的电子组件，用有隔离静电的包装物进行包装；安装基座时，在确定控制箱内各种控制组件及线槽位置后，要依照图纸所示尺寸标定孔位，钻孔后将固定螺钉旋紧到基座牢固为止。

装上电源供应模块前必须同时注意电源线上的接地端有无与金属机壳连接，若未接，则须接上。如果接地不好，会导致一系列的问题：如静电、浪涌、外干扰等。由于不接地时 PLC 也能够工作，因此，经验不足的使用者往往认为接地不那么重要。

安装 I/O 模块时，须注意如下事项：I/O 模块插入机架上的槽位前，要先确认模块是否为自己所预先设计的模块；I/O 模块在插入机架上的导槽时，要插到底，以确保各接触点是紧密结合的；模块固定螺钉务必锁紧；接线端子排插入后，其上下螺钉必须旋紧。

5.4.2 控制系统的调试

调试控制系统是硬件安装结束之后进行的工作，首先要保证的是 PLC 与外设之间能进行正常通信，这也是能够进行调试的前提。

通信设定：现在的 PLC 大多数需要与人机界面进行连接，而下面也常常有变频器需要进行通信，而在需要多个 CPU 模块的系统中，可能不同 CPU 所接的 I/O 模块的参量有需要协同处理的地方；或者，即使不需要协同控制，可能也要送到某一个中央控制室进行集中显示或保存数据。即便只有一个 CPU 模块，如果有远程单元，就会牵涉本地 CPU 模块与远程单元模块的通信。此外，即使只有本地单元，CPU 模块也需要通过通信接口与编程器进行通信。因此，PLC 的通信是十分重要的。而且，由于涉及不同厂家的产品，通信往往是令人头痛的问题。

PLC 的通信有 RS-232、RS-485、以太网等几种方式。通信协议有 MODBUS、PROFI-BUS、LONWORKS、DEVICENET 等，通常 MODBUS 协议使用得最为普遍，其他协议则与产品的品牌有关。以后，工业以太网协议应该会越来越普遍地被使用。

PLC 与编程器或手提电脑的通信大部分采用 RS-232 协议的串口通信。用户在进行程序下载和诊断时都是这种方式，但是，这种通信的方式绝不止于此。在大量的机械设备控制系统中，PLC 都是采用这种方式与人机界面进行通信的。人机界面通常也是采用串口，协议则以 MODBUS 为主，或者是专门的通信协议。而界面方面则由 HMI 的厂家提供软件来进行设计。

现在的 PANEL PC 也有采用这种方式来进行通信的，在 PANEL PC 上运行一些组态软件，通过串口来存取 OPenPLC 的数据，由于 PANEL PC 逐渐轻型化并且价格逐渐下降，这种方式也越来越多地被使用。

在需要对多台 PLC 进行联网时，对于 PLC 的数量不很多（15 个节点以内）、数据传输量不大的系统，常采用的方式是通过 RS-485 所组成的一个简单串行通信接口连接的通信网络。由于这种通信方式编程简单，程序运行可靠，结构比较合理，因此很受离散制造行业工厂工程师的喜爱。在总的 I/O 点数不超过 10000 个，开关量 I/O 点占 80%以上的系统中，都可以采用这种通信方式稳定可靠地运行。

如果对通信速度要求较高，可以采用点到点的以太网通信方式。使用控制器的点到点通信指令，通过标准的以太网口，用户可以在控制器之间或者扩展控制器的存储器之间进行数据交换。这是 PLC 较普遍使用的一种多 CPU 模块的通信方式。与串口的 RS-485 所构成的点对点网络相比，由于以太网的速度大大加快，加之同样具有连接简单、编程方便等优势，且与上位机可以直接通过以太网进行通信，因此很受用户的欢迎。甚至在一些单台 PLC 和一台 PANEL PC 构成的人机界面的系统中，由于 PANEL PC 中通常有内置的以太网口，也有用户采用这种通信方式。目前，PLC 对一些 SCADA 系统和连续流程行业的远程监控系统与控制系统，大部分采用这样的方式。

还有一种分布式网络在大型 PLC 系统中是最为普遍考虑的结构。通过使用人机界面和 DDE 服务器，均可获得对象控制器的数据，同时可以通过 Internet 远程获得该控制器的数据。各个 CPU 独立运行，通过以太网结构采用 C/S 方式进行数据的存取。数据的采集和控制功能都在 OPenPLC 的 CPU 模块中实现，而数据的保存则在上位机的服务器中完成。数据的显示和打印等则通过人机界面和组态软件来实现。

5.4.3 软件调试

PLC 的内部固化了一套系统软件，使得开始便能够进行初始化工作。PLC 的启动设置、看门狗、中断设置、通信设置、I/O 模块地址识别都是在 PLC 的系统软件中进行的。

每种 PLC 都有各自的编程软件作为应用程序的编程工具，常用的编程语言是梯形图语言，也有 ST、IL 和其他语言。用一种编程语言编出十分优化的程序，是工程师编程水平的体现。每种 PLC 的编程语言都有自己的特色，指令的设计与编排思路都不一样。如果对 PLC 的指令十分了解，就可以编出十分简洁、流畅的程序。例如，对于同一款 PLC 的同一个程序的设计，如果编程工程师对指令不熟悉，编程技巧也差，可能需要上千条语句；但对于一个编程技巧高超的工程师，可能只需要 200 条语句就可以实现同样的功能。程序的简洁不仅可以节约内存，还会减少出错的概率，程序的执行速度也快很多，而且也便于对程序进行修改和升级。所以，虽然说所有 PLC 的梯形图逻辑都大同小异，一个工程师只要熟悉了一种 PLC 的编程，学习第二个品牌的 PLC 编段时就可以很快上手。但是，工程师在使用一个新的 PLC 时，还是应该将编程手册认真看一遍，了解指令的特别之处，尤其是自己可能要用到的指令，并考虑如何利用这些特别的方式来优化自己的程序。

各个 PLC 编程语言的指令设计、界面设计都不一样，不存在孰优孰劣的问题，主要是风格不同。我们不能说三菱 PLC 的编程语言不如西门子的 STEP7，也不能说 STEP7 比 ROCKWELL 的 RSLOGIX 要好，好与不好，大部分是工程师形成的编程习惯与编程语言的设计风格是否适用的问题。

工程现场常需要对已经编好的程序进行修改。修改的原因可能是用户的需求变更，可能是发现了原来编程时的错误；或者是 PLC 运行时发生了电源中断，有些状态数据丢失，如非保持的定时器会复位，输入映射区会刷新，输出映射区可能会清零，但状态文件的所有组态数据和偶然的事件（如计数器的累计值）会被保存。工程师在这个时候可能会需要对 PLC 进行编程，使某些内存可以恢复到默认状态。在程序不需要修改的时候，可以设计应用默认途径来重新启动，或者利用首次扫描位的功能。

所有的智能 I/O 模块，包括模拟量 I/O 模块，在进入编程模式后或者电源中断后都会丢失组态数据，用户程序必须确认每次重新进入运行模式时，组态数据都能够被重新写入智能 I/O 模块。

在现场修改已经运行的程序时常被忽略的一个问题是未将 PLC 切换到编程模式，虽然这个错误不难发现，但工程师在疏忽时，往往会认为 PLC 发生了故障，因此可能耽误许多时间。

另外，在 PLC 进行程序下载时，许多 PLC 是不允许进行电源中断的，因为这时旧的程序已经部分被改写，但新的程序又没有完全写完，如果电源中断，会造成PLC无法运行。这时，可能需要对PLC的底层软件进行重新装入，而许多厂家是不允许在现场进行这个操作的。大部分新的PLC已经将用户程序与PLC的系统程序分开了，可以避免这个问题。

5.4.4 PLC的维护

PLC的日常维护和保养比较简单，主要是更换熔丝和锂电池，基本没有其他易损元器件。由于存放用户程序的随机存储器（RAM）、计数器和具有保持功能的辅助继电器等均用锂电池保护，锂电池的寿命大约为5年，当锂电池的电压逐渐降低到一定程度时，PLC基本单元上电池电压跌落到指示灯亮，提示用户注意有锂电池支持的程序还可保留一周左右，必须更换电池，这是日常维护的主要内容。调换锂电池的步骤为：

■在拆装前，应先让PLC通电15s以上（这样可使作为存储器备用电源的电容器充电，在锂电池断开后，该电容可对PLC短暂供电，以保护RAM中的信息不丢失）；

■断开PLC的交流电源；

■打开基本单元的电池盖板；

■取下旧电池，装上新电池；

■盖上电池盖板。

注意更换电池时间要尽量短，一般不允许超过3min。如果时间过长，RAM中的程序将消失。此外，应注意更换熔丝时要采用指定型号的产品。

若需替换一个I/O模块，用户应确认被安装的模块是同类型的。有些I/O系统允许带电更换模块，而有些则需切断电源。若替换后可解决问题，但在相对较短时间后又发生故障，那么用户应检查能产生电压的感性负载，也许需要从外部抑制其电流尖峰。如果熔丝在更换后易被烧断，则有可能是模块的输出电流超限，或输出设备被短路。

PLC的故障诊断是一个十分重要的问题，是保证PLC控制系统正常、可靠运行的关键。在实际工作过程中，应充分考虑到对PLC的各种不利因素，定期进行检查和日常维护，以保证PLC控制系统安全、可靠地运行。

第6章 三菱PLC步进指令

6.1 状态转移图设计方法

6.1.1 状态转移图

梯形图或指令表方式编程固然广为电气技术人员接受，但对于一个复杂的控制系统，尤其是顺序控制系统，由于内部的联锁、互动关系极其复杂，其梯形图往往长达数百行。另外，在梯形图上如果不加注释，这种梯形图的可读性也会大大降低。

为了解决这个问题，近年来，许多新生产的PLC在梯形图语言之外加上了符合IEC 1131-3标准的SFC（Sequential Function Chart）语言，即状态转移图，用于编制复杂的顺控程序。IEC 1131-3中定义的SFC语言是一种通用的流程图语言。三菱的小型PLC在基本逻辑指令之外增加了两条简单的步进顺控指令（STL，步进接点指令；RET，步进返回指令），同时辅之以大量状态元件，就可以使用状态转移图方式编程。称为“状态”的软元件是构成状态转移图的基本元素。FX2N共有1000个状态元件，其类别、编号、数量、用途及特点如表6-1所示。

表6-1 FX2N的状态元件的类别、编号、数量、用途及特点

类别	编号	数量	用途及特点
初始状态	S0～S9	10	用作状态转移图的起始状态
返回状态	S10～S19	10	用IST指令时，用作返回原点的状态
通用状态	S20～S499	480	用作SFC的中间状态
掉电保持状态	S500～S899	400	具有停电保持功能，停电恢复后需继续执行的场合，可用这些状态元件
信号报警状态	S900～S999	100	用作故障诊断或报警元的状态

注：1. 状态的编号必须在指定范围选择。
2. 各状态元件的触点，在PLC内部可自由使用，次数不限。
3. 在不用步进顺控指令时，状态元件可作为辅助继电器在程序中使用。
4. 通过参数设置，可改变一般状态元件和掉电保持状态元件的地址分配。

6.1.2 步进指令及编程

（1）步进指令

FX2N系列PLC的步进指令有两条：步进接点指令STL和步进返回指令RET。

① STL：步进接点指令（梯形图符号为-||-）。STL指令的意义为激活某个状态。在

梯形图上体现为从母线上引出的状态接点。STL 指令有建立子母线的功能，以使该状态的所有操作均在子母线上进行。步进接点指令在梯形图中的情况如图 6-1 所示。

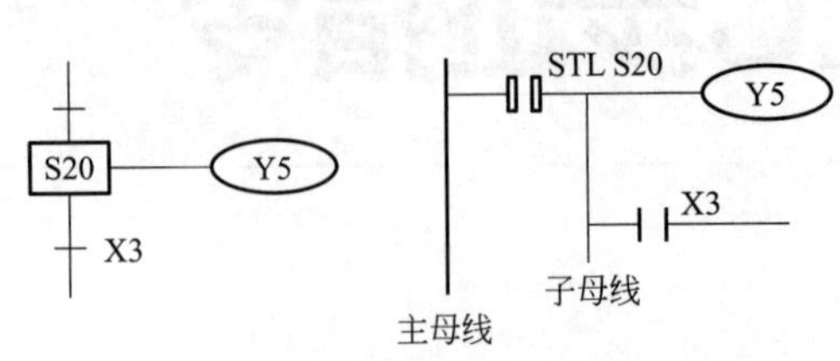

图 6-1　步进接点指令在梯形图中的情况

② RET：步进返回指令。RET 指令用于返回主母线。在步进顺控程序执行完毕时，非状态程序的操作在主母线上完成，防止出现逻辑错误。状态转移程序的结尾必须使用 RET 指令。

③ 步进指令功能。

a. 主控功能。

(a) STL 指令仅对状态器 S 有效。

(b) STL 指令将状态器 S 的触点与主母线相连并提供主控功能。

(c) 使用 STL 指令后，触点的右侧起点处要使用 LD 或 LDI 指令，RET 指令使 LD 点返回主母线。

b. 自动复位功能。

(a) 用 STL 指令时，新的状态器 S 被置位，前一个状态器 S 将自动复位。

(b) OUT 指令和 SET 指令都能使转移源自动复位，另外还具有停电自保持功能。

(c) OUT 指令在状态转移图中只用于向分离的状态转移，而不是向相邻的状态转移。

(d) 状态转移源自动复位须将状态转移电路设置在回路中，否则原状态不会自动复位。

c. 驱动功能：可以驱动 Y、M、T 等继电器。

(2) 步进梯形图编程

① 输出的驱动方法。在状态内的母线中，一旦写入 LD 或 LDI 指令，对不需要触点的指令就不能再编程。如图 6-2(a) 所示，Y003 前面已经没有触点，因此无法编程，只有人为加上触点之后程序才能够执行，需要按图 6-2(b)、(c) 改变这样的回路。图 6-2(a) 为错误的驱动方法，图 6-2(b)、(c) 为正确的驱动方法。

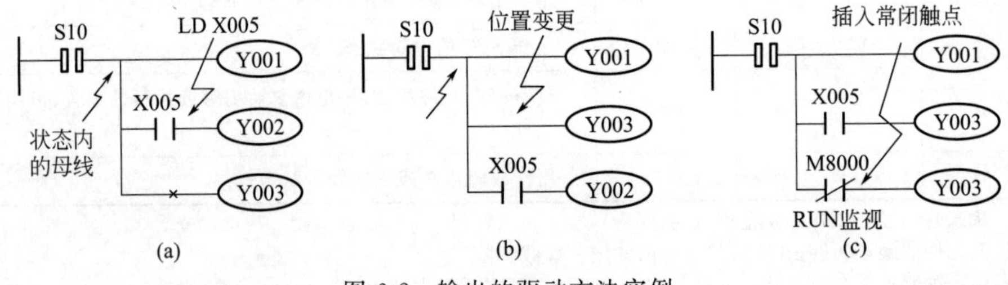

图 6-2　输出的驱动方法实例

② MPS、MRD、MPP 指令的位置。在顺控状态内，不能直接在状态内的母线中使用 MPS、MRD、MPP 指令，而应在 LD 或 LDI 指令以后编制程序，所以在图 6-3 中加入了 X001 触点。

③ 状态的转移方法。OUT 指令与 SET 指令对 STL 指令后的状态（S）具有同样的功能，都将自动复位转移源，如图 6-4 所示。此外，还有自保持功能。OUT 指令在状态

转移图中用于向分离的状态转移。

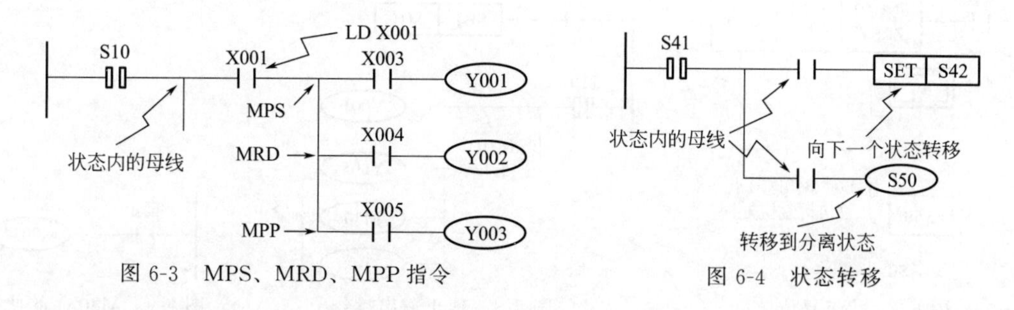

图 6-3　MPS、MRD、MPP 指令　　　　图 6-4　状态转移

④ 转移条件回路中不能使用 ANB、ORB、MPS、MRD、MPP 指令，如图 6-5 所示。

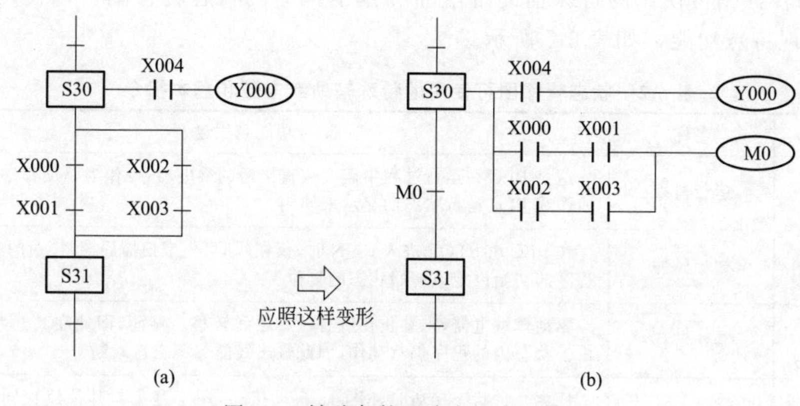

图 6-5　转移条件回路中指令的使用

在图 6-5(a) 中，X000、X001、X002、X003 共同构成了块或功能模块，需要用到 ORB 指令，但是在转移条件回路中不能使用，于是只能作变形处理，如图 6-5(b) 所示。

⑤ 符号应用场合。在流程中表示状态的复位处理时，用符号表示，如图 6-6 所示。而符号则表示向上面的状态转移（重复），如图 6-6(a) 所示；或者向下面的状态转移（跳转），如图 6-6(b) 所示；或者向分离的其他流程上的状态转移，如图 6-6(c) 所示。

⑥ 状态复位在必要的情况下，可以选择使用功能指令将多个状态继电器同时复位。如图 6-7 所示，ZRST 指令执行之后，可以使 S0～S50 这 51 个状态继电器全部复位。

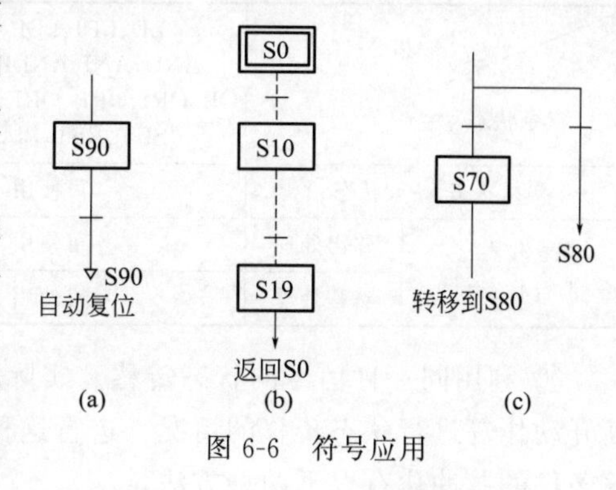

图 6-6　符号应用

⑦ 禁止输出操作。如图 6-8 所示：禁止触点闭合之后，M10 被置位，M10 的常闭触点断开，后面的 Y005、M30、T4 将不再执行。

⑧ 断开输出继电器（Y）操作。如图 6-9 所示，禁止触点闭合后，特殊辅助继电器 M8034 被触发，此时顺控程序依然执行，但是所有的输出继电器（Y），都处于断开状态，也就是说，PLC 此时不对外输出。

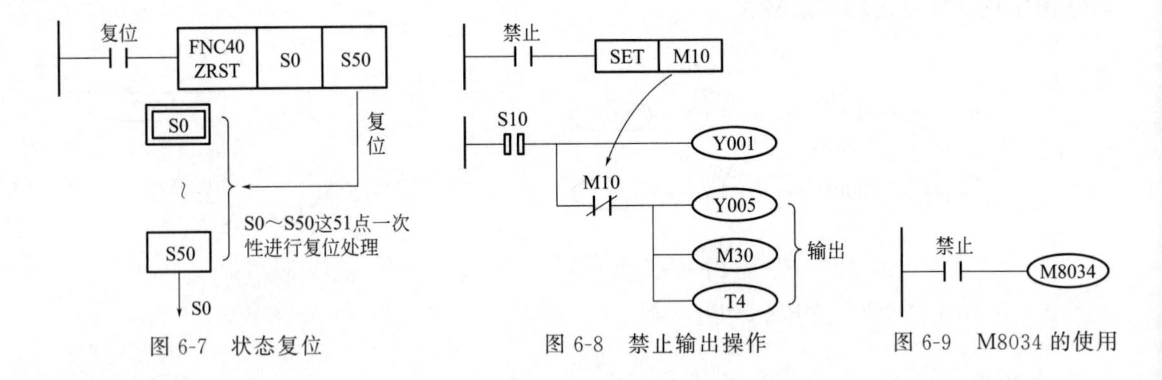

图 6-7 状态复位　　图 6-8 禁止输出操作　　图 6-9 M8034 的使用

⑨ 状态转移图可使用的特殊辅助继电器和基本指令。状态转移图可以使用特殊辅助继电器以实现特殊功能，如表 6-2 所示。

表 6-2 状态转移图可使用的特殊辅助继电器和基本指令

软元件号	名称	功能和用途
M8000	运行监视	这是 PLC 在运行过程中需要一直接通的继电器，可作为驱动程序的输入条件或作为 PLC 运行状态的显示来使用
M8002	初始脉冲	在 PLC 由 STOP 进入 RUN 时，仅在瞬间（一个扫描周期）接通的继电器，用于程序的初始设定或初始状态的复位
M8040	禁止转移	驱动该继电器，则禁止在所有状态之间转移。然而，即使在禁止状态转移下，由于状态内的程序仍然动作，因此输出线圈等不会自动断开
M8046	STL 动作	任意一种状态接通时，M8046 自动接通，用于避免与其他流程同时启动或用作工序的动作标志
M8047	STL 监视有效	驱动该继电器，则编程功能可自动读出正在动作中的状态并加以显示。详细事项请参考各外围设备的手册

由于状态转移图的特殊性，基本指令的使用受到一些限制，为此列出基本指令在状态转移图中的使用范围，如表 6-3 所示。

表 6-3 基本指令在状态转移图中的使用范围

指令状态 \ 指令		LD、LDI、LDP、LDF，AND、ANI、ANDP、ANDF，OR、ORI、ORP、ORF、INV、OUT，SET、RST、PLS、PLF	ANB、ORB，MPS、MRD、MPP	MC、MCR
初始状态、一般状态		可使用	可使用	不可使用
分支状态、汇合状态	输出处理	可使用	可使用	不可使用
	转移处理	可使用	不可使用	不可使用

⑩ 利用同一种信号的状态转移。实际生产中可能会遇到通过一个按钮开关的接通或断开动作等进行状态转移的情况。进行这种状态转移时，需要将转移信号脉冲化编程。转移条件的脉冲化有以下两种方法。

a. 如图 6-10 所示，在 M0 接通 S50 后，转移条件 M1 即刻开路，在 S50 接通的同时，不向 S51 转移，在 M0 再次接通的情况下，向 S51 转移。这样，就可以实现使用 M0 一个触点控制状态转移。

b. 如图 6-11(a) 所示，构成转移条件的限位开关 X030 在转动之后使工序进行一次转移，转移到下一个工序。这种场合将转移条件脉冲化，如图 6-11(b) 所示，S30 首次动作，虽然 X030 动作，M101 动作，但通过自锁脉冲 M100 使 M101 不产生转移，当 X030 再次动作，则 M100 不动作，M101 动作，则状态从 S30 转移到 S31。

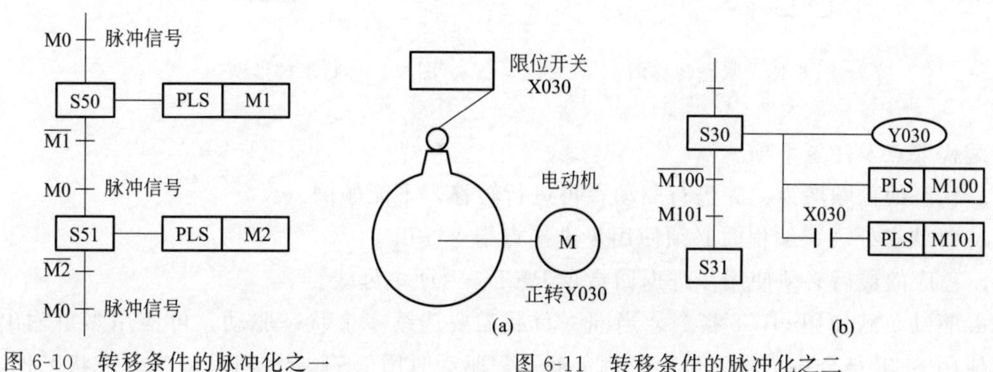

图 6-10　转移条件的脉冲化之一　　图 6-11　转移条件的脉冲化之二

⑪ 上升沿、下降沿检测触点使用时的注意事项。在状态内使用 LDP、LDF、ANDP、ANDF、ORP、ORF 指令的上升沿或下降沿检测触点时，状态器触点断开时变化的触点，只在状态器触点再次接通时才被检出。图 6-12(a) 为修改程序前的程序，图 6-12(b) 为修改程序后的程序。如图 6-12(a) 所示的程序，X013、X014 在状态器 S3 第一次闭合时无法被检出，因此 S70 无法动作，影响工艺，修改成如图 6-12(b) 所示的程序，将 X013、X014 移至状态器 S3 外部，借助 M6、M7 来触发 S70。

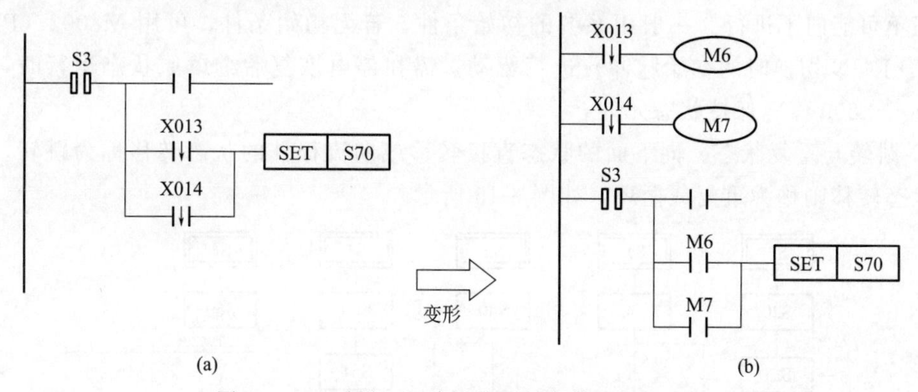

图 6-12　上升沿、下降沿检测触点使用时的编程

6.1.3　状态转移图的常见流程状态

① 单流程状态转移图的编程。单流程是指状态转移只可能有一种顺序，即仅有单一的出、入口。状态转移图的三要素有负载驱动、指定转移方向和指定转移条件。其中指定转移方向和指定转移条件是必不可少的，而负载驱动则视具体情况，也可能不进行实际的负载驱动。图 6-13 及图 6-14 说明了状态转移图和梯形图的对应关系，其中 Y5 为其驱动

的负载，S21 为其转移目标，X3 为其转移条件。

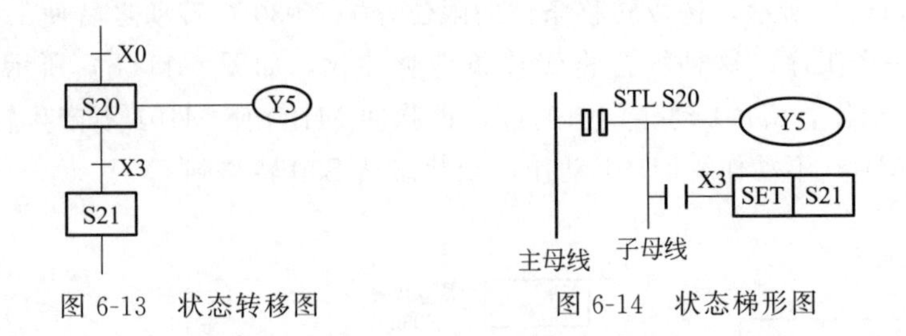

图 6-13　状态转移图　　　　图 6-14　状态梯形图

编程要点及注意事项。

a. 状态编程顺序为：先进行驱动，再进行转移，不能颠倒。

b. 对状态处理、编程时必须使用步进接点指令 STL。

c. 程序的最后必须使用步进返回指令 RET，返回主母线。

d. 驱动负载使用 OUT 指令。当同一负载需要连续多个状态驱动，可使用多重输出，也可使用 SET 指令将负载置位，等到负载不需驱动时用 RST 指令将其复位。在状态程序中，不同时“激活”的“双线圈”是允许的。另外，相邻状态使用的 T、C 元件，编号不能相同。

e. 负载的驱动、状态转移条件可能为多个元件的逻辑组合，视具体情况，按串、并联关系处理，不遗漏。

f. 若为顺序不连续转移，不能使用 SET 指令进行状态转移，应改用 OUT 指令进行状态转移。在 STL 与 RET 指令之间不能使用 MC、MCR 指令。

g. 初始状态可由其他状态驱动，但运行开始必须用其他方法预先作好驱动，否则状态流程不可能向下进行。一般用系统的初始条件，若无初始条件，可用 M8002（PLC 从 STOP→RUN 切换时的初始脉冲）进行驱动。需在停电恢复后继续原状态运行时，可使用 S500→S899 停电保持状态元件。

② 跳转与重复状态。向下面的状态直接转移或向流程外的状态转移称为跳转，向上面的状态转移则称为重复或循环，如图 6-15 所示。

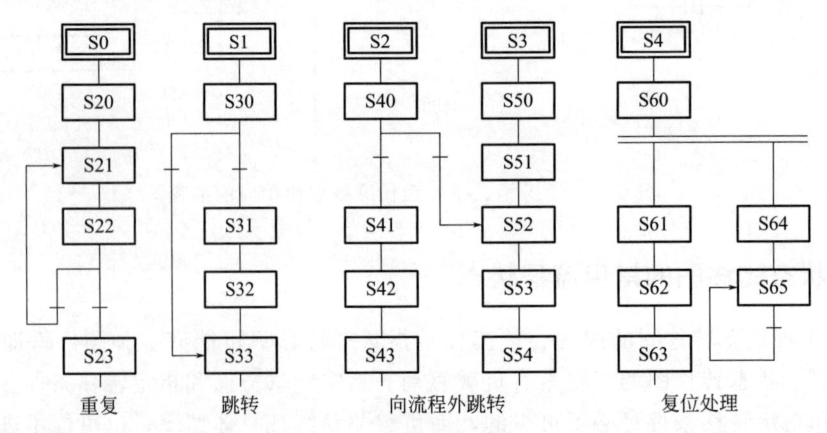

图 6-15　跳转与重复状态

在图 6-16 中，跳转的转移目标状态和重复的转移目标状态都可以用转移目标状态来表示，转移目标状态用 OUT 指令编程。

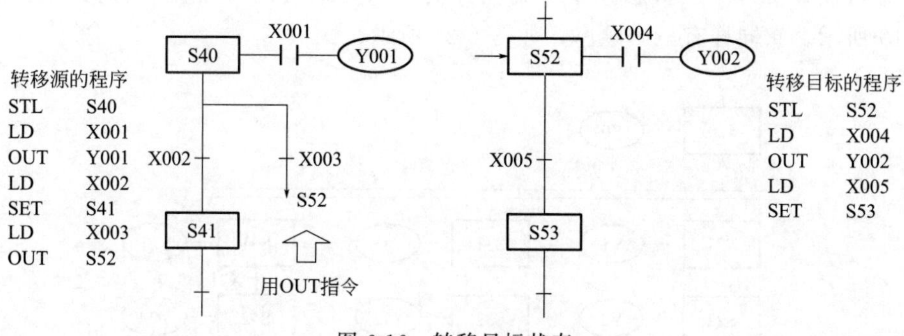

图 6-16　转移目标状态

③ 选择性分支与汇合状态。从多个流程顺序中选择执行一个流程，称为选择性分支。图 6-17 就是一个选择性分支的状态转移图。

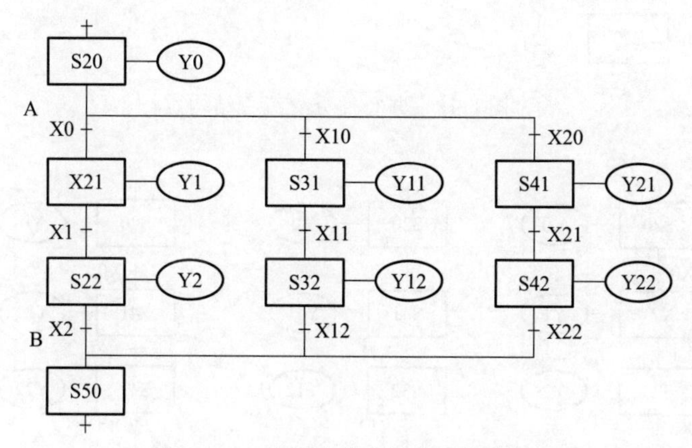

图 6-17　选择性分支的状态转移图

如图所示 S20 有三条分支状态，根据不同的条件（X0、X10、X20），选择执行其中一个条件满足的流程。X0 为 ON 时执行图 6-18(a)，X10 为 ON 时执行图 6-18(b)，X20

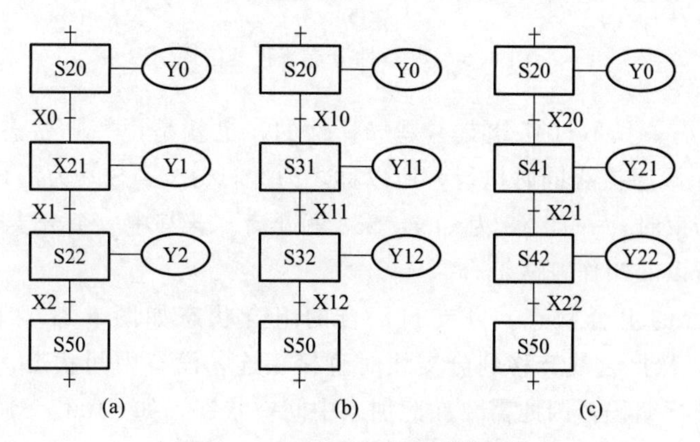

图 6-18　选择性分支流程分解图

为 ON 时执行图 6-18(c)。X0、X10、X20 不能同时为 ON。S50 为汇合状态，可由 S22、S32、S42 任一状态驱动。

④ 并行性分支与汇合状态。多个流程分支可同时执行的分支流程称为并行性分支，如图 6-19 所示。它同样有三个顺序，如图 6-20 所示。

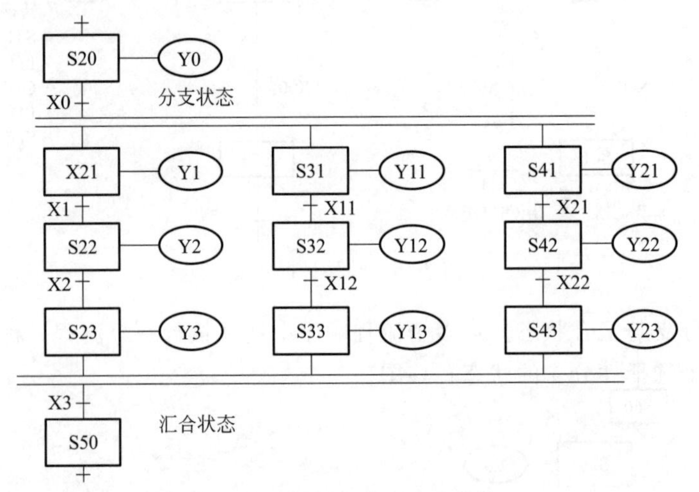

图 6-19　并行性分支流程结构

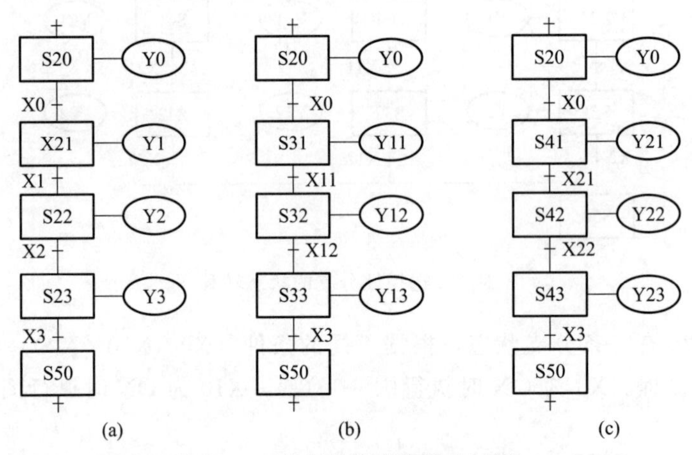

图 6-20　并行性分支流程分解图

S20 为分支状态，只不过其分支不是选择性的，也就是说一旦状态 S20 的转移条件 X0 为 ON，则三个顺序流程同时执行，所以称之为并行分支。S50 为汇合状态，等三个分支流程动作全部结束时，一旦 X3 为 ON，S50 就开启。若其中一个分支没有执行完，S50 就不可能开启，所以又叫作排队汇合。

⑤ 分支与汇合的组合状态。分支与汇合的组合状态如图 6-21 和图 6-22 所示。从图 6-21 可以看出，从汇合线转移到分支线时直接相连，没有中间状态，这样可能符合工艺要求但是无法进行编程，因此需要在此加入中间空状态，如 S100、S101、S102、S103，以便于编程。

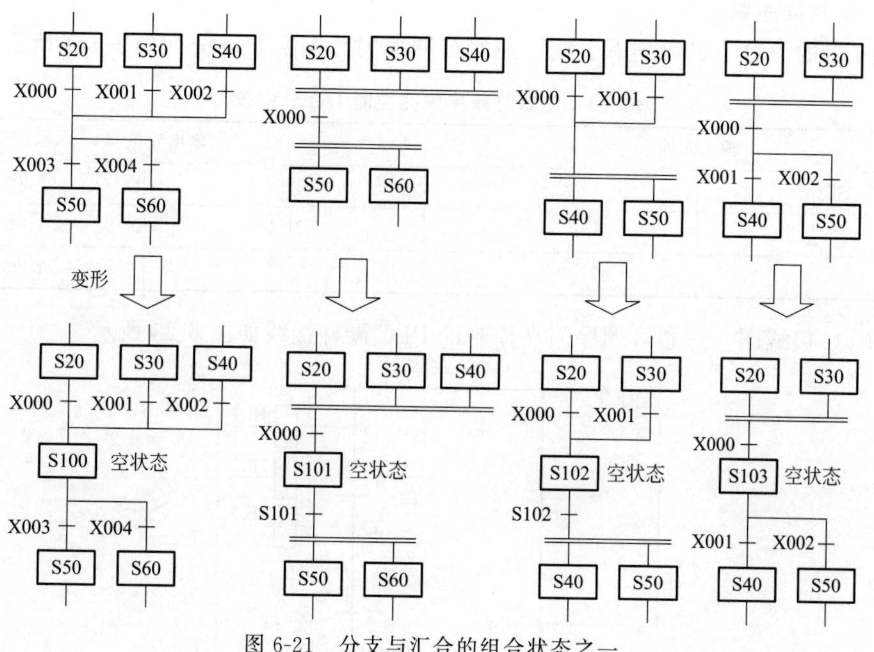

图 6-21 分支与汇合的组合状态之一

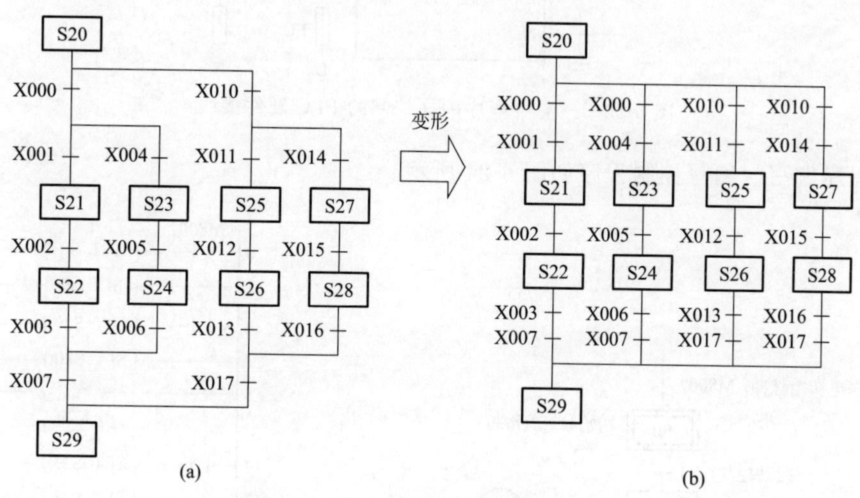

图 6-22 分支与汇合的组合状态之二

6.2 状态转移图编程实例

6.2.1 三彩灯顺序闪亮控制编程

(1) 控制要求

按下启动按钮 SB1 后，红色指示灯 HL1 亮 2s 后熄灭，接着黄色指示灯 HL2 亮 3s 后熄灭，接着绿色指示灯 HL3 亮 5s 后熄灭，转入待机状态。

(2) 控制程序编写

① PLC的I/O点的确定和分配。三彩灯顺序闪亮控制I/O分配如表6-4所示。

表 6-4 三彩灯顺序闪亮控制 I/O 分配表

输入元件		输出元件	
SB1	X1	HL1	Y001
		HL2	Y002
		HL3	Y003

② PLC接线图。三彩灯顺序闪亮控制的PLC硬件接线如图6-23所示。

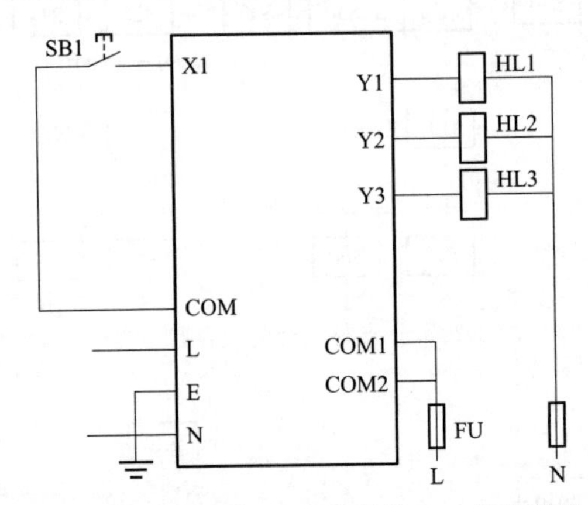

图 6-23 三彩灯顺序闪亮控制的PLC硬件接线

③ 程序编写。编写控制程序如图6-24所示。

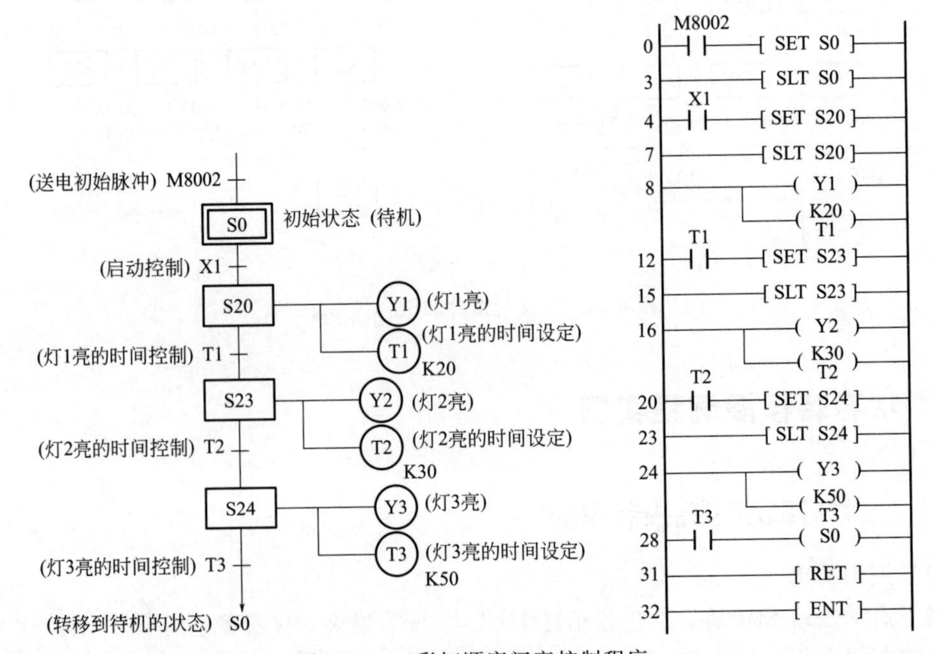

图 6-24 三彩灯顺序闪亮控制程序

④ 程序解释。按下启动按钮 SB1，X1 得电，Y1 得电，定时器 1 开始定时，定时时间到 2s 时，定时器 1 的常开触点闭合，Y2 得电，同时复位 Y1，定时器 2 开始定时，定时时间到 3s 后，定时器 2 的常开触点闭合，Y3 得电，同时复位 Y2，定时器 3 开始定时，定时时间到 5s 后，复位 Y3，进入待机状态。

6.2.2 运料小车单行程的控制编程

(1) 控制要求

运料小车单行程运动控制如图 6-25 所示。

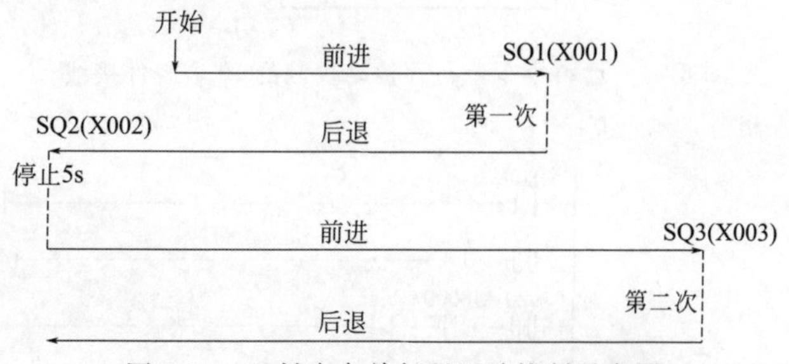

图 6-25 运料小车单行程运动控制示意图

按下启动按钮 SB2，运料小车前进，到位后压迫行程开关 SQ1 动作，运料小车马上后退（SQ1 通常处于断开状态，只有小车前进到位时才转为接通，其他行程开关的动作也相同）。

运料小车后退到位，压迫行程开关 SQ2 动作，停 5s 再次前进，直到行程开关 SQ3 动作，运料小车马上后退。到位后压迫行程开关 SQ2 动作，运料小车停止。

(2) 控制程序编写

① PLC 的 I/O 点的确定和分配。运料小车单行程运动控制 I/O 分配如表 6-5 所示。

表 6-5 运料小车单行程运动控制 I/O 分配表

输入元件		输出元件	
FR	X000	KM1	Y000
SB1	X001	KM2	Y001
SB2	X002		
SQ1	X003		
SQ2	X004		
SQ3	X005		

② PLC 接线图。运料小车单行程运动控制的 PLC 硬件接线如图 6-26 所示。

③ 程序编写。编写控制程序如图 6-27 所示。

④ 程序解释。

a. PLC 一旦运行，程序进入初始状态 S0 步。初始状态用双线框表示，通常用特殊辅助继电器 M8002 的常开触点提供初始信号。其作用是为启动做好准备，防止运行中的误操作引起的再次启动。

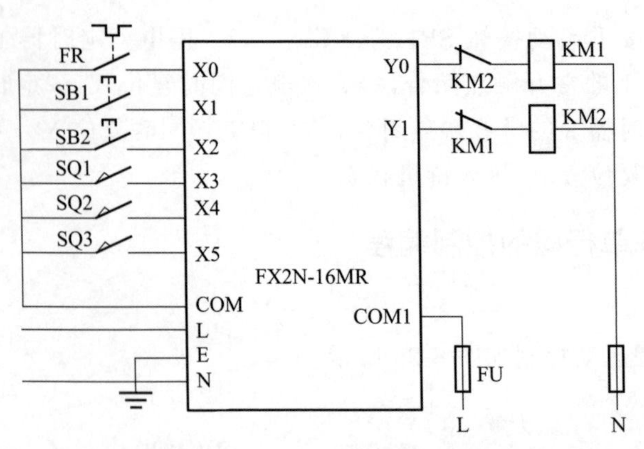

图 6-26 运料小车单行程运动控制的 PLC 硬件接线

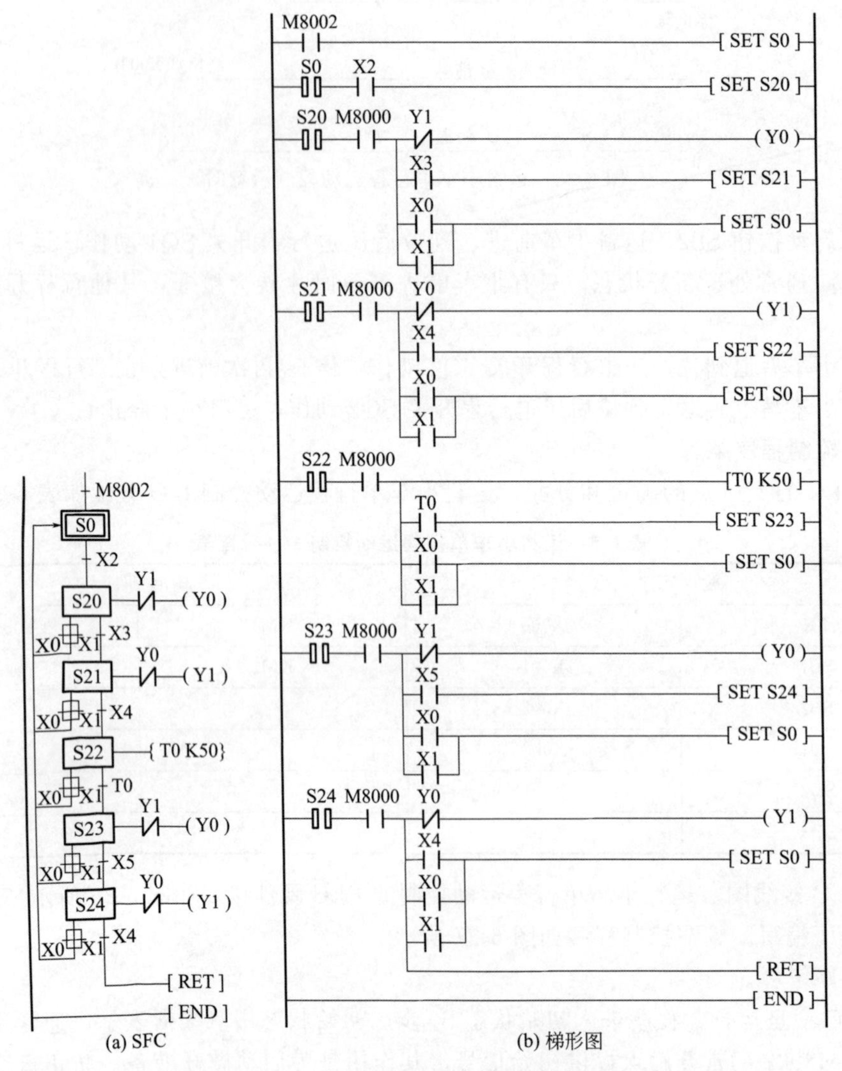

图 6-27 运料小车单行程运动控制程序

b. 启动信号 X2 接通，转移到 S20 步。

c. S20 的步进接点接通，Y0 接通保持。直到 X3 信号接通，则转移到 S21 步；或者过载信号 X0 或停止信号 X1 接通，转移到 S0 步。

d. S21 的步进接点接通，Y1 接通保持。直到 X4 信号接通，则转移到 S22 步；或者过载信号 X0 或停止信号 X1 接通，转移到 S0 步。

e. S22 的步进接点接通，T0 接通定时 5s。直到定时到达，则转移到 S23 步；或者过载信号 X0 或停止信号 X1 接通，转移到 S0 步。

f. S23 的步进接点接通，Y0 接通保持。直到 X5 信号接通，则转移到 S24 步；或者过载信号 X0 或停止信号 X1 接通，转移到 S0 步。

g. S24 的步进接点接通，Y1 接通保持。直到 X4 信号接通，则转移到 S0 步；或者过载信号 X0 或停止信号 X1 接通，转移到 S0 步。

6.2.3 运料小车多行程运动控制编程

(1) 控制要求

某自动生产线上运料小车的运动如图 6-28 所示。

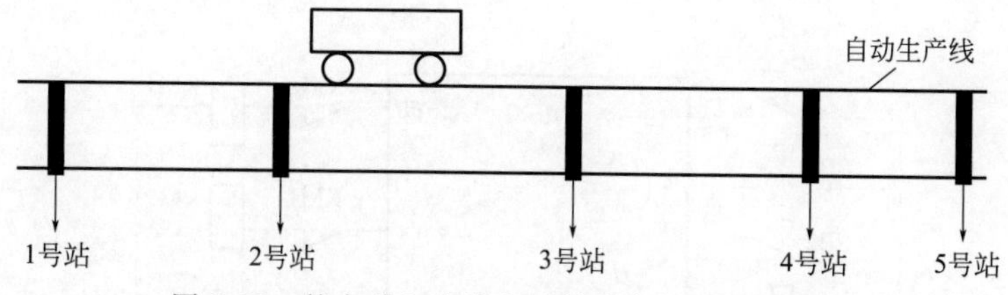

图 6-28 某自动生产线上运料小车的运动示意图

运料小车由一台三相异步电动机拖动，电动机正转小车向右行，电动机反转小车向左行。在生产线上有 5 个编码为 1～5 的站点供小车停靠，在每个停靠站安装一个行程开关以监测小车是否到达该站点。对小车的控制除了启动按钮和停止按钮之外，还设有 5 个呼叫按钮（SB3～SB7）分别与 5 个停靠站点相对应。

运料小车在自动化生产线上运动的控制要求如下。

① 按下启动按钮，系统开始工作，按下停止按钮，系统停止工作；

② 当小车当前所处停靠站的编码小于呼叫按钮的编码时，小车向右运行到按钮所对应的停靠站时停止；

③ 当小车当前所处停靠站的编码大于呼叫按钮的编码时，小车向左运行，运行到按钮所对应的停靠站时停止；

④ 当小车当前所处停靠站的编码等于呼叫按钮的编码时，小车保持不动。呼叫按钮 SB3～SB7 应具有互锁功能，先按下者优先。

(2) 控制程序编写

① PLC 的 I/O 点的确定和分配。具体的分配如表 6-6 所示。

表 6-6　运料小车多行程运动控制 I/O 分配表

输入地址	外部输入设备	输出地址	外部输出设备
X000	热继电器 FR	Y000	电动机反转控制继电器
X001	停止按钮 SB1	Y001	电动机正转控制继电器
X002	启动按钮 SB2		
X003	1 号站呼叫按钮 SB3		
X004	2 号站呼叫按钮 SB4		
X005	3 号站呼叫按钮 SB5		
X006	4 号站呼叫按钮 SB6		
X007	5 号站呼叫按钮 SB7	中间继电器地址	功能说明
X010	1 号站行程开关 SQ1	M5	小车所在站编号大于呼叫编号
X011	2 号站行程开关 SQ2	M6	小车所在站编号等于呼叫编号
X012	3 号站行程开关 SQ3	M7	小车所在站编号小于呼叫编号
X013	4 号站行程开关 SQ4		
X014	5 号站行程开关 SQ5		

② PLC 接线图。系统硬件接线图如图 6-29 所示。

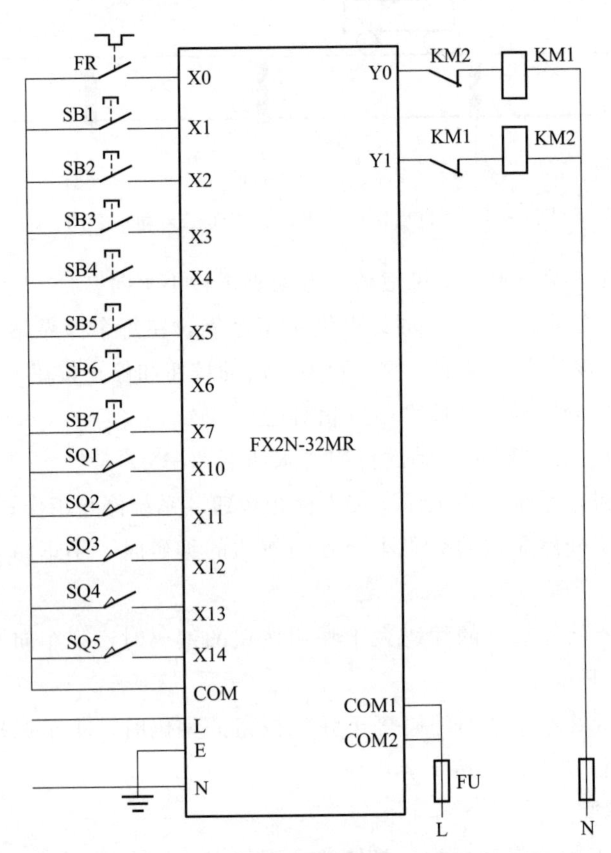

图 6-29　运料小车多行程运动控制硬件接线图

③ 程序编写。编写控制程序如图 6-30 所示。

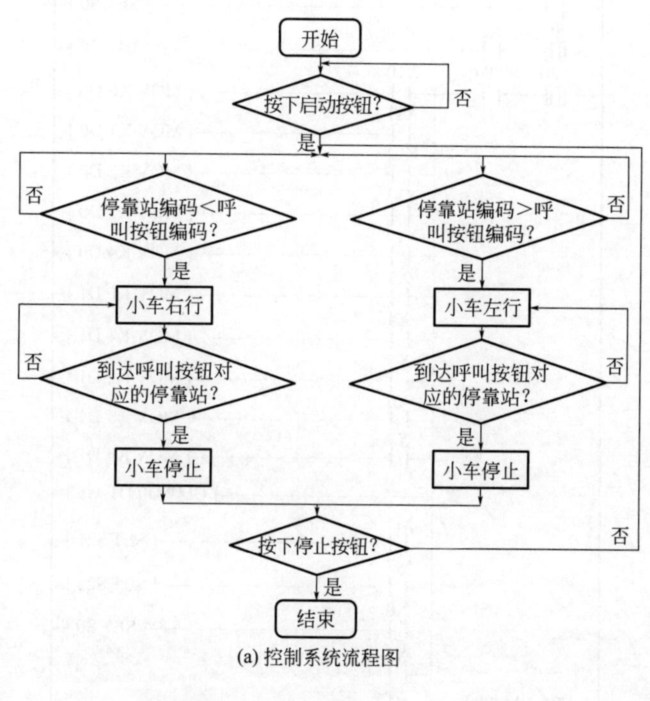

(a) 控制系统流程图

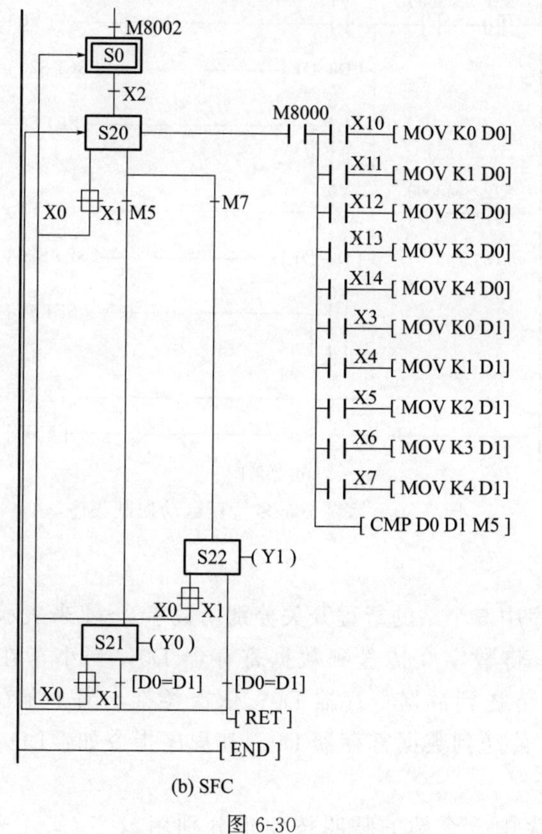

(b) SFC

图 6-30

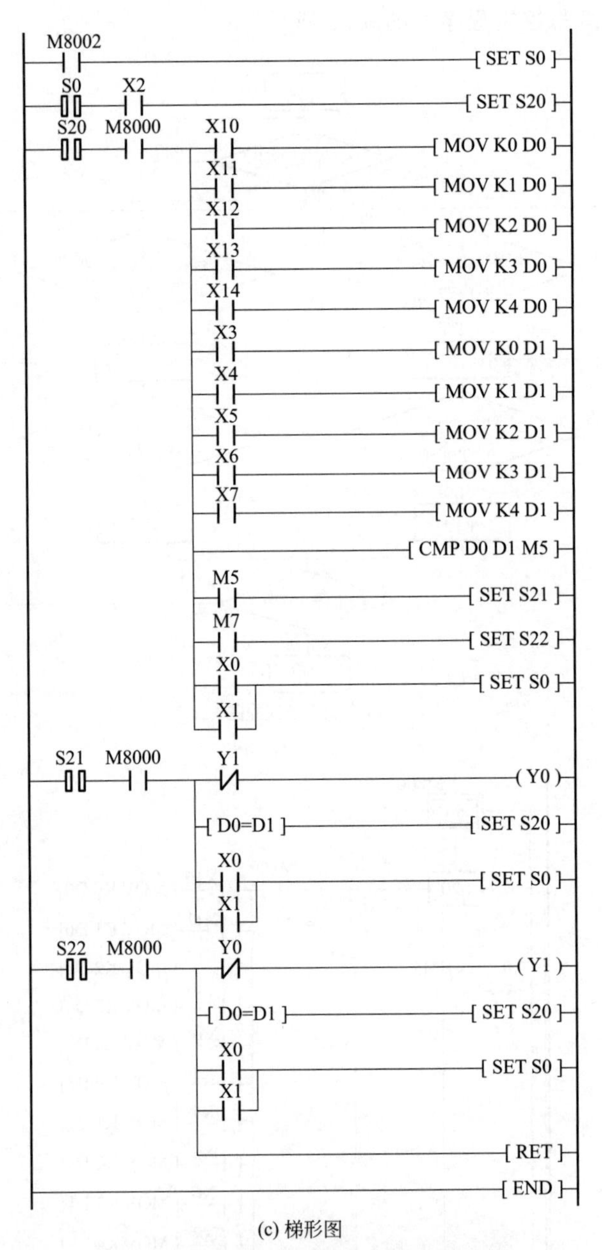

(c) 梯形图

图 6-30　运料小车多行程运动控制程序

④ 程序解释。

a. 行程开关：程序中 5 个站的行程开关分别用数字 0～4 来表示。当小车在 1 号站时，行程开关 X010 受压，将数字 0 传送到数据寄存器 D0；当小车在 2 号站时，行程开关 X011 受压，将数字 1 传送到数据寄存器 D0；依次类推，当小车在 5 号站时，行程开关 X014 得电，将数字 4 传送到数据寄存器 D0。其程序指令如：LD　X010　MOV　K0　D0（小车在 1 号站）。

b. 呼叫按钮：程序中 5 个站的呼叫按钮也分别用数字 0～4 来表示，5 个呼叫按钮

SB3～SB7 先按下者优先。当按下 1 号站呼叫按钮 SB3 时，X003 得电，数字 0 传送到数据寄存器 D1；当按下 2 号站呼叫按钮 SB4 时，X004 得电，数字 1 传送到数据寄存器 D1；依次类推，当按下 5 号站呼叫按钮 SB7 时，X007 得电，数字 4 传送到数据寄存器 D1。程序指令如：AND　X003　MOV　K0　D1（1 号站呼叫按钮）。

c. 比较：对行程开关数据寄存器 D0 和呼叫按钮数据寄存器 D1 中的数据进行比较。

当（D0）>（D1）时，即小车当前所处停靠站的编码大于呼叫按钮的编码时，M5 得电，小车向左运行；当（D0）=（D1）时，即小车当前所处停靠站的编码等于呼叫按钮的编码时，M6 得电，小车不动；当（D0）<（D1）时，即小车当前所处停靠站的编码小于呼叫按钮的编码时，M7 得电，小车向右运行。程序指令如：CMP　D0　D1　M5。

d. 向左运动：小车当前所处停靠站的编码大于呼叫按钮的编码时，小车向左运行，运行到呼叫按钮所对应的停靠站时停止。

e. 向右运动：小车当前所处停靠站的编码小于呼叫按钮的编码时，小车向右运行，运行到呼叫按钮所对应的停靠站时停止。

6.2.4 液体混合器的控制编程

(1) 控制要求

两种液体自动混合搅拌系统示意图如图 6-31 所示。

该液体自动混合搅拌系统的动作为：启动系统之前，容器是空的，各阀门关闭，各传感器 SL1=SL2=SL3=OFF，搅拌电动机 M=OFF。

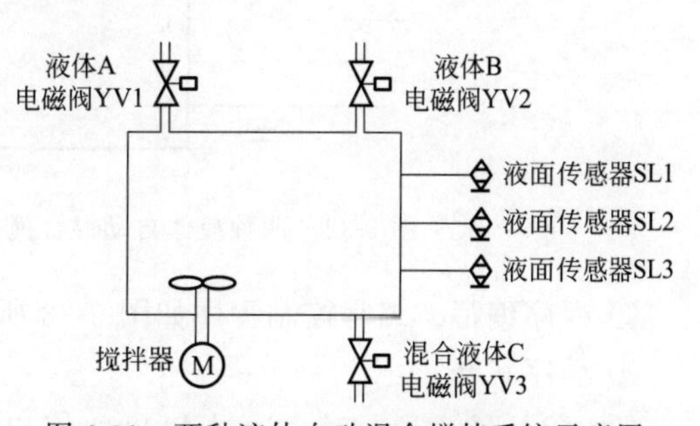

图 6-31　两种液体自动混合搅拌系统示意图

首先按下启动按钮，自动打开电磁阀 YV1 使液体 A 流入。当液面到达传感器 SL2 的位置时，关闭电磁阀 YV1，同时打开电磁阀 YV2 使液体 B 流入。当液面到达传感器 SL1 位置时，关闭电磁阀 YV2，同时启动搅拌电动机搅拌 1min。搅拌完毕后，打开混合液体 C 的放液电磁阀 YV3。当液面到达传感器 SL3 的位置时，再继续放液 6s 关闭放液电磁阀。

若按下停止按钮，则就此停机；如未按下停止按钮，则又开始下一次循环。

(2) 控制程序编写

① PLC 的 I/O 点的确定和分配。两种液体自动混合搅拌控制系统 I/O 分配如表 6-7 所示。

表 6-7　两种液体自动混合搅拌控制系统 I/O 分配表

输入元件		输出元件	
热继电器常闭触点 FR	X000	液体 A 控制电磁阀 YV1	Y000
停止按钮 SB1	X001	液体 B 控制电磁阀 YV2	Y001

续表

输入元件		输出元件	
启动按钮 SB2	X002	混合液体 C 控制电磁阀 YV3	Y002
液位传感器 SL1	X003	搅拌电动机控制接触器 KM	Y003
液位传感器 SL2	X004		
液位传感器 SL3	X005		

② PLC 接线图。两种液体自动混合搅拌控制系统的 PLC 硬件接线如图 6-32 所示。

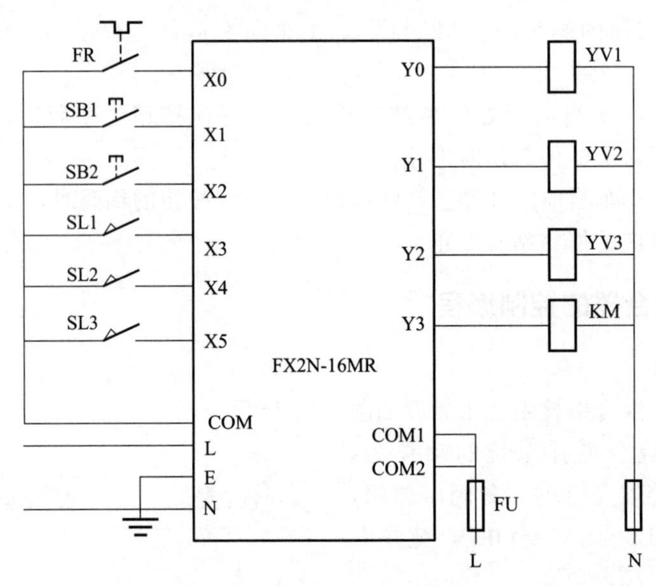

图 6-32 两种液体自动混合搅拌控制系统的 PLC 硬件接线图

③ 程序编写。编写控制程序如图 6-33 所示。

④ 程序解释。

a. 由停止转入运行时，通过 M8002 使初始状态 S0 动作。

b. 按下启动按钮 SB2 时，状态由 S0 转移到 S20，Y0 接通，电磁阀 YV1 得电，此状态为液体 A 流入装料容器内。

c. 待液面上升到液位传感器 SL2 的位置时，X4 接通，状态从 S20 转移到 S21，Y1 接通，电磁阀 YV2 得电，此状态为液体 B 流入装料容器内。

d. 待液面上升到液位传感器 SL1 的位置时，X3 接通，状态从 S21 转移到 S22，Y3 接通，接触器 KM 接通，搅拌电动机工作，此状态为液体混合搅拌，定时 60s。

e. 定时到，状态从 S22 转移到 S23，Y2 接通，电磁阀 YV3 得电，此状态为混合液体 C 流出。

f. 待液面下降到液位传感器 SL3 的位置时，X5 接通，状态从 S23 转移到 S24，Y2 接通，延时 6s，此状态为混合液体排空。

g. 定时到，状态从 S24 转移到 S20，以后循环以上过程。同时，若按下停止按钮 SB1，X1 接通，状态从 S24 转移到 S0。

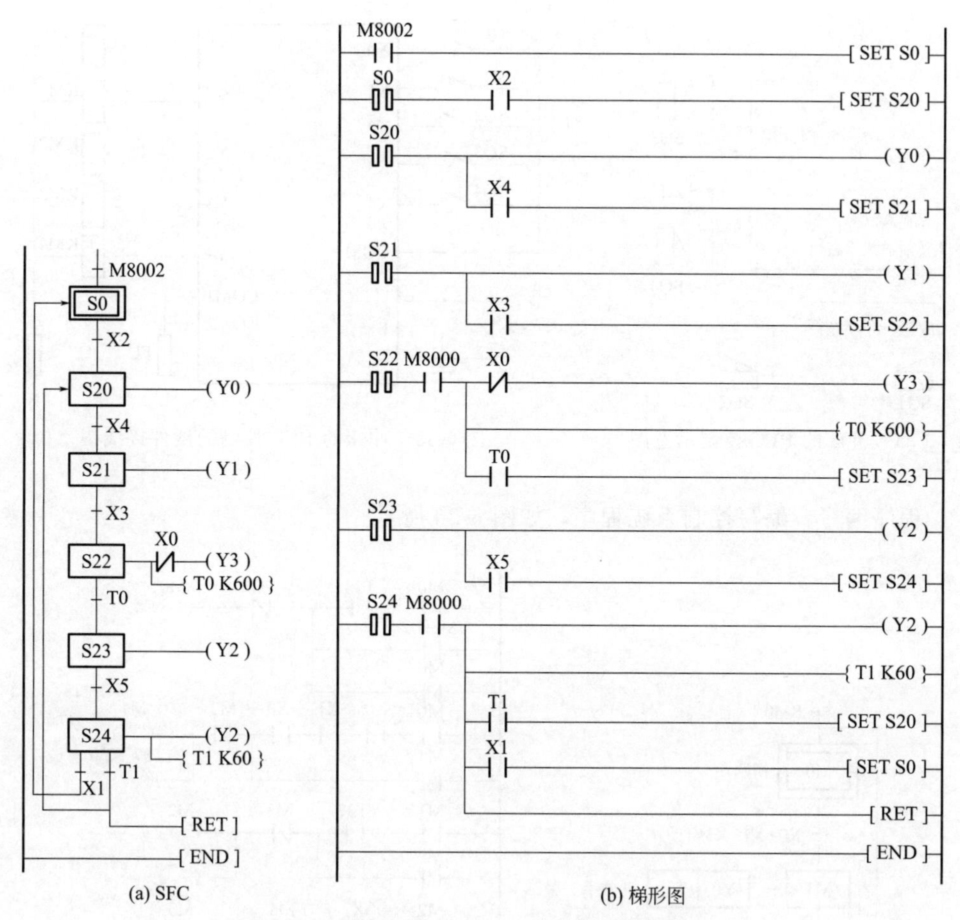

图 6-33　两种液体自动混合搅拌控制系统程序

6.2.5　冲床的 PLC 控制编程

(1) 控制要求

冲床的 PLC 控制示意图如图 6-34 所示。

(2) 控制程序编写

① PLC 的 I/O 点的确定和分配。冲床的 PLC 控制 I/O 分配如表 6-8 所示。

表 6-8　冲床的 PLC 控制 I/O 分配表

输入元件		输出元件	
启动按钮 SB	X000	机械手电磁阀 YV	Y000
左限位开关 SQ1	X001	机械手左行 KM1	Y001
右限位开关 SQ2	X002	机械手右行 KM2	Y002
上限位开关 SQ3	X003	冲头上行 KM3	Y003
下限位开关 SQ4	X004	冲头下行 KM4	Y004

② PLC 接线图。冲床的 PLC 控制的硬件接线如图 6-35 所示。

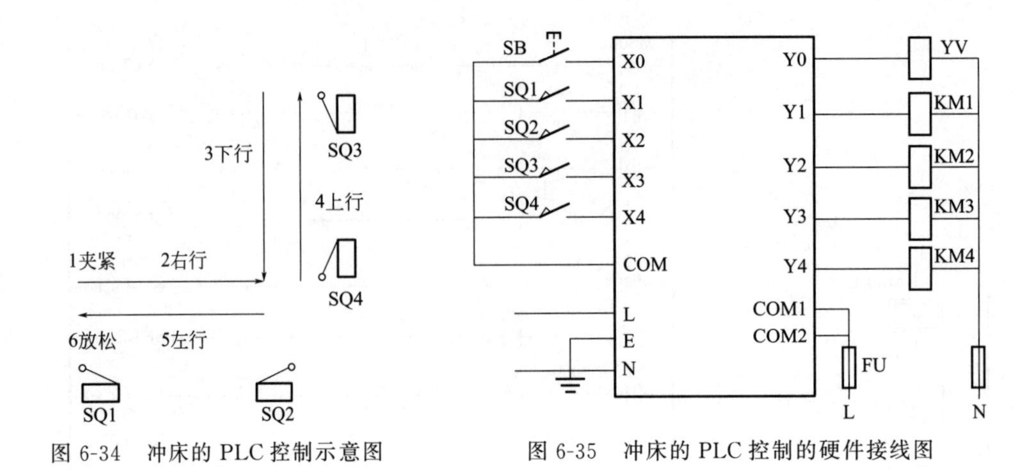

图 6-34　冲床的 PLC 控制示意图　　　图 6-35　冲床的 PLC 控制的硬件接线图

③ 程序编写。编写控制系统程序，如图 6-36 所示。

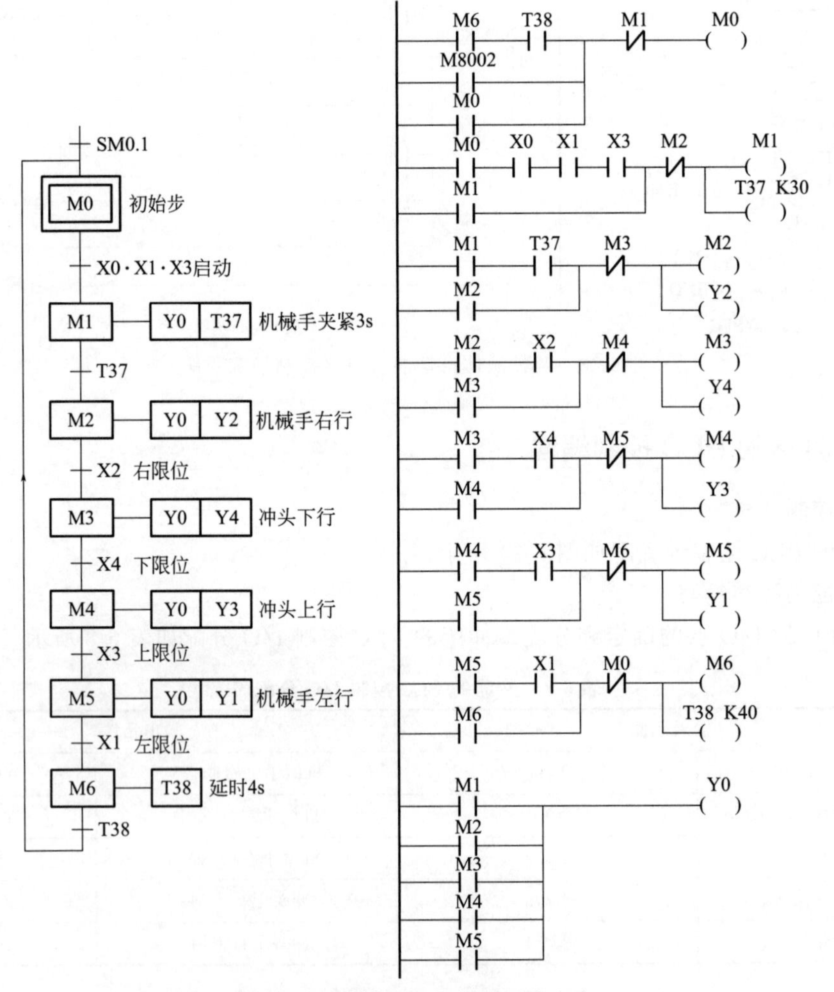

图 6-36　冲床的 PLC 控制系统程序

④ 程序解释。初始状态机械手在最左边，左限位开关 SQ1 被压合，机械手处于放松状态，冲头在最上面，限位开关 SQ3 被压合，当按下启动按钮 SB 时，机械手夹紧工件并保持 3s 后，机械手右行，碰到右限位开关 SQ2 后，机械手停止运行，与此同时冲头下行；当冲头碰到下限位开关 SQ4 后冲头上行；当冲头上行碰到上限位开关 SQ3 后停止运行，与此同时，机械手左行，碰到左限位开关 SQ1 后机械手松开，延时 4s 后，系统返回到初始状态。

第7章 三菱PLC应用实例

7.1 通风系统运行状态监控

(1) 实例说明

在一个通风系统中，有4台电动机驱动4台风机运转。为了保证工作人员的安全，一般要求至少3台电动机同时运行。因此用绿、黄、红三色柱状指示灯来对电动机的运动状态进行指示。当3台以上电动机同时运行时，绿灯亮，表示系统通风良好；当两台电动机同时运行时，黄灯亮，表示通风状况不佳，需要改善；少于两台电动机运行时，红灯亮起并闪烁，发出警告表示通风太差，需马上排除故障或进行人员疏散。

(2) 实例实现

① 根据控制任务和要求，分配I/O地址，设计PLC接线图。根据控制系统的任务和要求，用X0、X1、X2、X3分别表示4台电动机运行状态检测传感器，当电动机运行时有信号输入，停止时无信号输入；用Y0、Y1和Y2分别表示红、绿、黄三色柱状指示灯指示的通风状况。该系统PLC接线如图7-1所示。

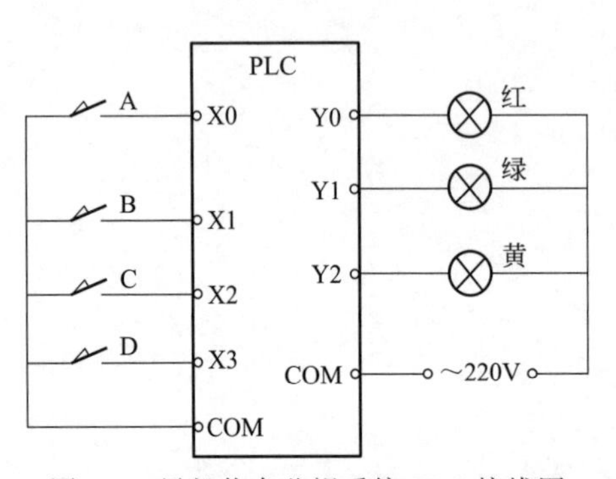

图7-1 风机状态监视系统PLC接线图

② 绘制PLC控制系统状态转换表，建立逻辑函数关系，画出梯形图。用A、B、C、D来分别表示4台风机的运行状态，分别用F1、F2、F3表示红灯、绿灯和黄灯。3灯的状态与系统的3种工作状态一一对应，下面分别针对这3种工作状态建立逻辑表达式。

a. 红灯闪烁。用"0"表示风机停止和指示灯"灭"，用"1"表示风机运行和指示灯"亮"(红灯的闪烁也用"亮"这种状态表示)。红灯闪烁的工作状态如表7-1所示。

表7-1 红灯闪烁的工作状态表

A	B	C	D	F1
1	0	0	0	1
0	1	0	0	1
0	0	1	0	1
0	0	0	1	1
0	0	0	0	1

由状态表可得 F1 的逻辑函数：

$$F1=A\overline{B}\,\overline{C}\,\overline{D}+\overline{A}B\overline{C}\,\overline{D}+\overline{A}\,\overline{B}C\overline{D}+\overline{A}\,\overline{B}\,\overline{C}D+\overline{A}\,\overline{B}\,\overline{C}\,\overline{D}$$

$$F1=\overline{A}\,\overline{B}(\overline{C}D+\overline{D})+\overline{C}\,\overline{D}(\overline{A}+\overline{B})$$

根据该逻辑函数画出梯形图，如图 7-2 所示。

b. 绿灯亮。其工作状态如表 7-2 所示。

表 7-2　绿灯亮的工作状态表

A	B	C	D	F2
1	1	1	0	1
1	1	0	1	1
1	0	1	1	1
0	1	1	1	1
1	1	1	1	1

由状态表可得 F2 的逻辑函数：

$$F2=ABC\overline{D}+AB\overline{C}D+A\overline{B}CD+\overline{A}BCD+ABCD$$

化简后得

$$F2=AB(C+D)+CD(A+B)$$

根据该逻辑函数画出梯形图，如图 7-3 所示。

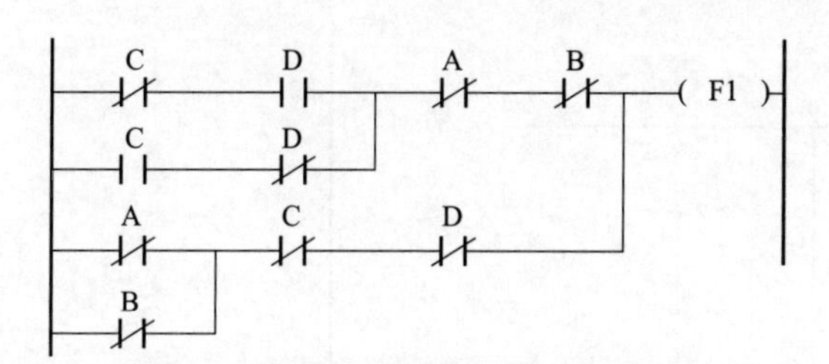

图 7-2　风机状态监视-红灯控制梯形图

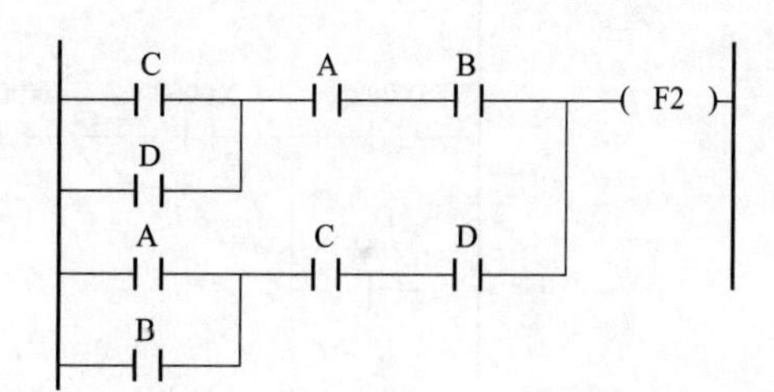

图 7-3　风机状态监视-绿灯控制梯形图

c. 黄灯亮。其工作状态如表 7-3 所示。

表 7-3　黄灯亮的工作状态表

A	B	C	D	F3
1	1	0	0	1
1	0	1	0	1
1	0	0	1	1
0	1	1	0	1
0	1	0	1	1
0	0	1	1	1

由状态表可得 F3 的逻辑函数并化简：

$$F3=AB\overline{C}\,\overline{D}+A\overline{B}C\overline{D}+A\overline{B}\,\overline{C}D+\overline{A}BC\overline{D}+\overline{A}B\overline{C}D+\overline{A}\,\overline{B}CD$$

$$F3=(\overline{A}B+A\overline{B})(\overline{C}D+C\overline{D})+AB\overline{C}\,\overline{D}+\overline{A}\,\overline{B}CD$$

根据该逻辑函数画出梯形图，如图 7-4 所示。

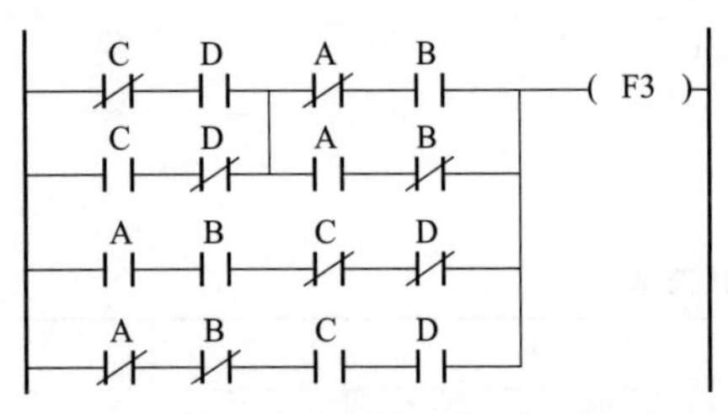

图 7-4　风机状态监视-黄灯控制梯形图

③ 完善梯形图控制程序。将红、绿、黄灯的控制梯形图合并规整，转换成完善的 PLC 梯形图控制程序，如图 7-5 所示。在红灯控制程序中用闪烁控制程序（由定时器 T10 和 T11 构成），用来产生秒脉冲，以实现红灯闪烁。

(3) 实例分析

① 组合逻辑设计法。在用组合逻辑设计 PLC 控制梯形图时，必须分析清楚控制对象，将控制

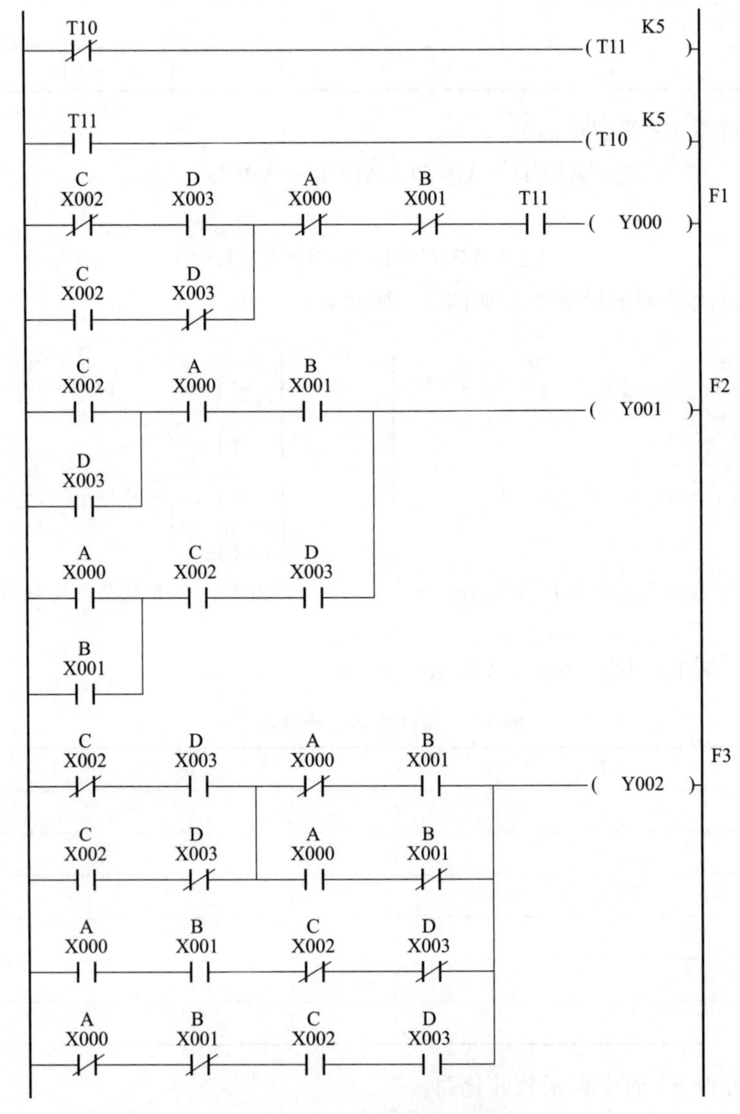

图 7-5　风机状态监视梯形图

对象分解成若干小控制单元，这些小控制单元要便于建立工作状态逻辑表，得到逻辑函数表达式，画出控制单元梯形图，这是设计的关键所在。在组合各单元梯形图时，还需要合并重组个别相同逻辑或相反逻辑，根据需要可以使用特殊辅助继电器，简化或优化控制功能。图 7-5 所示梯形图中的 F1 与 F2 逻辑函数梯形图进行了合并，还增加了闪烁控制程序（由定时器 T10 和 T11 构成）。当然，对于控制对象本身已是不可分解的小单元，可以直接建立工作状态逻辑表，得到逻辑函数表达式，画出最终的控制梯形图。

② 时序逻辑设计法。时序逻辑设计法与组合逻辑设计法的思路与过程完全相同，只不过时序逻辑设计法在建立逻辑函数表达式时通过控制时序图得到，而组合逻辑设计法是以工作状态真值表建立逻辑函数表达式。下面以电动机交替运行控制实例介绍其设计过程。

7.2 电动机交替运行控制

(1) 实例说明

有 M1 和 M2 两台电动机，按下启动按钮后，M1 运转 10min，停止 5min，M2 与 M1 相反，即 M1 停止时 M2 运行，M1 运行时 M2 停止，如此循环往复，直至按下停止按钮。

(2) 实例实现

① 根据控制任务和要求，分配 I/O 地址，设计 PLC 接线图。用 X0 和 X1 分别表示两台电动机循环工作的开、关按钮；用 Y0 和 Y1 输出控制 M1 和 M2 电动机周期性交替运行。该电动机控制系统的 I/O 接线如图 7-6 所示。

② 画出两台电动机的工作时序图。由于电动机 M1、M2 周期性交替运行，运行周期为 15min，则考虑采用延时接通定时器 T10（定时设置为 10min）和 T11（定时设置为 15min）控制这两台电动机的运行。当按下开机按钮 X0 后，T10 与 T11 开始计时，同时电动机 M1 开始运行。10min 后 T10 定时时间到，并产生相应动作，使电动机 M1 停止，M2 开始运行。当定时器 T11 到达定时时间 15min 时，T11 产生相应动作，使电动机 M2 停止，M1 开始运行，同时将自身和 T10 复位，程序进入下一个循环。如此往复，直到按下关机按钮，两个电动机停止运行，两个定时器也停止定时。

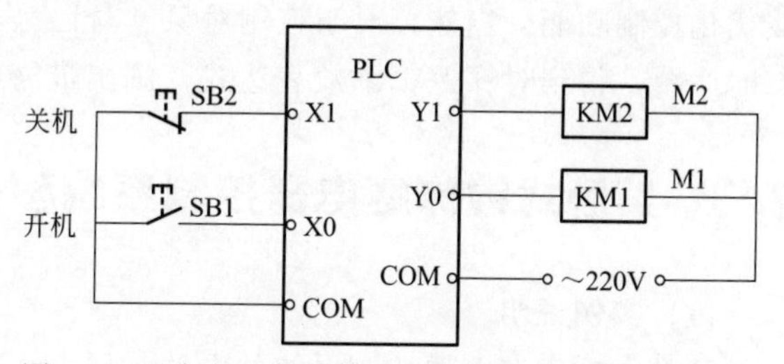

图 7-6　两台电动机交替运行控制系统的 I/O 接线图

为了使逻辑关系清晰，用辅助继电器 M0 作为运行控制继电器。根据控制要求画出两台电动机的工作时序图，如图 7-7 所示。

③ 建立逻辑函数关系。由图 7-7 可以看出，t_1、t_2 时刻电动机 M1、M2 的运行状态发生改变，由前面的分析列出电动机运行的逻辑表达式：

$$Y000=M0\cdot\overline{T10}\qquad Y001=M0\cdot T10$$

④ 画出控制梯形图。根据 Y000 和 Y001 的逻辑表达式，结合编程经验，得到图 7-8

所示的梯形图。

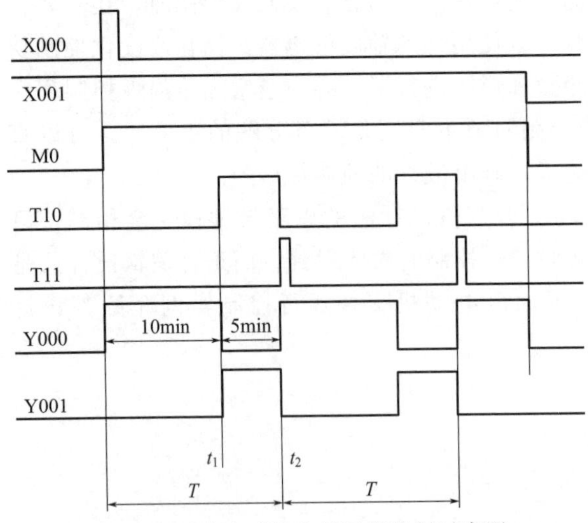

图 7-7 两台电动机交替运行控制时序图

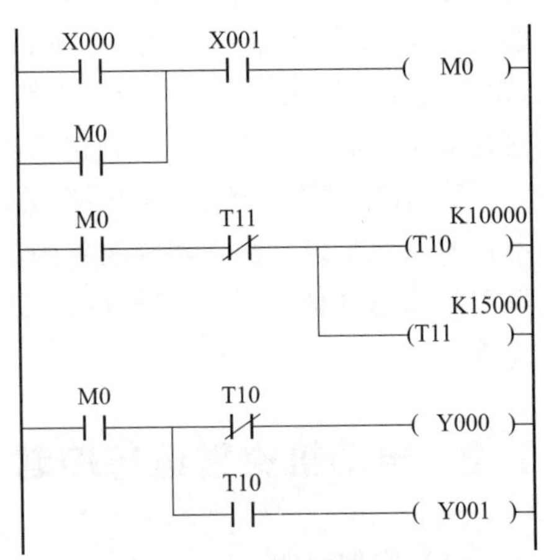

图 7-8 两台电动机交替运行控制梯形图

(3) 实例分析

在用时序逻辑设计 PLC 控制梯形图时，必须分析清楚控制对象，将控制对象分解成若干小控制单元，这些小控制单元要便于画出其顺序控制时序图，并便于建立时序逻辑函数表达式，然后设计控制单元梯形图程序，这是设计的关键所在。在组合各单元梯形图时，还需要合并重组个别相同逻辑或相反逻辑，根据需要可以使用特殊辅助继电器，简化或优化控制功能。当然，对于控制对象本身已是不可分解的小单元，可以直接建立工作状态时序图，得到时序逻辑函数表达式，画出最终的控制梯形图。

7.3 某卧式镗床继电器控制系统移植设计为 PLC 控制系统

(1) 实例说明

某卧式镗床继电器控制系统的电路如图 7-9 所示，包括主电路、控制电路、照明电路和指示电路。镗床的主轴电动机 M1 是双速异步电动机，中间继电器 KA1 和 KA2 控制主轴电动机的启动和停止，接触器 KM1 和 KM2 控制主轴电动机的正、反转，接触器 KM4、KM5 和时间继电器 KT 控制主轴电动机的变速，接触器 KM3 用来短接串联在定子回路的制动电阻。SQ1、SQ2 和 SQ3、SQ4 是变速操纵盘上的限位开关，SQ5 和 SQ6 是主轴进刀与工作台移动互锁的限位开关，SQ7 和 SQ8 是镗头架和工作台的正、反向快速移动开关。

(2) 实例实现

① 选择 PLC，确定 I/O 端子并画出 I/O 接线图。根据卧式镗床的继电器控制电路原理图可知，需要 11 个输入端子和 8 个输出端子。因此，选用三菱 FX2N-32MR，它共有 16 个输入点和 16 个输出点，采用继电器输出型。改造后的 PLC 控制系统的外部接线图中，主电路、照明电路和指示电路保持原电路不变，控制电路的功能由 PLC 实现，热继

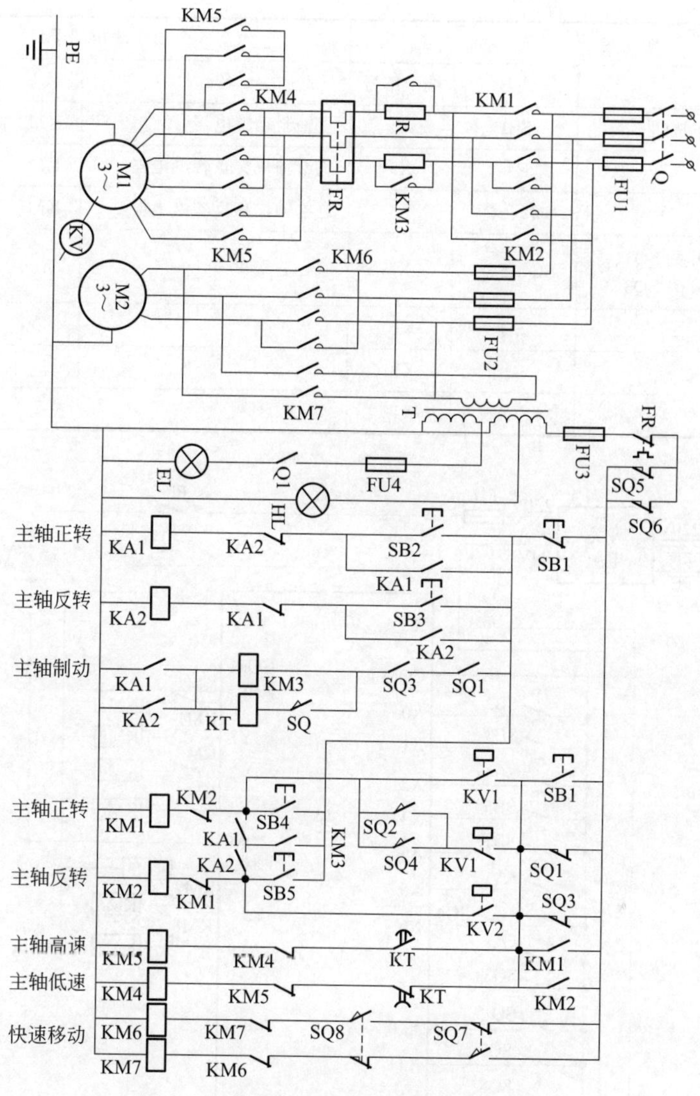

图 7-9　卧式镗床继电器控制系统的电路

电器触点直接与 PLC 输出端子电源相连，不占用 I/O 端子。PLC 的 I/O 地址分配如表 7-4 所示，I/O 接线如图 7-10 所示。

表 7-4　卧式镗床 PLC 控制系统的 I/O 端子分配

输入端子			输出端子		
名称	代号	端子编号	名称	代号	端子编号
主轴电动机 M3 正转启动按钮	SB2	X0	主轴正转继电器	KM1	Y0
主轴电动机 M3 反转启动按钮	SB3	X1	主轴反转继电器	KM2	Y1
主轴电动机 M3 正转点动按钮	SB4	X2	主轴低速继电器	KM4	Y2
主轴电动机 M3 反转点动按钮	SB5	X3	主轴高速继电器	KM5	Y3

续表

输入端子			输出端子		
名称	代号	端子编号	名称	代号	端子编号
主轴电动机 M3 停止按钮	SB1	X4	主轴制动继电器	KM3	Y4
速度继电器	KV	X5	进给轴快移正转继电器	KM6	Y5
速度变换行程开关	SQ2、SQ4	X6	进给轴快移反转继电器	KM7	Y6
主轴速度变换行程开关 SQ1、进给速度变换行程开关 SQ3	SQ1、SQ3	X7			
高速接通开关	SQ	X10			
进给轴快速正转开关	SQ7	X11			
进给轴快速反转开关	SQ8	X12			

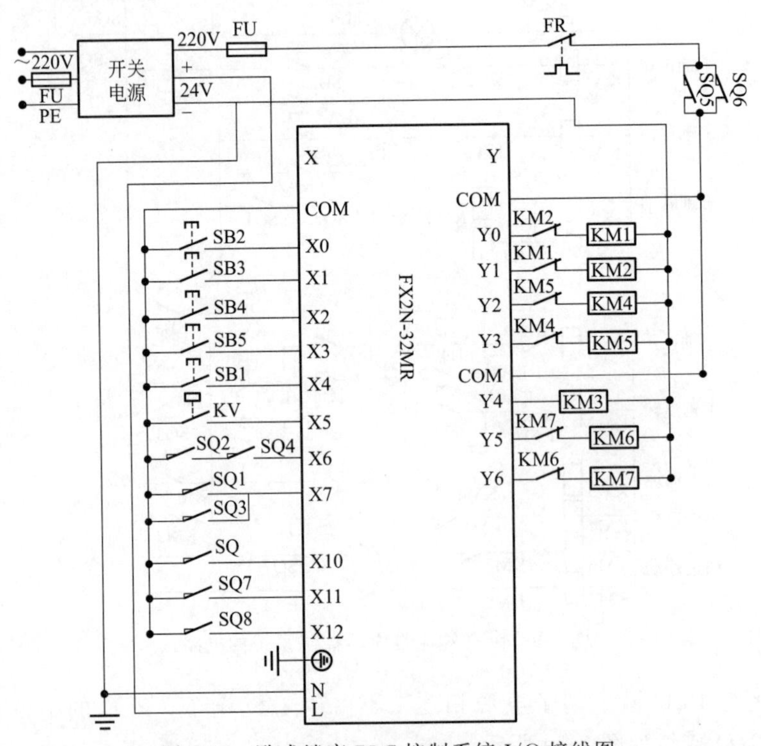

图 7-10　卧式镗床 PLC 控制系统 I/O 接线图

② PLC 控制程序。根据 PLC 的 I/O 对应关系，再加上原控制电路（图 7-9）中 KA1、KA2 和 KT 分别与 PLC 内部的 M0、M1 和 T10 相对应，可设计出 PLC 的梯形图，如图 7-11 所示。

(3) 实例分析

设计过程中应注意梯形图与继电器电路图的区别。梯形图是一种软件，是 PLC 图形化的程序，PLC 梯形图是串行工作的，而在继电器电路图中，各电器可以同时动作（并行工作）。根据继电器电路图设计 PLC 的外部接线图和梯形图时应注意以下问题。

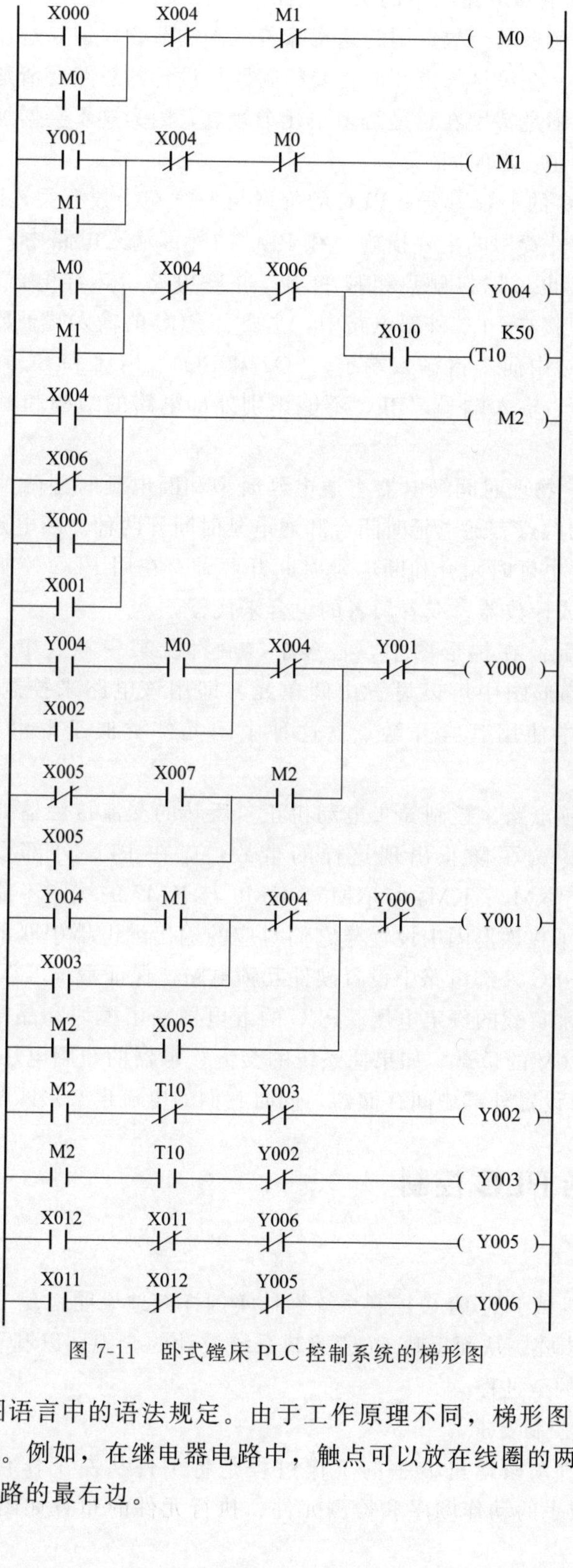

图 7-11　卧式镗床 PLC 控制系统的梯形图

① 应遵守梯形图语言中的语法规定。由于工作原理不同，梯形图不能照搬继电器电路中的某些处理方法。例如，在继电器电路中，触点可以放在线圈的两侧，但是在梯形图中，线圈必须放在电路的最右边。

② 适当地分离继电器电路图中的某些电路。设计继电器电路图时的一个基本原则是尽量减少图中使用的触点的个数，因为这意味着成本的节约，但是这往往会使某些线圈的控制电路交织在一起。在设计梯形图时首要的问题是设计的思路要清楚，设计出的梯形图容易阅读和理解，并不是特别在意是否多用几个触点，因为这不会增加硬件的成本，只是在输入程序时需要多花一点时间。

③ 尽量减少 PLC 的 I/O 端子。PLC 的价格与 I/O 端子数有关，因此减少输入/输出信号的点数是降低硬件费用的主要措施。在 PLC 的外部输入电路中，各输入端可以接常开触点或常闭触点，也可以接触点组成的串、并联电路。热继电器的触点既可以作为 PLC 的输入，也可以接在 PLC 外部电路中，主要看 PLC 的输入端子数。例如，在图 7-10 中，FR 接在外部电路中而不占输入端子，SQ2 和 SQ4、SQ1 和 SQ3 行程开关接触点组成串、并联电路而不占输入端子，PLC 不能识别外部电路的结构和触点类型，只能识别外部电路的通断。

④ 时间继电器。物理时间继电器有通电延时型和断电延时型两种。通电延时型时间继电器的延时动作的触点有通电延时闭合和通电延时断开两种。断电延时型时间继电器的延时动作的触点有断电延时闭合和断电延时断开两种。在用 PLC 控制时，时间继电器可以用 PLC 的定时器或计数器，或者两者的组合来代替。

⑤ 设置中间单元。在梯形图中，若多个线圈都受某一触点串、并联电路的控制，为了简化电路，在梯形图中可以设置中间单元，即用该电路来控制某辅助继电器，在各线圈的控制电路中使用其常开触点。这种中间元件类似于继电器电路中的中间继电器。

⑥ 设立外部互锁电路。控制异步电动机正、反转的交流接触器如果同时动作，将会造成三相电源短路。为了防止出现这样的事故，应在 PLC 外部设置硬件互锁电路。图 7-10 中的 KM1 与 KM2、KM4 与 KM5、KM6 与 KM7 的线圈不能同时通电，在转换为 PLC 控制时，除了在梯形图中设置与它们对应的输出继电器串联的常闭触点组成的互锁电路外，还要在 PLC 外部电路中设置硬件互锁电路，保证系统可靠运行。

⑦ 重新确定外部负载的额定电压。PLC 的继电器输出模块和晶闸管输出模块只能驱动电压不高于 AC220V 的负载，如果原系统的交流接触器的线圈电压为 380V，应将线圈换成 220V 的，也可设置外部中间存储器，同时它们的电流也必须匹配。

7.4 机械手的 PLC 控制

(1) 实例说明

通过气动搬运机械手的 PLC 控制系统设计实例详细地说明三菱 FX2N PLC 控制系统设计的主要内容和步骤，从而反映 PLC 控制系统设计的全貌，以利于读者较全面地了解 PLC 控制系统设计的全过程。

① 工作过程与控制要求。

a. 工作过程。气动搬运机械手的工作过程是将工件从左工作台搬往右工作台，如图 7-12 所示。机械手的动作顺序和检测元件、执行元件的布置如图 7-13 所示。机械手的初始位置在原点，按下启动按钮后，机械手将依次完成下降—夹紧—上升—右移—再下降—放松—再上升—左移 8 个动作，机械手的下降、上升、右移、左移等动作的转换，是由相应的限位开关来控制的，而夹紧、放松动作的转换是由时间来控制的。机械手所有的动作均由气压驱动。它的上升与下降、左移与右移等动作均由三位五通电磁换向阀控制，即当下降电磁线圈 CY2-0 通电时，机械手下降；下降电磁线圈 CY2-0 断电时，机械手停止下降；只有当上升电磁线圈 CY2-1 通电时，机械手才上升。机械手的夹紧和放松用一个二位五通电磁换向阀来控制，线圈通电时夹紧，线圈断电时放松。

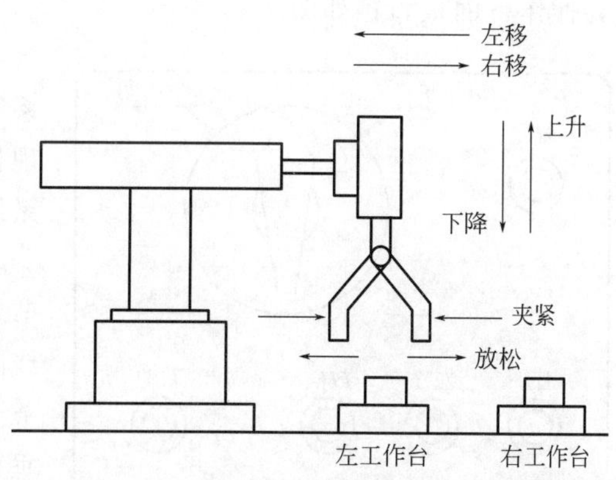

图 7-12 机械手工作时的动作示意图

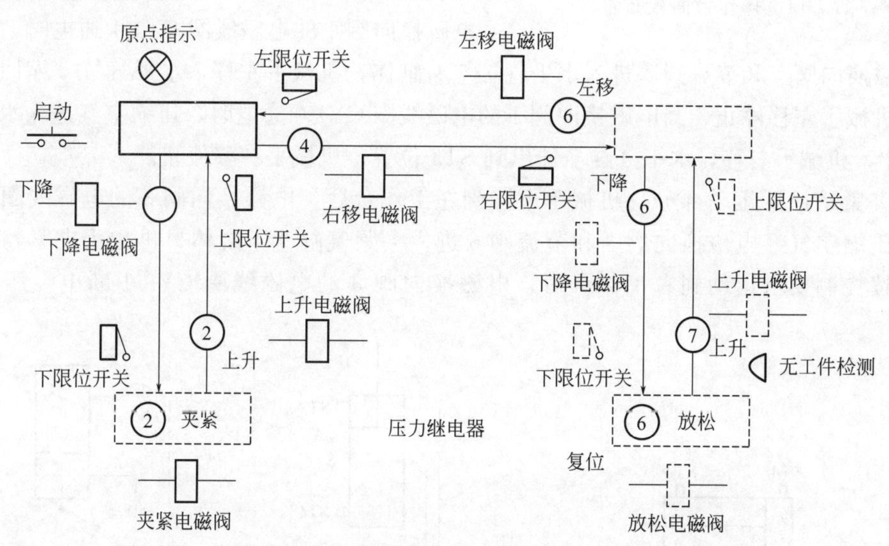

图 7-13 机械手的动作顺序和检测元件、执行元件的布置示意图

b. 控制要求。

(a) 手动工作方式。利用按钮对机械手每一动作单独进行控制。例如，按“下降”按钮，机械手下降；按“上升”按钮，机械手上升。手动操作可以使机械手置于原点（机械手在最左边和最上面，并且夹紧装置松开），还便于维修时机械手的调整。

(b) 单步工作方式。从原点开始，按照自动工作循环的步序，每按一下启动按钮，机械手完成一步的动作后自动停止。

(c) 单周期工作方式。按下启动按钮，从原点开始，机械手按工序自动完成一个周期的动作，返回原点后停止。

(d) 连续工作方式。按下启动按钮，机械手从原点开始按工序自动反复连续循环工作，直到按下停止按钮，机械手自动停机。或者将工作方式选择开关转换为“单周期”工作方式，此时机械手在完成最后一个周期的工作后，返回原点自动停机。根据以上控制要求，操作台面板布置如图 7-14 所示。

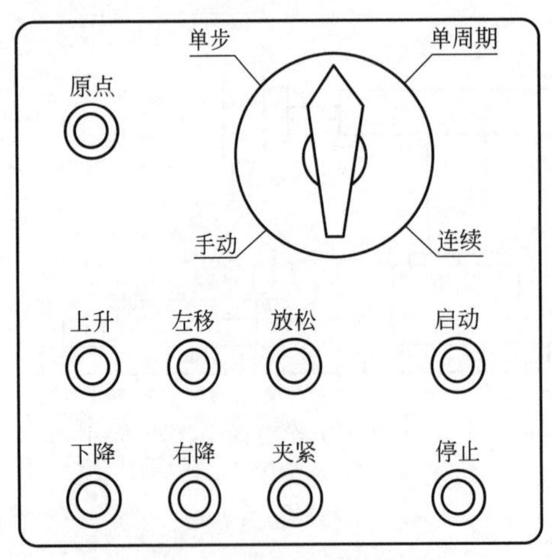

图 7-14 操作台面板布置

② 气动驱动系统原理。机械手的气动驱动系统是驱动执行机构运动的传动装置，主要实现机械手垂直、水平和手爪的夹紧动作。气动系统工作原理如图 7-15 所示。

a. 垂直、水平运动部分。压缩空气经气源调节装置与截止阀 10 后，当电磁换向阀 2 的电磁线圈 CY2-1 通电时，压缩空气经电磁换向阀 2 和节流阀 5 进入垂直气缸 8 下缸体，机械手上升，垂直气缸 8 伸出到 ST2 位置，机械手上升停止，当电磁换向阀 2 的电磁线圈 CY2-0 通电时，压缩空气进入垂直气缸 8 上缸体，则机械手下降，垂直气缸 8 缩回到 ST1 位置，机械手下降停止；当电磁换向阀 1 的电磁线圈 CY1-1 通电时，压缩空气经电磁换向阀 1 和节流阀 4 进入水平气缸 7 右缸体，机械手左移，水平气缸 7 缩回到 ST4 位置，机械手左移停止，当电磁换向阀 1 的电磁线圈 CY1-0 通电时，压缩空气进入水平气缸 7 左缸体，机械手右移，水平气缸 7 伸出到 ST3 位置，机械手右移停止。

b. 夹紧、松开运动部分。机械手下降到左工作台后，电磁换向阀 3 的电磁线圈 CY3-1 通电，压缩空气经电磁换向阀 3 和节流阀 6 进入夹紧气缸 9 下缸体，机械手夹紧物体，当机械手按控制要求运动到右工作台后，电磁换向阀 3 的电磁线圈 CY3-1 断电，压缩空气

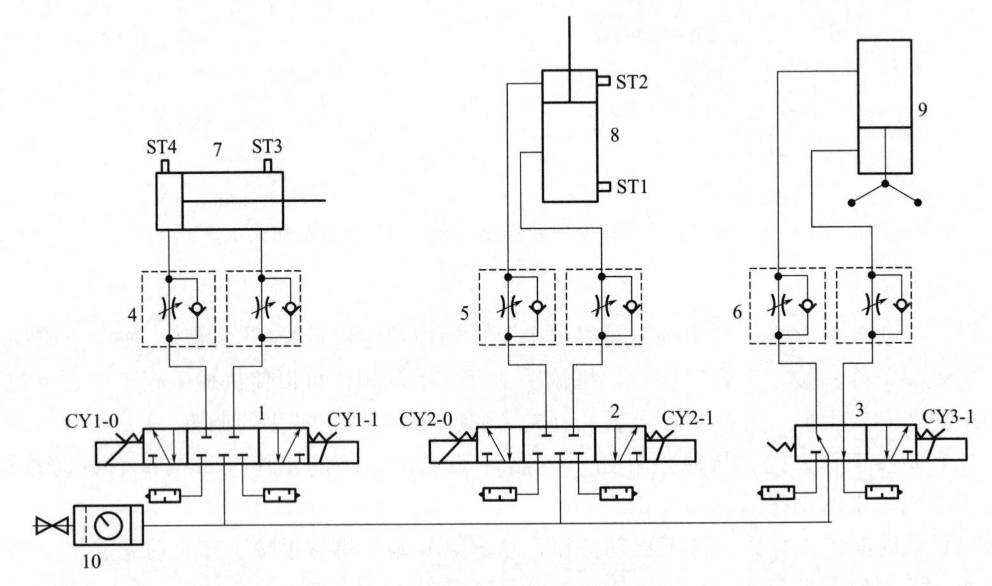

图 7-15 气动系统工作原理

1，2—三位五通电磁换向阀；3—二位五通电磁换向阀；4～6—单向节流阀；7—水平气缸；8—垂直气缸；9—夹紧气缸；10—气源调节装置与截止阀

进入夹紧气缸 9 上缸体，机械手松开物体。

(2) 实例实现

① PLC 的选型。机械手的工作状态和操作的信息需要 18 个输入端子：位置检测信号有下限位、上限位、右限位、左限位共 4 个行程开关，需要 4 个输入端子；无工件检测信号采用光电开关作为检测元件，需要 1 个输入端子；工作方式选择开关有手动、单步、单周期和连续 4 种工作方式，需要 4 个输入端子；手动操作时，需要有下降、上升、右移、左移、夹紧、放松、回原点 7 个按钮，需要 7 个输入端子；自动工作时，尚需启动按钮、停止按钮，需占 2 个输入端子。

控制机械手的输出信号需要 6 个输出端子：机械手的下降、上升、右移、左移和夹紧、一个电磁线圈，需要 5 个输出端子；机械手从原点开始工作，需要有 1 个原点指示灯，需用 1 个输出端子。

根据控制要求及端子数，此处选用 FX2N-48MR 继电器型 PLC。FX2N-48MR PLC 有 24 个输入点和 24 个输出点，满足控制所需端子数。其接线如图 7-16 所示。

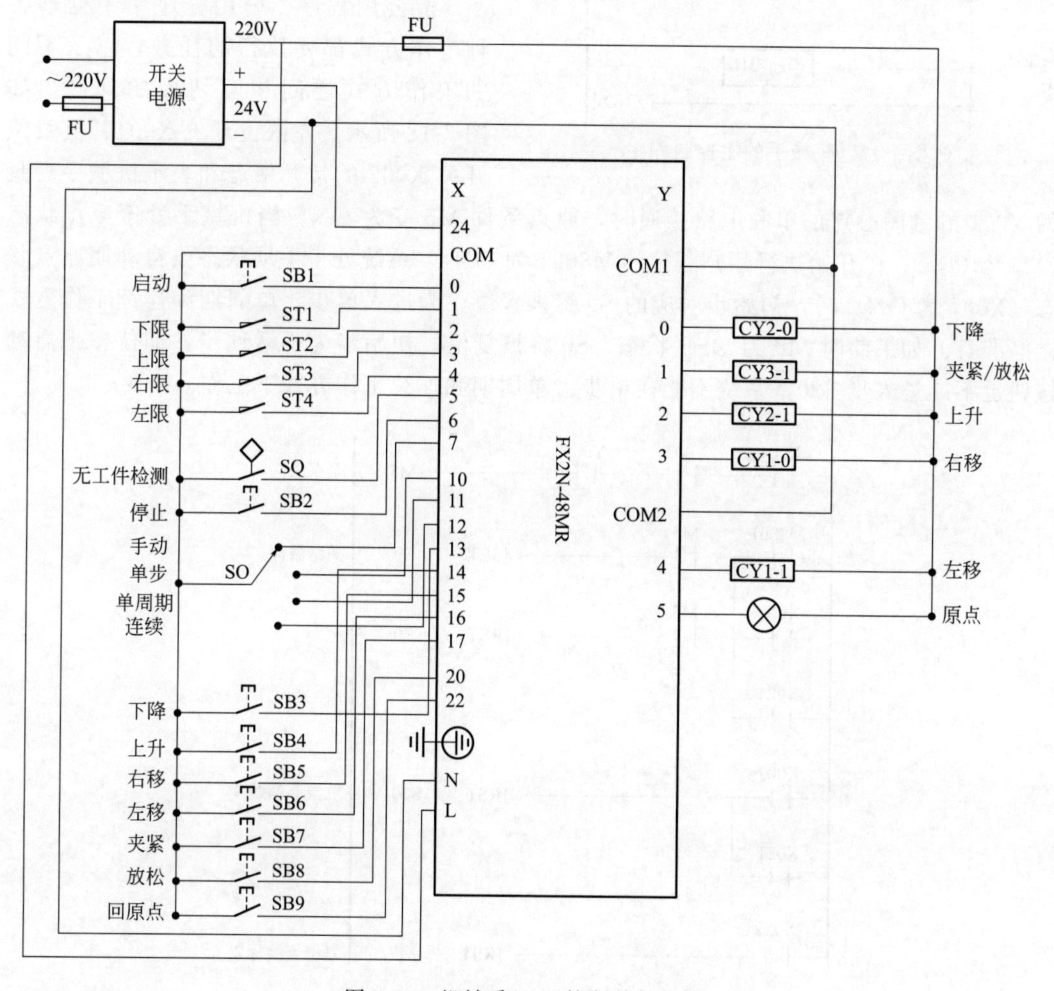

图 7-16 机械手 PLC 控制外部接线

② 控制程序设计。机械手控制程序较复杂，运用模块化设计思想，采用“化整为零”的方法，将机械手控制程序分为公用程序、手动程序和自动程序，分别编出这些程序段后，再“积零为整”，用条件跳转指令进行选择。该控制程序运行效率高，可读性好。机械手的主控制程序如图 7-17 所示。系统运行时首先执行公用程序，而后当选择手动工作方式（手动，单步）时，X007 或 X010 接通并跳至手动程序执行；当选择自动工作方式（单周期、连续）时，X007、X010 断开，而 X011 或 X012 接通跳至自动程序执行。工作方式选择转换开关采取机械互锁保护，因而此程序中手动程序和自动程序可以采用互锁保护，也可以不采用互锁保护。

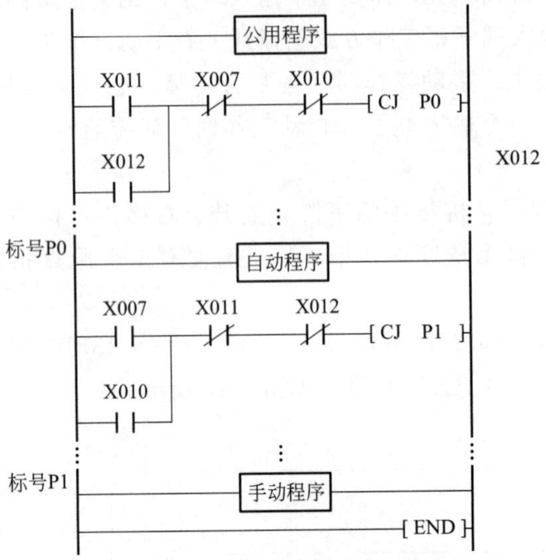

图 7-17　机械手的主控制程序

a. 公用程序。公用程序用于处理各种工作方式都要执行的任务，以及不同的工作方式之间相互切换的问题，如图 7-18 所示。左限位开关 X004、上限位开关 X002 的常开触点和表示机械手夹紧的 Y001 的常闭触点的串联电路接通时，原点条件 M5 变为 ON。当机械手处于原点状态（M5 为 ON），在开始执行用户程序（M8001 为 ON）、系统处于手动状态或自动回原点状态（X007 为 ON）时，初始步对应的 S0 将被置位，为进入单步、单周期和连续工作方式做好准备。如果此时 M5 为 OFF 状态，S0 将被复位，初始步为不活动步，即使按下启动按钮也不能进入步 S20，系统不能在单步、单周期和连续工作方式下工作。

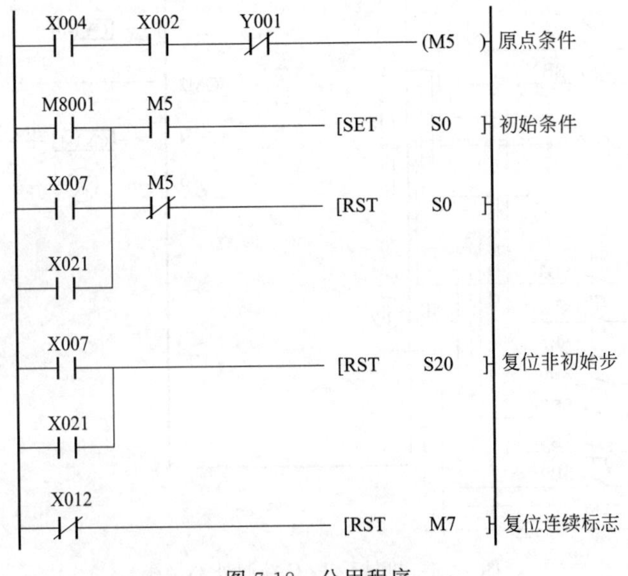

图 7-18　公用程序

b. 手动程序。手动程序包括点动控制和单步控制两部分，手动操作不需要按工序顺序动作，按普通继电器程序来设计。手动操作的梯形图如图 7-19 所示。X007、X013～X017、X020、X022 分别控制手动下降、上升、右移、左移、夹紧、放松和回原点各个动作。为了保证系统的安全运行设置了一些必要的联锁。其中，在左、右移动的梯形图中加入了 X002 作为上限联锁，因为机械手只有处于上限位置时，才允许左右移动。由于夹紧、放松、动作是用二位五通电磁换向阀的 CY3-1 电磁线圈控制的，因此在梯形图中用“置位”“复位”指令，使之有保持功能。

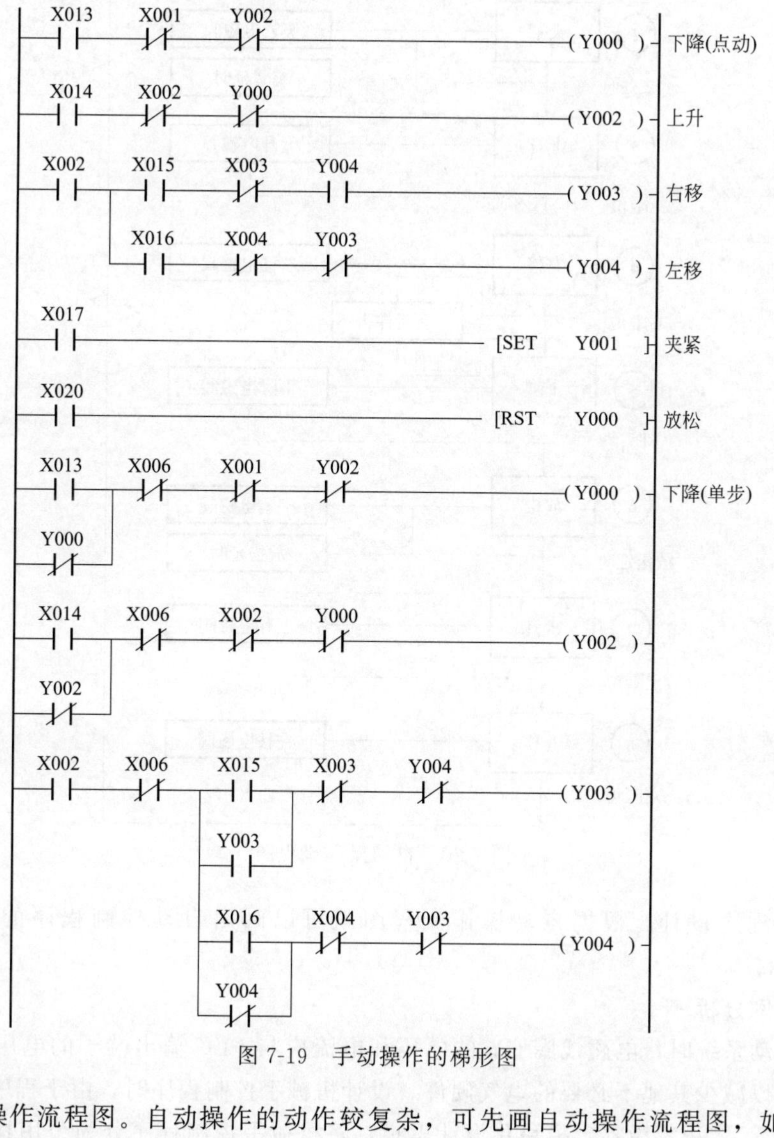

图 7-19　手动操作的梯形图

c. 自动操作流程图。自动操作的动作较复杂，可先画自动操作流程图，如图 7-20 所示，用以表明动作的顺序和转换条件，然后根据所采用的控制方法设计程序。矩形框表示“工步”，相邻两工步用有向线段连接，表明转换的方向。小横线表示转换的条件。若转换条件得到满足，则程序从上一工步转到下一工步。

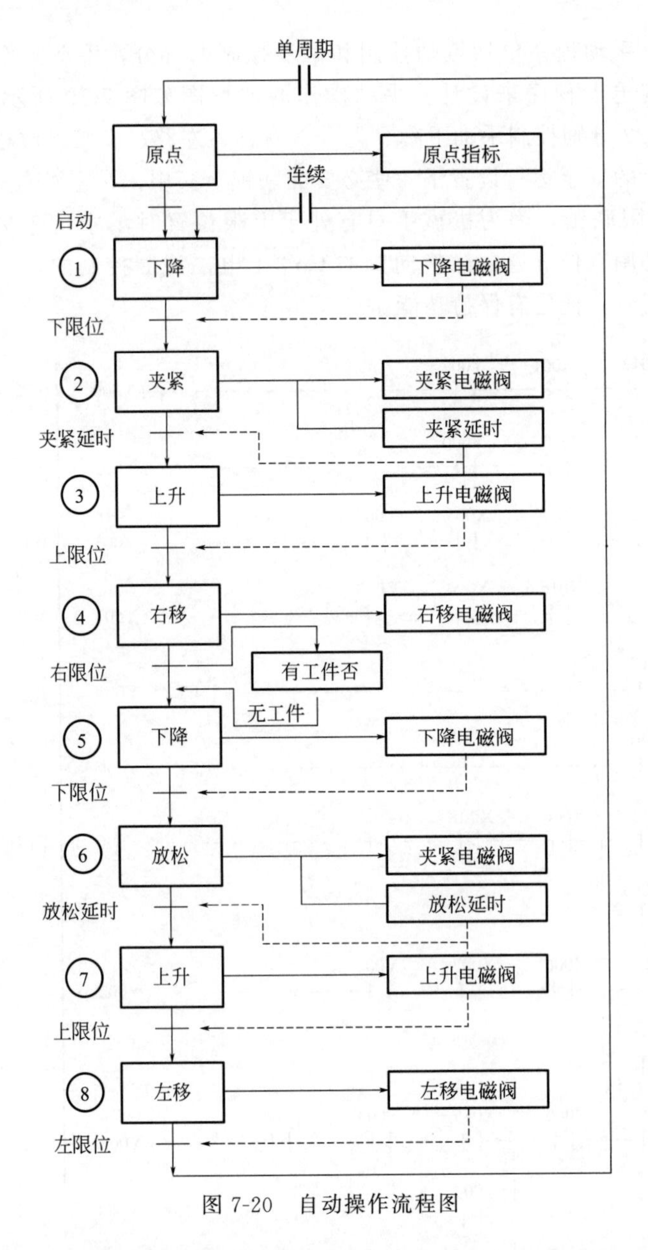

图 7-20　自动操作流程图

d. 自动程序设计。根据自动操作流程图就可以画出自动控制程序的梯形图，如图 7-21 所示。

（3）实例分析

设计气动系统时，电磁线圈 CY 的电压和电流应与 PLC 输出端子的电压和电流相一致，这样可以减少其他不必要的电气硬件。设计机械手控制程序时，由于程序较复杂，采用“化整为零”“积零为整”模块化设计思想，将机械手控制程序分为公用程序、手动程序和自动程序三大模块，各程序模块用经验设计法或顺序功能图设计法设计。设计程序时可以混合使用各种设计方法，只要能达到控制程序可读性好、运行效率高的目的就行。该机械手具有性能稳定可靠、控制回路简单适用、操作使用方便的特点。

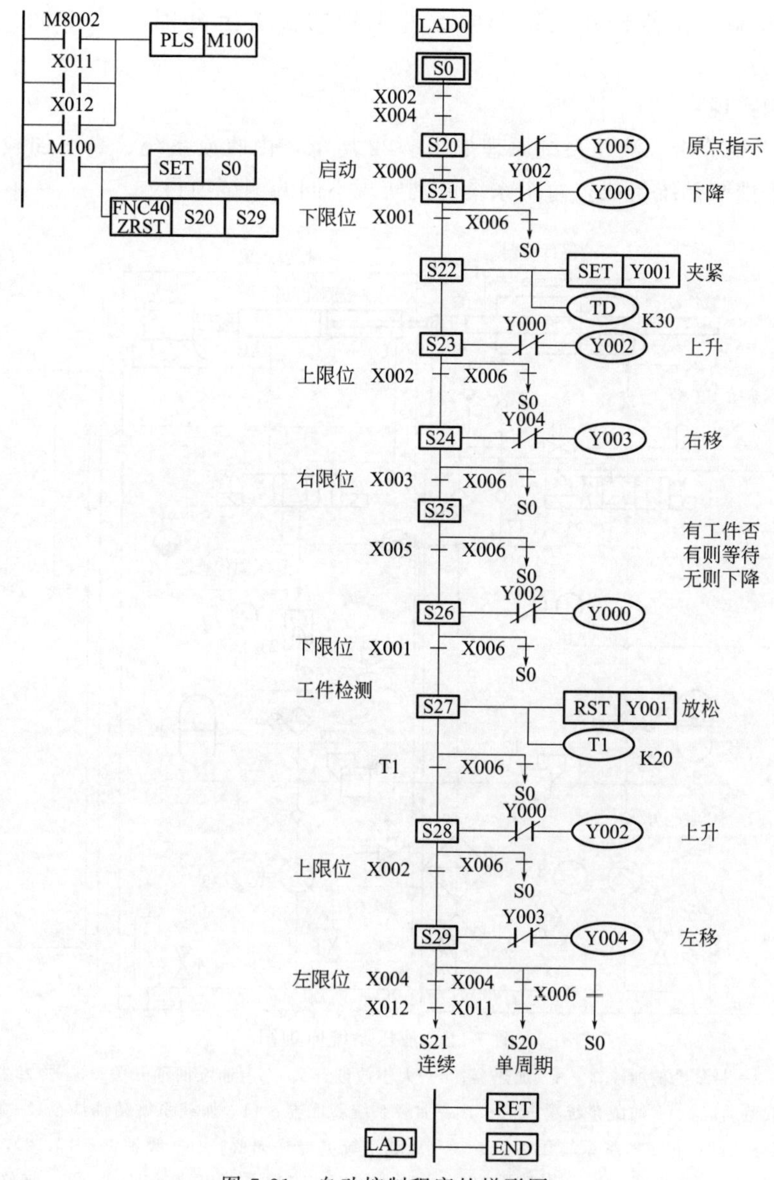

图 7-21　自动控制程序的梯形图

7.5　某直升机起落架撑杆作动筒检测系统控制

（1）实例说明

某直升机起落架撑杆作动筒检测系统是用于检测直升机起落架撑杆作动筒的各性能指标的液压检测系统。检测系统需要完成：①作动筒的密封性实验，供油压力为 0.4～14MPa，流量为 2～10L/min；②开锁上锁实验，校验作动筒在伸长、收起位置的开锁上锁压力和微动开关的状况；③往复运动实验，模拟作动筒实际工作中的状态，在外部反向 2000N 的加载力作用下完成 25 个正常压力往复运动，加载力误差不超过±0.1%；④上锁位置的强度校验，在伸长并上锁和收起并上锁的位置上分别承受 40000N 的压力和 50000N 的拉力。

(2) 实例实现

① 液压系统分析。液压系统原理如图 7-22 所示，由收放系统、高压加载系统、往复加载系统和手摇泵系统组成，每个系统分别实现不同的测试项目。

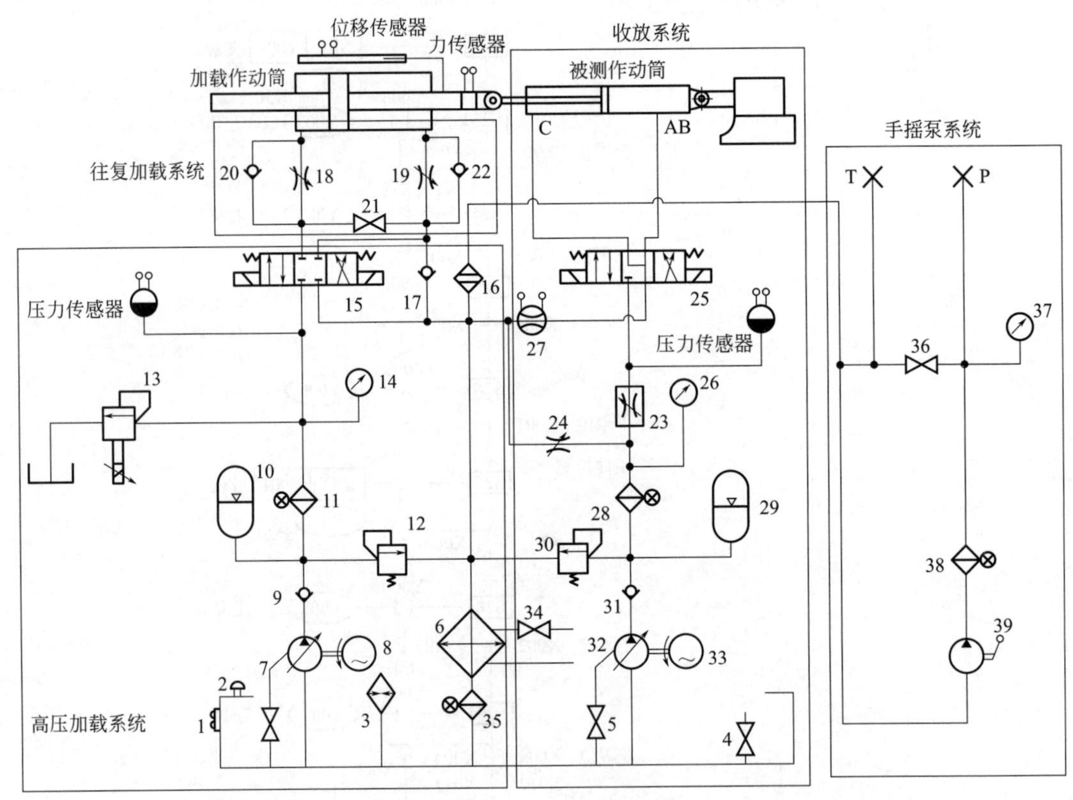

图 7-22 液压系统原理图

1—液位显示；2—带气孔的加油口；3—加热器；4—大小放油开关；5—油泵回油开关；6—冷却器；7—加载液压泵；8—加载电动机；9—加载系统单向阀；10—加载系统蓄能器；11—加载系统精油滤；12—加载系统溢流阀；13—比例溢流阀；14—加载系统压力表；15—加载系统电磁换向阀；16—吸油滤；17，20，22—单向阀；18,19—节流阀；21—截止阀；23—调速阀；24—调压阀；25—收放系统电磁换向阀；26—收放系统压力表；27—流量传感器；28—收放系统精油滤；29—收放系统蓄能器；30—收放系统溢流阀；31—收放系统单向阀；32—收放系统油泵；33—收放系统油泵电动机；34—冷却器开关；35—回油滤；36—手摇系统卸荷开关；37—手摇系统压力表；38—手摇系统精油滤；39—手摇泵

收放系统用于给被测作动筒充放油，并完成作动筒的密封试验。收放系统的压力通过调压阀 24 调节系统压力，螺旋开关的通径为 10mm，可以保证最低压力为 0.3MPa；调速阀 23 是进行流量调整的，用以控制作动筒运动的速度；两个油嘴 C 和 AB 是用来连接被测作动筒的。高压加载系统是给被测作动筒施加 40000N 和 50000N 的加载力的，用来考验作动筒在两个位置上锁的强度。为了获得一个稳定的加载力，采用比例溢流阀 13 来调节系统加载力，加载力可以通过力传感器测量和显示。

往复加载系统是设计的重点部分，当被测作动筒在收放系统的作用下做往复运动时，加载油缸的活塞杆也随之往复运动，此时加载系统电磁换向阀 15 处于中位，两腔的液压力通过节流阀左右互流，两侧的 2000N 作用力由节流阀 18 和 19 形成的背压来保证。单向阀 20 和 22 用来控制油液流向。往复加载系统与高压加载系统用截止阀 21 来切换回路。通过调节节流阀 18 和 19 的开口度可以调节左、右方向的 2000N 的力，试调后可锁定。单向阀 22 的作用是考虑往复运动中油液损失及时给回路补油。手摇泵系统进行被测作动筒的开锁和上锁实验，油嘴 T 和 P 连接被测作动筒。

② 测试系统控制。系统设计中存在两个难点：加载力的跨距大，加载力分别是 2000N、40000N 和 50000N，范围 K_{max}（F_{max}/F_{min}）达到 25；加载精度高，在往复运动中，加载力左右平均且误差不超过±0.1%，即±20N。因此，控制系统采用交流控制和直流控制两种控制方式，保证系统使用要求。交流控制部分主要用于电动机的启/停，为液压系统提供较大压力的压力油，保证大跨距加载力。直流控制部分采用 24V 直流电，完成测试控制，保证高的加载精度。整个控制系统具有误操作保护和过载安全保护功能。

a. 交流控制部分。电动机和加热器采用 220V 交流电源驱动，电动机和加热器的电气控制部分采用继电器实现。电动机和加热器启/停及显示控制均由 PLC 控制。

（a）PLC 的选择和 I/O 地址分配。交流控制部分主要有收放电动机启/停、加载电动机启/停和加热器启/停控制按钮，即输入端子有 6 个；输出端子有 8 个，输出点有收放电动机、加载电动机和加热器的继电器控制端子，还有它们的按钮指示灯等。因此，选用三菱 FX2N-16MR，它共有 6 个输入端子和 8 个输出端子，属继电器输出型，其 I/O 地址分配如表 7-5 所示。

表 7-5　I/O 地址分配

输入(6 个端子)			输出(8 个端子)		
说明	器件名称	地址号	说明	器件名称	地址号
收放电动机启动按钮	SB1	X0	收放电动机继电器	KM1	Y0
收放电动机停止按钮	SB2	X1	加载电动机继电器	KM2	Y1
加载电动机启动按钮	SB3	X2	加热器继电器	KM3	Y2
加载电动机停止按钮	SB4	X3	收放电动机启动按钮指示灯	LED1	Y7
加热器启动按钮	SB5	X4	收放电动机停止按钮指示灯	LED2	Y6
加热器停止按钮	SB6	X5	加载电动机启动按钮指示灯	LED3	Y5
			加载电动机停止按钮指示灯	LED4	Y4
			加热器启动按钮指示灯	LED0	Y3

（b）PLC 与现场器件的安装接线。画出安装接线图是必要的，因为安装接线图有利于整个控制系统的安装接线，便于检修和维护。安装接线图还有利于理清各种逻辑关系，便于设计梯形图程序。该部分安装接线图如图 7-23 所示，按钮指示灯为 LED 型，需要分别串接一个 2kΩ 的限流电阻。

（c）梯形图程序。根据工艺流程，结合 I/O 地址分配表和安装接线图设计梯形图程序，如图 7-24 所示。

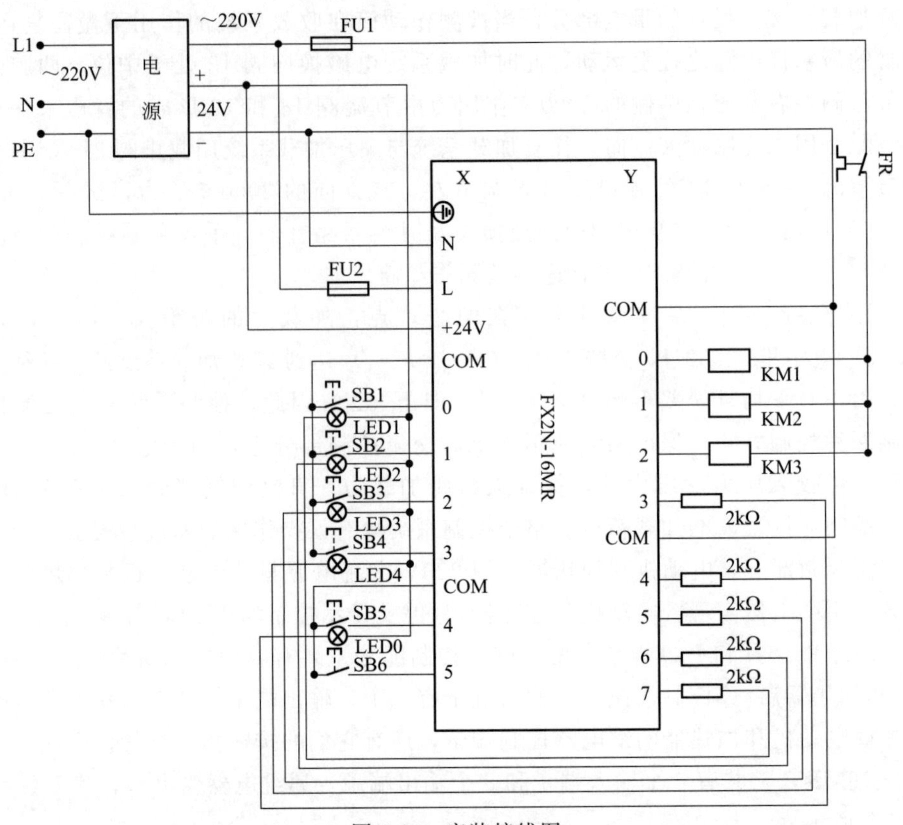

图 7-23　安装接线图

b. 直流控制部分。直流控制部分采用 24V 直流电，主要通过对开关、按钮、传感器、指示灯和电磁阀等信号控制，实现各种液压动作（如收起、放下、加压、加拉）及不同测试间的互锁与自锁。

(a) PLC 的选择与 I/O 地址分配。根据液压系统原理及直流部分控制要求，需要 19 个输入端子和 20 个输出端子，I/O 地址分配如表 7-6 所示。因此，选用 FX2N-48MT，它有 24 个输入端子和 24 个输出端子，采用直流晶体管输出型。

表 7-6　I/O 地址分配表

输入(19 个端子)			输出(20 个端子)		
说明	器件名称	地址号	说明	器件名称	地址号
收起动作按钮	SB1	X1	收起动作电磁阀	KM1	Y20
收起停止按钮	SB2	X2	放下动作电磁阀	KM2	Y21
放下动作按钮	SB3	X3	加压动作电磁阀	KM3	Y22
静态选择按钮	SB4	X4	加拉动作电磁阀	KM4	Y23
静动中立按钮	SB5	X5	下位开锁指示灯	L1	Y0
动态选择按钮	SB6	X6	下位上锁指示灯	L2	Y1
压力按钮	SB7	X7	上位开锁指示灯	L3	Y2

续表

输入(19个端子)			输出(20个端子)		
说明	器件名称	地址号	说明	器件名称	地址号
压拉停止按钮	SB8	X10	上位上锁指示灯	L4	Y3
拉力按钮	SB9	X11	油滤1报警指示灯	L5	Y4
计数器复位按钮	SB11	X0	油滤2报警指示灯	L6	Y5
往复启动按钮	SB10	X13	油滤3报警指示灯	L7	Y6
往复急停按钮	SB12	X12	油滤4报警指示灯	L8	Y7
压差传感器1触点	YL11	X14	收起按钮指示灯	L9	Y11
压差传感器2触点	YL12	X15	放下按钮指示灯	L10	Y12
压差传感器3触点	YL13	X16	静态选择按钮指示灯	L11	Y13
压差传感器4触点	YL14	X17	动态选择按钮指示灯	L12	Y14
压力传感器触点	YL15	X20	压力工作指示灯	L13	Y15
上位微动开关	ST1	X21	拉力工作指示灯	L14	Y16
下位微动开关	ST2	X22	往复工作指示灯	L15	Y17
			计数器按钮请求复位信号灯	L16	Y10

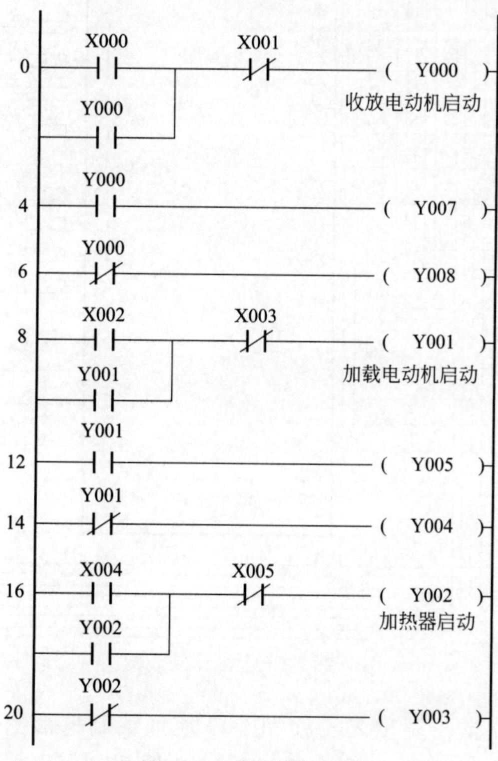

图 7-24 梯形图程序

(b) 安装接线图。根据 I/O 地址分配表可以画出 PLC 安装接线图，如图 7-25 所示。各指示灯均采用 LED 灯，需要分别串接一个 2kΩ 的限流电阻 R。

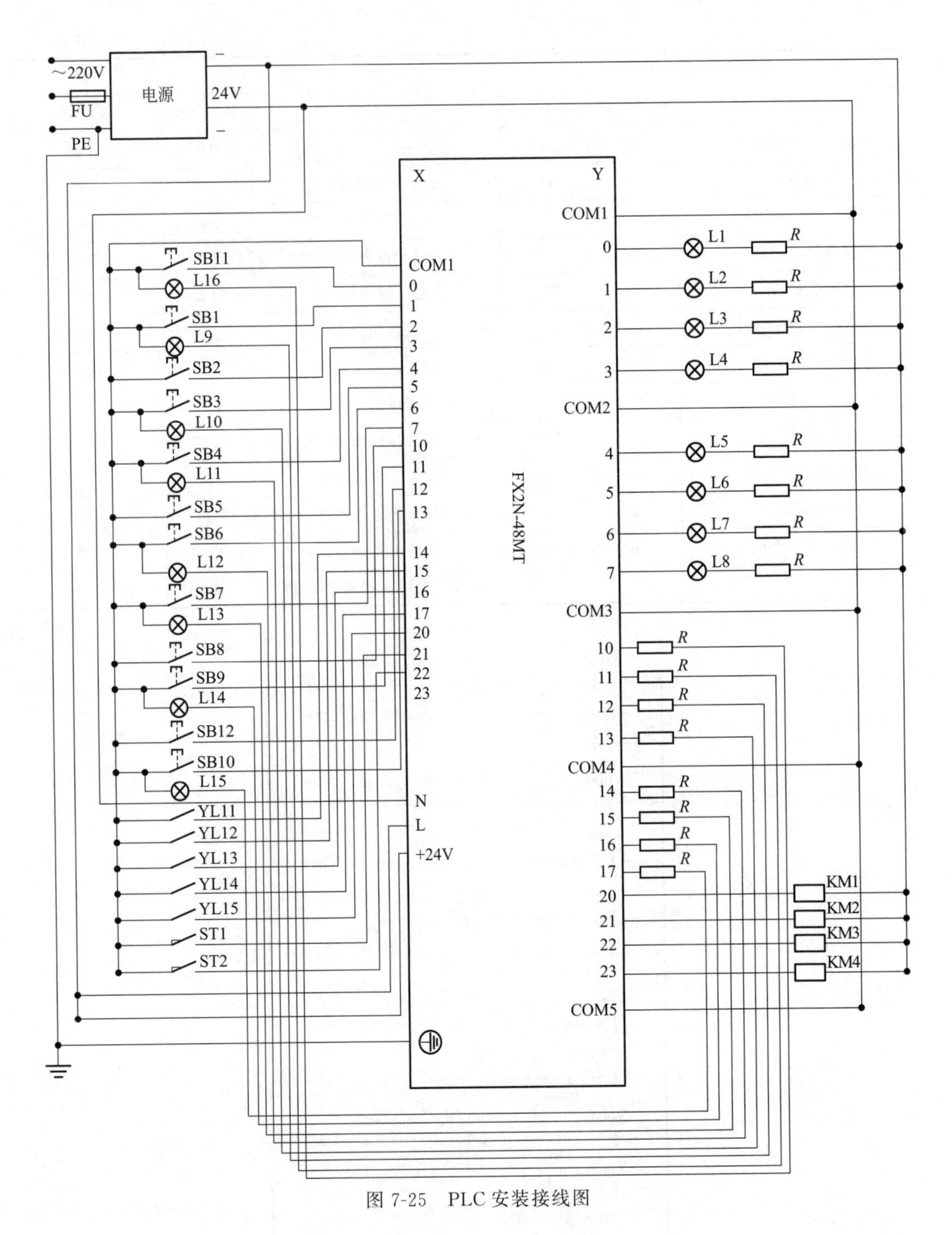

图 7-25　PLC 安装接线图

（c）程序流程图。根据控制工艺流程和 I/O 地址编制梯形图程序。该梯形图程序主要使用基本指令实现，由于逻辑关系比较复杂，因此采用“化整为零”，再“积零为整”的设计思路。设计程序时使用了很多内部继电器 M、定时器 T、计数器 C，关于内部继电器、定时器、计数器的功能说明如表 7-7 所示，梯形图程序如图 7-26 所示。

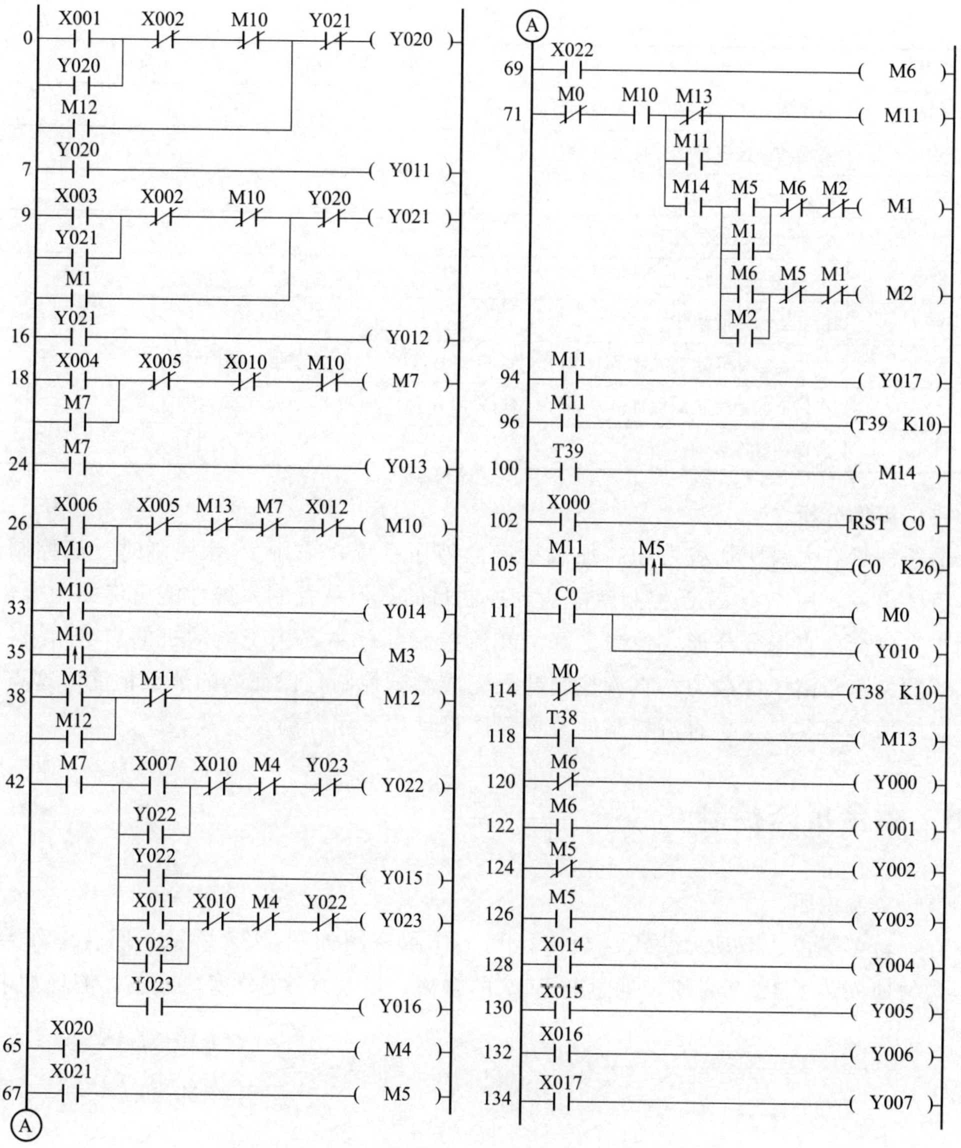

0 X001 X002 M10 Y021 (Y020)
Y020
M12
7 Y020 (Y011)
9 X003 X002 M10 Y020 (Y021)
Y021
M1
16 Y021 (Y012)
18 X004 X005 X010 M10 (M7)
M7
24 M7 (Y013)
26 X006 X005 M13 M7 X012 (M10)
M10
33 M10 (Y014)
35 M10 (M3)
38 M3 M11 (M12)
M12
42 M7 X007 X010 M4 Y023 (Y022)
Y022
Y022 (Y015)
X011 X010 M4 Y022 (Y023)
Y023
Y023 (Y016)
65 X020 (M4)
67 X021 (M5)
A

A
69 X022 (M6)
71 M0 M10 M13 (M11)
M11
M14 M5 M6 M2 (M1)
M1
M6 M5 M1 (M2)
M2
94 M11 (Y017)
96 M11 (T39 K10)
100 T39 (M14)
102 X000 [RST C0]
105 M11 M5 (C0 K26)
111 C0 (M0)
(Y010)
114 M0 (T38 K10)
118 T38 (M13)
120 M6 (Y000)
122 M6 (Y001)
124 M5 (Y002)
126 M5 (Y003)
128 X014 (Y004)
130 X015 (Y005)
132 X016 (Y006)
134 X017 (Y007)

图 7-26　梯形图程序

表 7-7　内部继电器、定时器、计数器的功能说明

名称	功能说明
M0	往复运动计时
M1	实现往复运动中放下动作
M2	实现往复运动中收起动作
M3	使 M12 动作
M4	当压力过大时停止加载,起保护作用
M5	受微动开关控制,实现往复运动中放下动作
M6	受微动开关控制,实现往复运动中收起动作

续表

名称	功能说明
M7	实现静态往复自锁并接通指示灯
M10	实现动态按钮自锁并接通指示灯
M11	为往复运动做准备
M12	保证动态起始位置
M13	使 M10 延时动作
M14	往复运动延时动作
T39	在往复运动开始前先将 M12 断开，再闭合 M1，以免收起、放下电磁阀同时动作
T38	在保证起始位置的前提下，先断开 M1，再闭合 M10 的触点，防止 Y22 产生自锁
C0	实现往复次数的计数

(3) 实例分析

像这种具有大跨距加载力和高加载精度的液压系统，采用 PLC 控制时，从控制硬件成本角度出发，用一个 PLC 控制就能达到控制目的。但从控制系统性能更优的角度出发，采用本实例交、直流分开形式控制更好，交流控制部分主要用于电动机的启/停，保证液压系统的大跨距液压加载力；直流控制部分完成测试控制，保证高的加载精度。这点在工程控制中值得借鉴。交、直流控制部分梯形图设计均采用经验设计法。

7.6 组合机床控制

(1) 实例说明

有一台多工位、双动力头组合机床，其工作示意图如图 7-27 所示，回转工作台 M5 周边均匀地安装了 12 个碰块，通过与 SQ7 的触碰，可实现 30°分度，其工作流程如下：

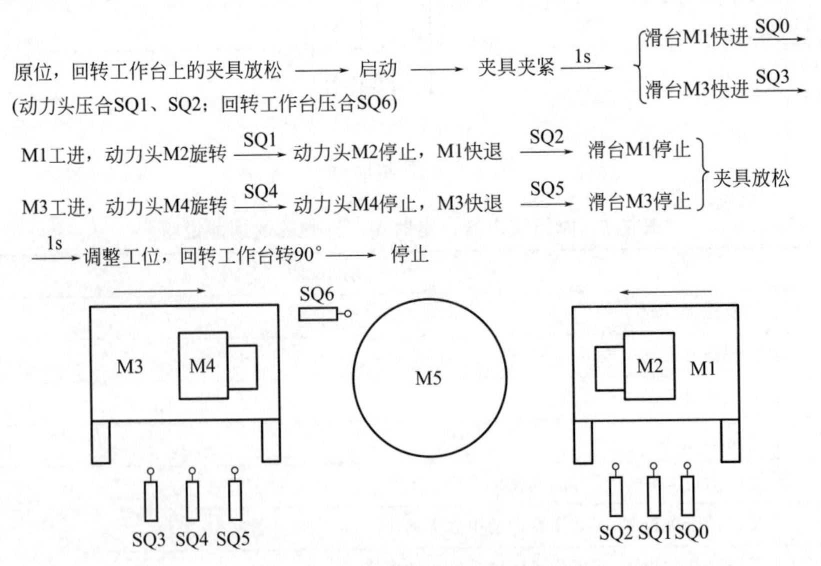

图 7-27　组合机床工作示意图

（2）实例实现

① I/O 分配表与 PLC 接线图。根据组合机床的功能及结构特点可得其 PLC 控制系统 I/O 地址分配，如表 7-8 所示。PLC 接线如图 7-28 所示。

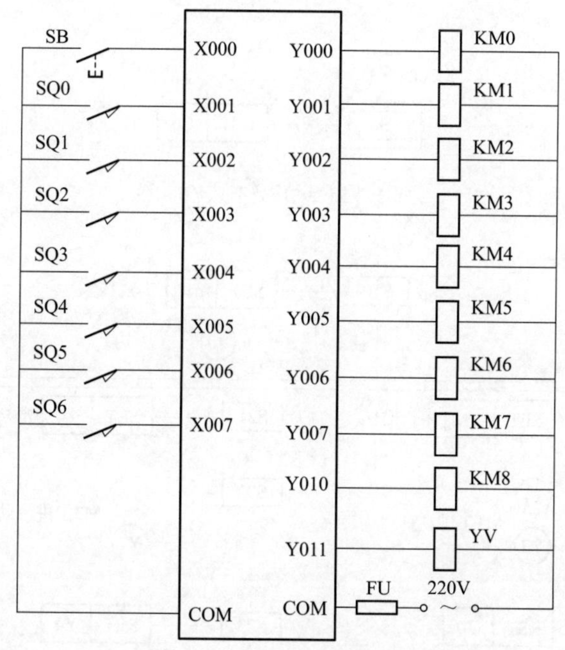

图 7-28　组合机床控制系统 PLC 接线

表 7-8　组合机床控制系统 I/O 地址分配表

输入端子	输入设备	输出端子	输出设备
X000	启动按钮 SB	Y000	M1 快进 KM0
X001	行程开关 SQ0	Y001	M1 工进 KM1
X002	行程开关 SQ1	Y002	M1 快退 KM2
X003	行程开关 SQ2	Y003	M2 旋转 KM3
X004	行程开关 SQ3	Y004	M3 快进 KM4
X005	行程开关 SQ4	Y005	M3 工进 KM5
X006	行程开关 SQ5	Y006	M3 快退 KM6
X007	行程开关 SQ6	Y007	M4 旋转 KM7
		Y010	M5 旋转 KM8
		Y011	夹具电磁阀 YV

② 程序设计。由组合机床的工作流程可以看出，其动作严格按工步（序）来执行，可以按有关步序实例的编程方法进行编程。然而，对于复杂流程的控制要求，如有并行分支且并行分支间又有交叉的情况，再用基本指令来编程就会困难重重，并且编写出来的程序的可读性、可维护性均不好。这时候用顺序功能图进行编程显得轻松快捷，该实例用顺序功能图进行编程，以使读者能很好地掌握顺序功能图编程方法。

首先根据组合机床的工作流程画出顺序功能图，如图 7-29 所示。根据顺序功能图可直接进行 SFC 功能编程。程序分为起始梯形图块，如图 7-30 所示。另一块是 SFC 编程主程序块，如图 7-31 和图 7-32 所示。利用 GX Developer 将 SFC 转换成梯形图，如图 7-33、图 7-34 所示。

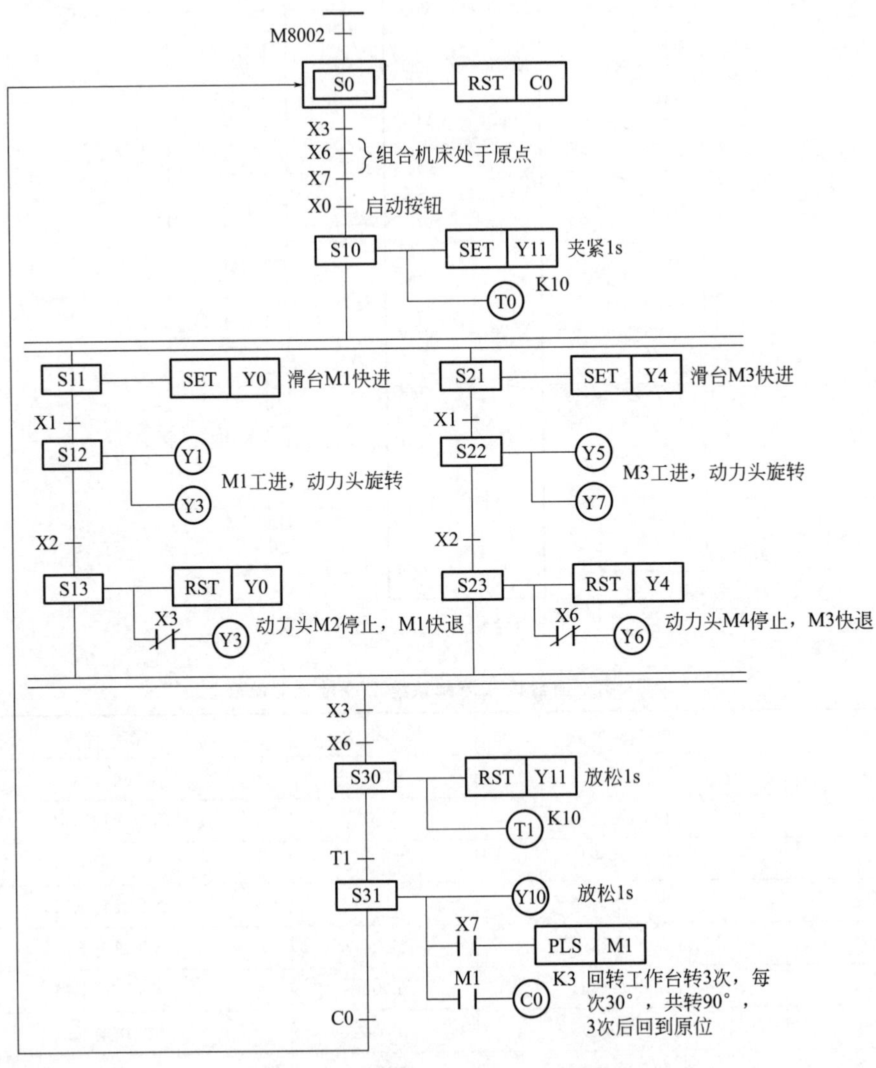

图 7-29　组合机床的顺序功能图

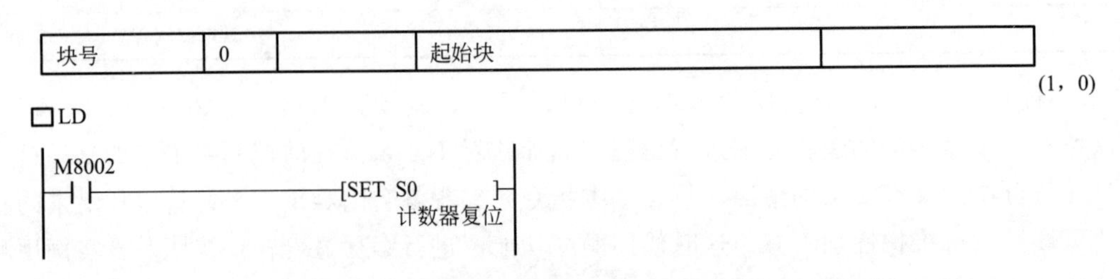

图 7-30　组合机床 PLC 控制系统 SFC 功能编程起始梯形图块

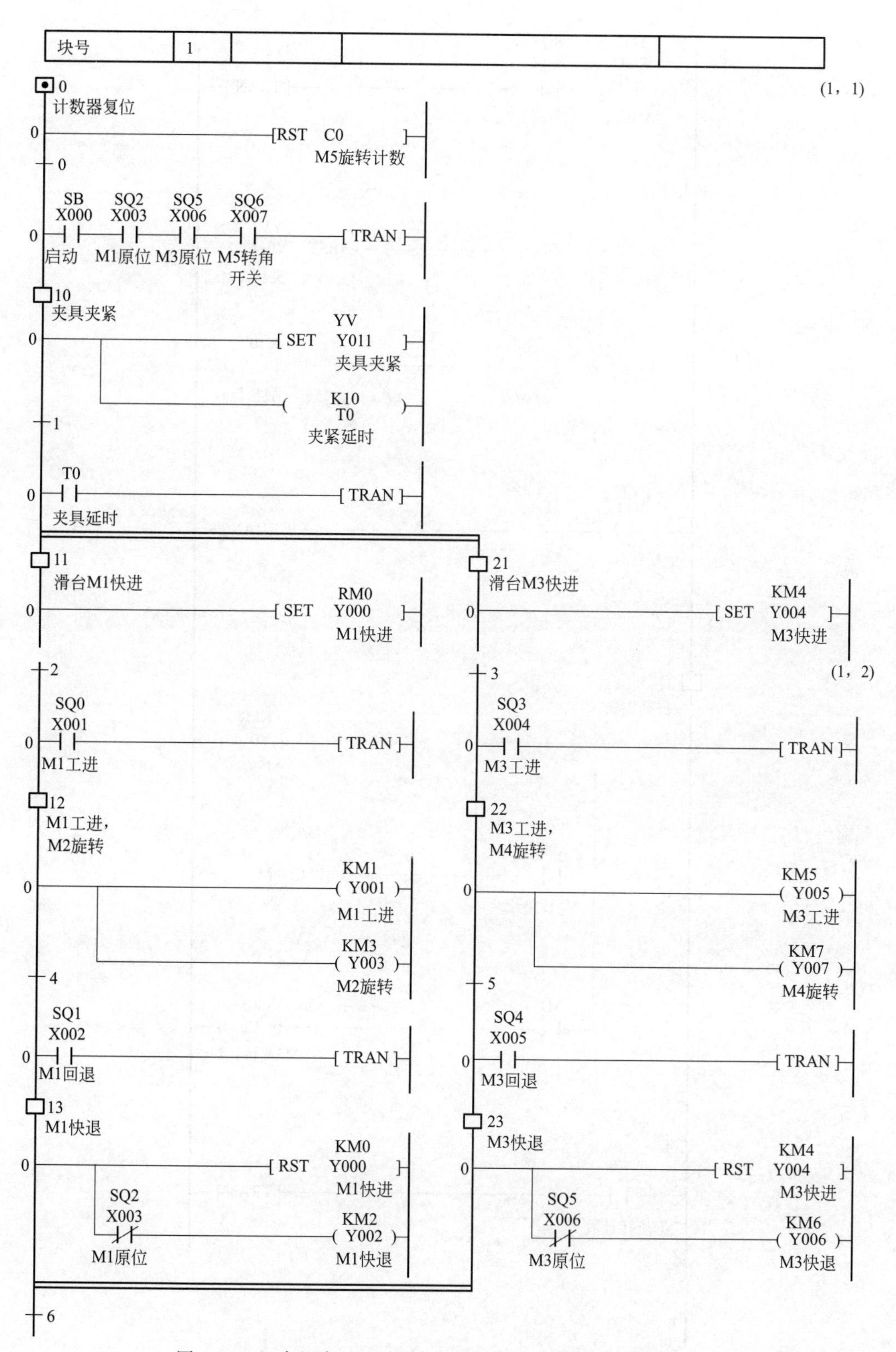

图 7-31 组合机床 PLC 控制系统 SFC 功能编程主程序块（1）

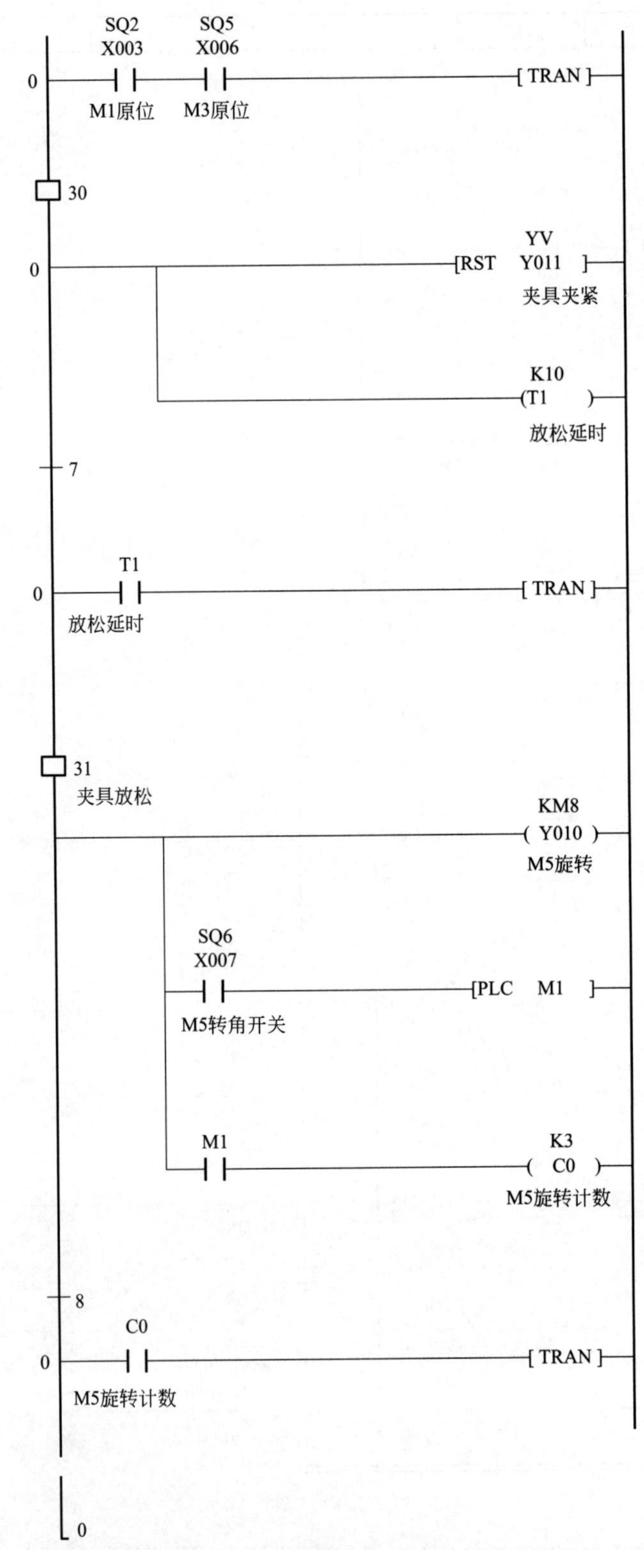

图 7-32　组合机床 PLC 控制系统 SFC 功能编程主程序块（2）

步	触点	指令/输出	注释
0	M8002	[SET S0]	计数器复位
3		[STL S0]	计数器复位
4		[RST C0]	M5旋转计数
6	SB X000 启动；SQ2 X003 M1原位；SQ5 X006 M3原位；SQ6 X007 M5转角开关	[SET S10]	夹具夹紧
12		[STL S10]	夹具夹紧
13		[SET YV Y011]	夹具夹紧
		(T0 K10)	夹具延时
17	T0 夹紧延时	[SET S11]	滑台M1快进
		[SET S21]	滑台M3快进
22		[STL S11]	滑台M1快进
23		[SET KM0 Y000]	M1快进
24	SQ0 X001 M1工进	[SET S12]	M1工进，M2旋转
27		[STL S21]	滑台M3快进
28		[SET KM4 Y004]	M3快进
29	SQ3 X004 M3工进	[SET S22]	M3工进，M4旋转
32		[STL S12]	M1工进，M2旋转
33		(KM1 Y001)	M1工进
		(KM3 Y003)	M2旋转
35	SQ1 X002 M1回退	[SET S13]	M1快退
38		[STL S22]	M3工进，M4旋转
39		(KM5 Y005)	M3工进
		(KM7 Y007)	M4旋转

图 7-33　组合机床 PLC 控制系统梯形图程序（1）

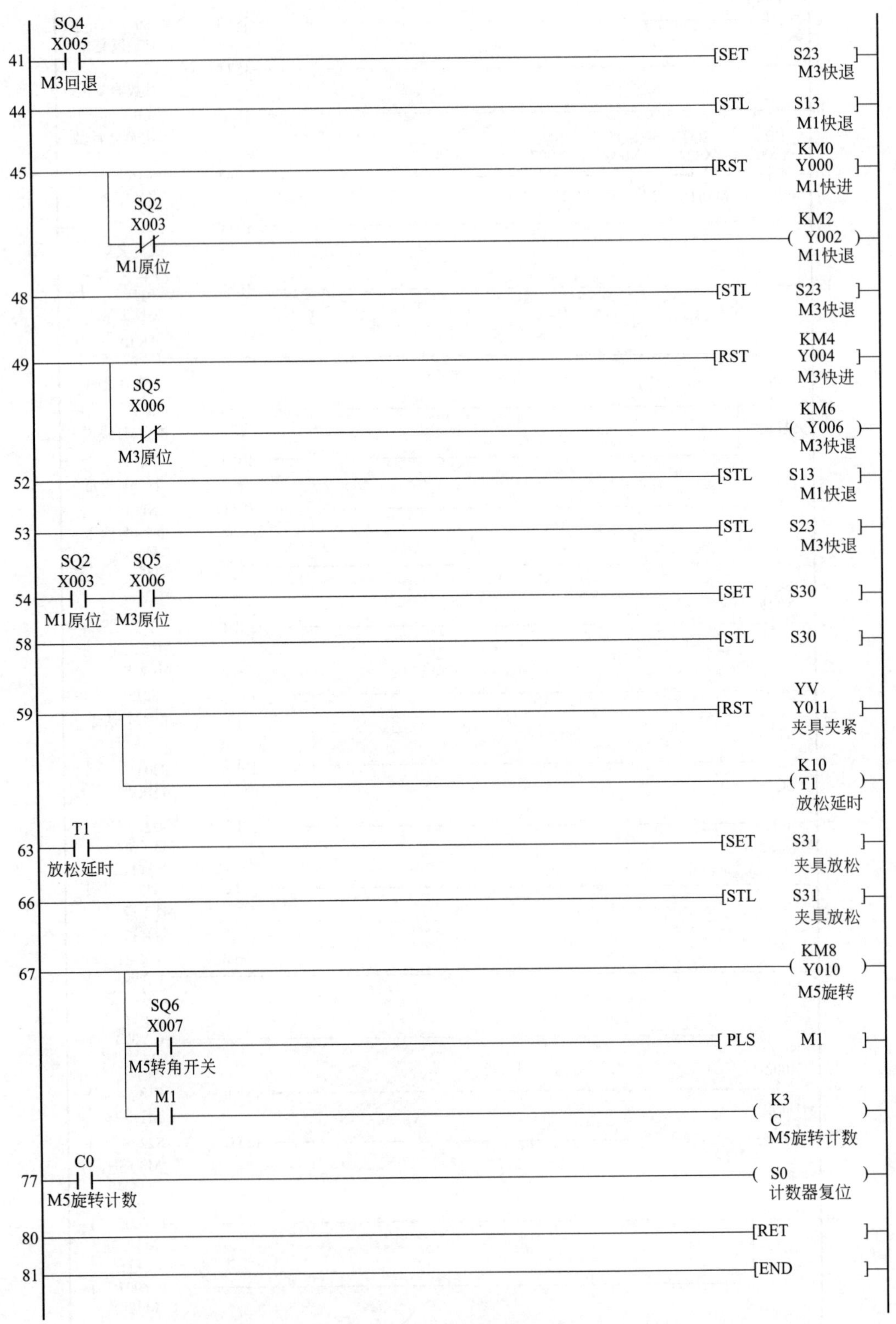

图 7-34　组合机床 PLC 控制系统梯形图程序（2）

（3）实例分析

这是典型的根据组合机床的工作流程画出顺序功能图，根据顺序功能图编出 SFC 功能图，再根据 SFC 功能图直接进行 SFC 功能编程，最后利用 GX Developer 将 SFC 功能程序转换成梯形图的过程。编程时要能熟练使用 GX Developer 软件，由流程编程，提高编程效率。

7.7 PLC 与变频器控制电动机正反转

（1）实例说明

控制系统组成如图 7-35 所示，系统工作时，PLC 通过 A/D 功能模块输入给定值，再把该值与旋转编码器的反馈值进行比较，根据差值按照一定的算法决定给变频器的控制量，然后由变频器控制电动机运行。编码器的脉冲频率把电动机的转速值显示出来。接近开关为电磁感应式接近开关，型号为 TL-N20ME1。给定电位器用于产生一个连续可调的电压值，作为系统的给定信号，即给定的速度或位移值。从图 7-35 中可以看出，PLC 输出控制量给交频器有两种方式：一种是用开关量，另一种是用模拟量，系统工作只能按其中的一种方式运行。本实例 PLC 输出采用模拟量控制形式。

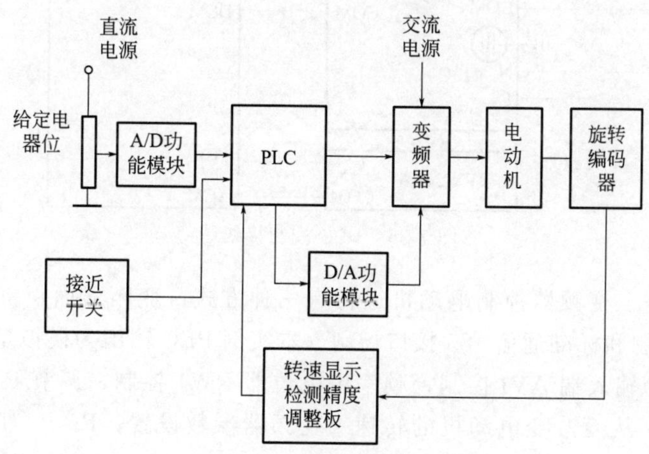

图 7-35　控制系统组成

（2）实例实现

控制系统电路图设计。

a. 控制系统设备选用。根据控制系统的工作原理与要求，本系统采用的可编程控制器型号为 FX0N-24MR，A/D 和 D/A 特殊功能模块为 FX0N-3A，变频器型号是 VFD-022A，电动机是普通三相异步电动机，旋转编码器直接连在电动机的轴上，型号是 E6B2CWZ6C。

b. I/O 点数及地址分配。用于接通或断开 PLC 电源的开关不占输入端子，电动机正转、反转和停止按钮各占 1 个输入端子，共需 3 个输入端子；电动机正转和反转控制需要两个输出端子。PLC 的 I/O 地址分配如表 7-9 所示。

表 7-9　PLC 的 I/O 地址分配表

输入信号			输出信号		
名称	元件号	地址号	名称	元件号	地址号
停止按钮	SB1	X0	电动机正转输出	FWD	Y0
正转按钮	SB2	X1	电动机反转输出	REV	Y1
反转按钮	SB3	X2			

c. 控制系统接线。根据 PLC 的 I/O 对应关系，再结合控制原理画出 PLC 控制接线图，如图 7-36 所示。该图没有画出电动机与测速仪之间的连接。

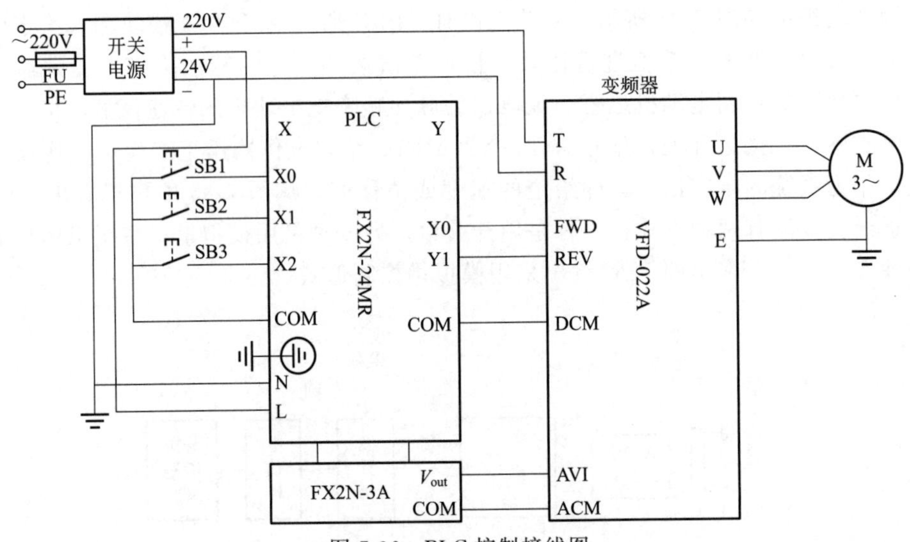

图 7-36　PLC 控制接线图

d. 变频器设置。变频器控制电动机运行有三种方式：变频器面板键盘控制、外部模拟输入端 AVI 控制和标准通信 485 接口控制。本实例 PLC 输出为模拟量控制，变频器运行状态由外部模拟输入端 AVI 控制，频率由电位器 RW1 控制，调节 RW1，可以改变变频器的输入频率，从而改变电动机的转速。变频器参数设置：Pr-01 为 d0002，Pr-00 为 d0001。电动机的运行和停止由外部模拟输入信号控制。

e. 程序设计与说明。电动机 5～20Hz 转速控制的梯形图程序如图 7-37 和图 7-38 所示。程序大体上可以分为三大部分：复位准备，电动机正、反转运行，电动机在 5～20Hz 范围内转速变化控制。程序 0～2 行为电动机复位准备。15～43 行为电动机正、反转运行。其中，15～23 行为电动机正转输出控制；23～31 行为电动机反转输出控制；31～37 行为电动机停止控制；37～43 行为显示转速设定时间 2s。43～143 行为电动机在 5～20Hz 范围内转速变化控制。其中，43～89 行为模拟量输入控制，如果内部继电器接点 M1 接通，则选择 A/D 输入通道 1，接着启动 A/D 功能模块，把通道 1 的当前值取到数据寄存器 D0 中；92～143 行为模拟量输出控制，如果内部继电器接点 M2 接通，则把数据寄存器 D2 的值写入 BFM♯16 准备 D/A 转换，接着启动 D/A 功能模块。模拟量输入与输出控制共同实现电动机在 5～20Hz 范围内转速的变化。

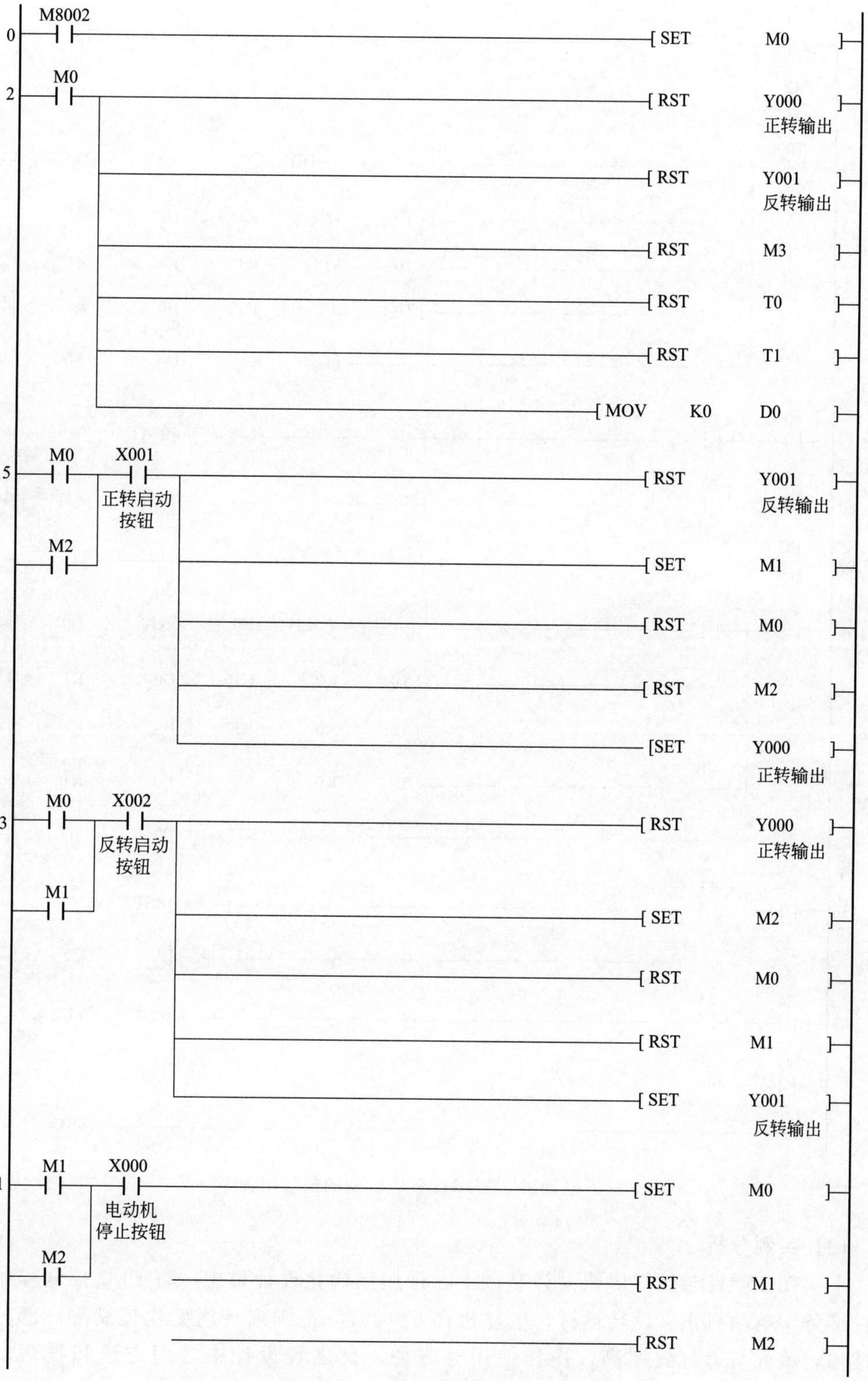

```
0   M8002 ─┤├──────────────────────[ SET   M0 ]

2   M0 ─┤├──┬──────────────────────[ RST   Y000 ]  正转输出
            ├──────────────────────[ RST   Y001 ]  反转输出
            ├──────────────────────[ RST   M3 ]
            ├──────────────────────[ RST   T0 ]
            ├──────────────────────[ RST   T1 ]
            └──────────────────[ MOV  K0   D0 ]

15  M0 ─┤├──┬─ X001 ─┤├──┬─────────[ RST   Y001 ]  反转输出
    M2 ─┤├──┘  正转启动   ├─────────[ SET   M1 ]
               按钮       ├─────────[ RST   M0 ]
                          ├─────────[ RST   M2 ]
                          └─────────[SET    Y000 ]  正转输出

23  M0 ─┤├──┬─ X002 ─┤├──┬─────────[ RST   Y000 ]  正转输出
    M1 ─┤├──┘  反转启动   ├─────────[ SET   M2 ]
               按钮       ├─────────[ RST   M0 ]
                          ├─────────[ RST   M1 ]
                          └─────────[ SET   Y001 ]  反转输出

31  M1 ─┤├──┬─ X000 ─┤├────────────[ SET   M0 ]
    M2 ─┤├──┘  电动机   ┬──────────[ RST   M1 ]
               停止按钮 └──────────[ RST   M2 ]
```

图 7-37　电动机 5～20Hz 转速控制的梯形图程序（1）

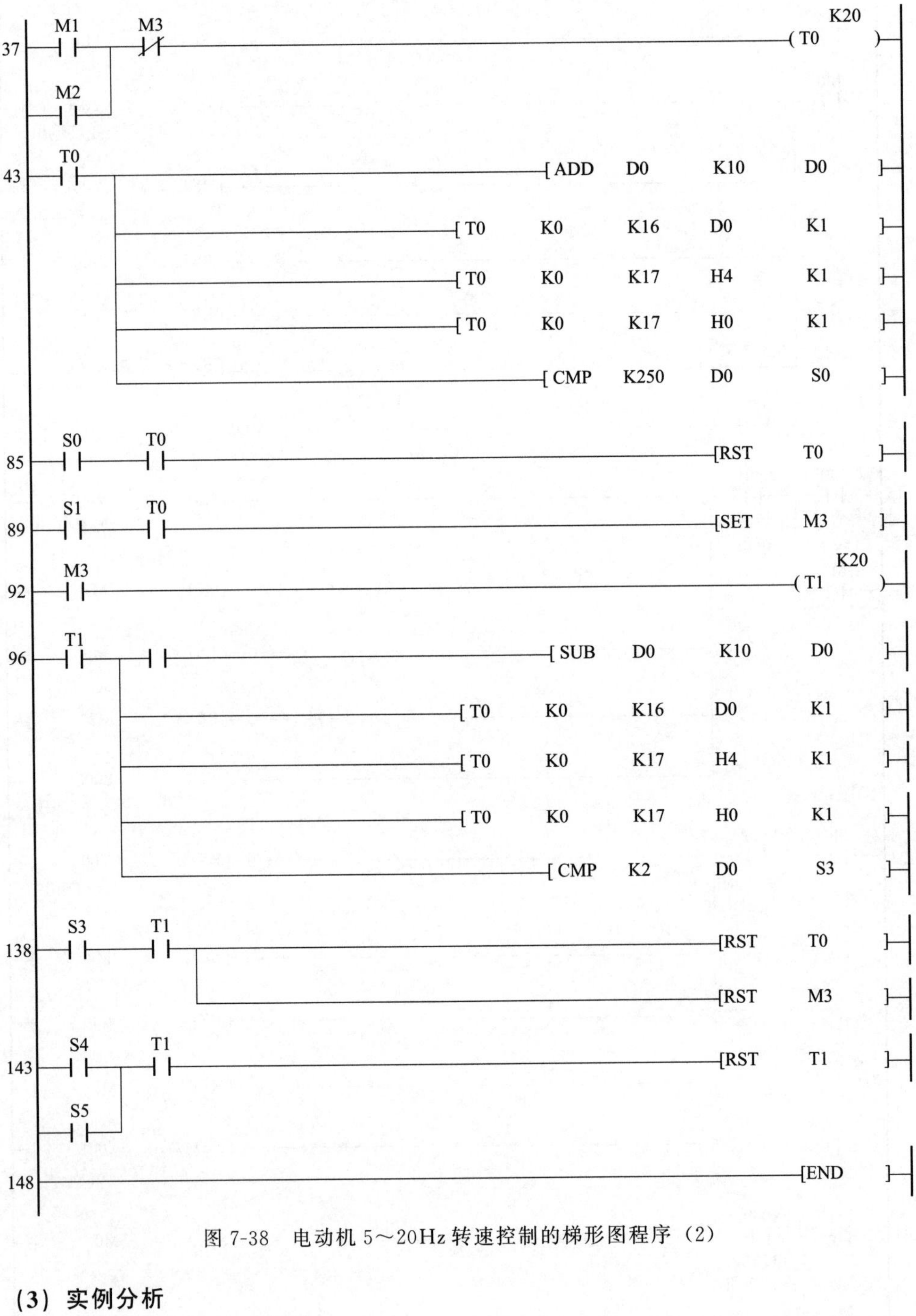

```
37   M1 ──┬── M3(常闭) ─────────────── (T0 K20)
     M2 ──┘

43   T0 ──┬─────────────────── [ADD  D0    K10   D0  ]
          ├─────────────────── [T0   K0    K16   D0   K1]
          ├─────────────────── [T0   K0    K17   H4   K1]
          ├─────────────────── [T0   K0    K17   H0   K1]
          └─────────────────── [CMP  K250  D0    S0  ]

85   S0 ── T0 ──────────────── [RST  T0]

89   S1 ── T0 ──────────────── [SET  M3]

92   M3 ────────────────────── (T1 K20)

96   T1 ──┬── ┤├ ───────────── [SUB  D0    K10   D0  ]
          ├─────────────────── [T0   K0    K16   D0   K1]
          ├─────────────────── [T0   K0    K17   H4   K1]
          ├─────────────────── [T0   K0    K17   H0   K1]
          └─────────────────── [CMP  K2    D0    S3  ]

138  S3 ── T1 ──┬───────────── [RST  T0]
                └───────────── [RST  M3]

143  S4 ──┬── T1 ───────────── [RST  T1]
     S5 ──┘

148 ────────────────────────── [END]
```

图 7-38　电动机 5～20Hz 转速控制的梯形图程序（2）

(3) 实例分析

本实例在硬件与软件协调设计基础上，采用结构化设计思想，将 PLC 控制程序分为复位准备，电动机正、反转运行，电动机在 5～20Hz 范围内转速变化控制等三部分，可读性强，编程与运行效率高，操作使用时方便，是工程设计中常用方法和技巧，值得借鉴。

7.8 大小球分拣传送控制

（1）实例说明

本次设计的大小球分拣传送PLC控制要满足以下控制要求：机械臂起始位置在机械原点，为左限、上限并有显示；由启动按钮和停止按钮控制运行，停止时机械臂必须已回到原点；启动后机械臂动作顺序为下降→吸球→上升（至上限）→右行（至右限）→下降→释放→上升（至上限）→左行返回（至原点）；机械臂右行时有小球右限（X4）和大球右限（X5）之分，下降时，当电磁铁压着大球时下限开关X2断开，压着小球时下限开关X2接通。

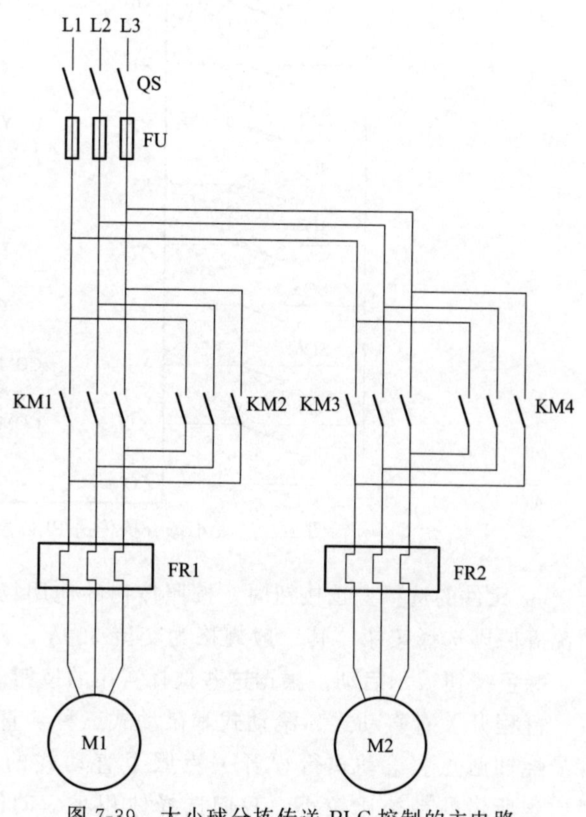

图7-39　大小球分拣传送PLC控制的主电路

（2）实例实现

① 主电路设计。大小球分拣传送实质上是由电动机控制的机械臂完成的，其主电路就是电动机的正反转电路。主电路如图7-39所示。

② I/O地址分配及接线图。按照设计要求，设定输入量与输出量，定义各个量的含义，并对它们进行地址分配。本系统的I/O地址分配如表7-10所示。

表7-10　大小球分拣传送PLC控制的I/O地址分配表

输入		输出	
X0	启动按钮	Y0	原点显示
X1	左限位开关	Y1	下行
X2	下限位开关	Y2	上行
X3	上限位开关	Y3	右行
X4	小球右限位开关	Y4	左行
X5	大球右限位开关	Y5	吸球
X6	接近开关		
X14	停止开关		

根据控制要求，设定好各个量的地址分配之后，将其对应的I/O接线图绘制出来，其I/O接线如图7-40所示。

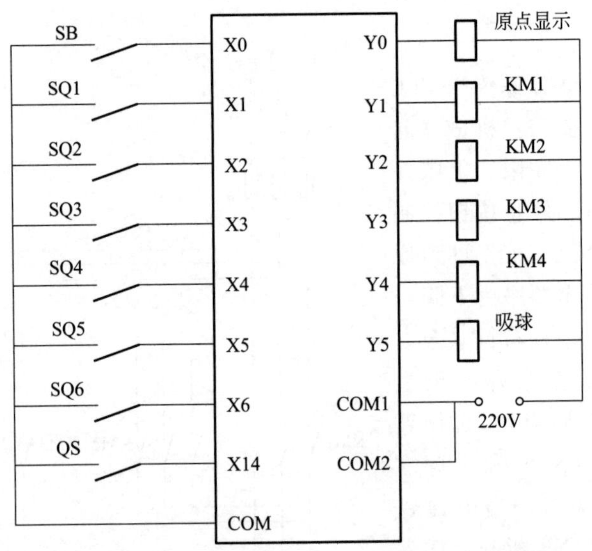

图7-40 大小球分拣传送PLC控制的I/O接线图

③ 元件的选择。选按钮时，按照按钮的使用场合、控制回路要求、工作状态与工作情况等原则选择按钮。其一般规格为交流500V，允许持续电流为5A，红色按钮表示停止，绿色按钮表示启动。根据这些选择实用的按钮。

行程开关有直动式、滚动式和微动式三种。直动式行程开关结构简单，成本低，但容易烧蚀触点。滚动式行程开关克服了直动式的缺点，但其结构复杂，价格也较高。考虑到所做的系统比较小，我们选择体积小、动作灵敏、适用于小型机构的微动式行程开关。

接近开关是对接近它的物体有感知能力的一种位移传感器，利用传感器对接近物体的敏感特性达到控制开关通断的目的。其通常分为霍尔接近开关，超声波接近开关，高频振荡式接近开关。本设计中采用霍尔接近开关X6检测是否有球。

接触器是主要用于远距离频繁接通和分断交直流主回路及大容量用电回路的低压控制电器。根据负载特性、被控电路电流大小、被控电压等级以及控制电压等级等，我们选择交流电磁式接触器CJ12系列，它适用于交流50Hz、额定电压至380V、额定电流至600A的电路。

本设计中电磁阀主要用于对机械臂吸球与放球动作的控制，电磁阀线圈通电后产生的电磁吸力将铁球吸住，线圈断电后，释放铁球。电磁阀常用于机械控制，分为直动式、分布直动式和先导式，从实用性、经济性、可靠性等因素考虑，我们选择直动式电磁阀。

熔断器在电路中主要起短路保护作用，过载或短路时熔体发热而熔断，从而达到保护电路的目的。它具有体积小、便于维护、价格低、分断能力强、限流能力好等优点，有NT、RT、RL、FA4等系列，我们选择额定分断能力为100kA、最大额定电流为400A

的有填封闭管式熔断器 RT15 型作为电路熔断器。

在本设计中，要实现大小球的分拣传送，实现其上下、左右移动，就要用到能实现正反转的交流异步电动机。异步电动机主要用于拖动各种生产机械，结构简单，使用方便，运行可靠，成本低，效率较高。

④ 软件设计。

a. 系统流程图。根据设计要求，对大小球要分类传送的控制要求，画出系统流程图。系统流程图如图 7-41 所示。

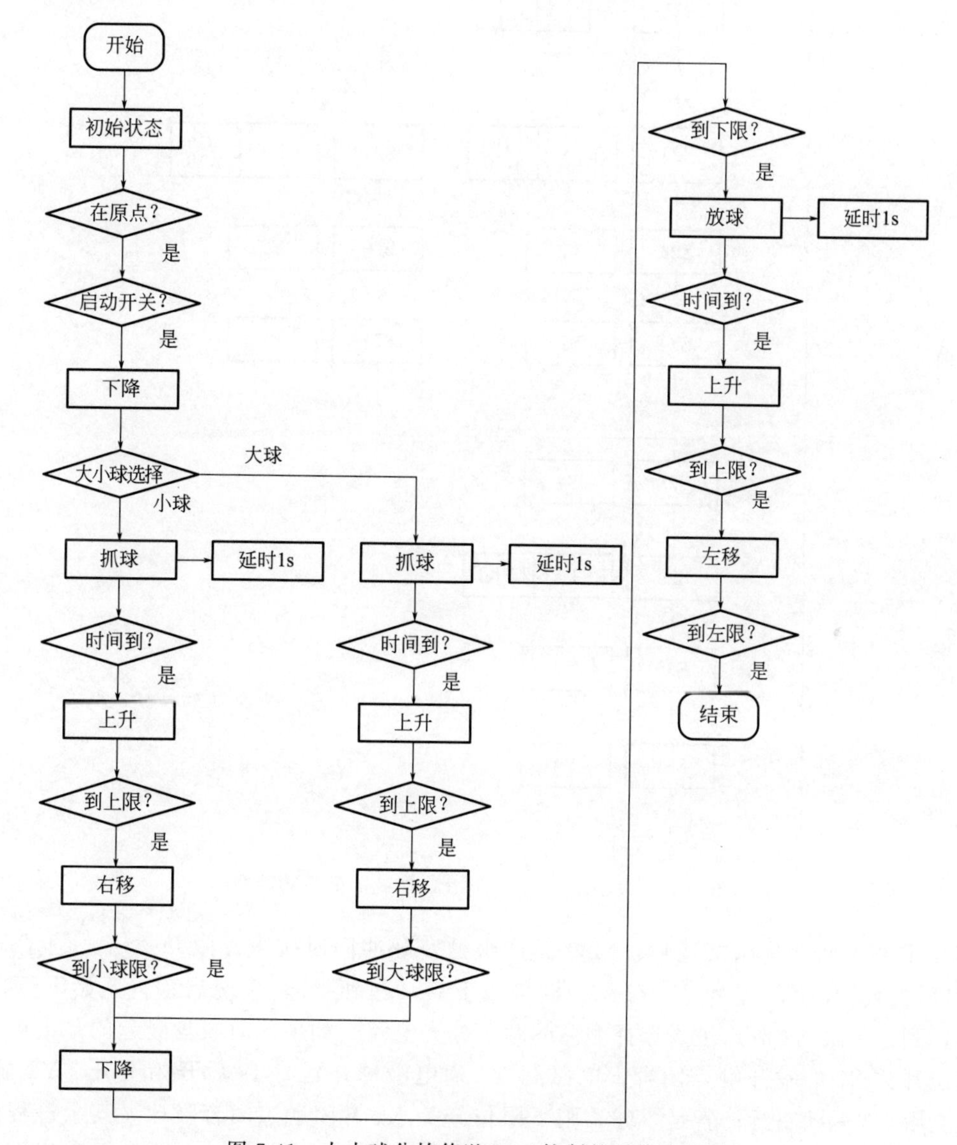

图 7-41　大小球分拣传送 PLC 控制的系统流程图

b. 顺序功能图。顺序功能图如图 7-42 所示。

c. 梯形图。系统的梯形图如图 7-43 和图 7-44 所示。

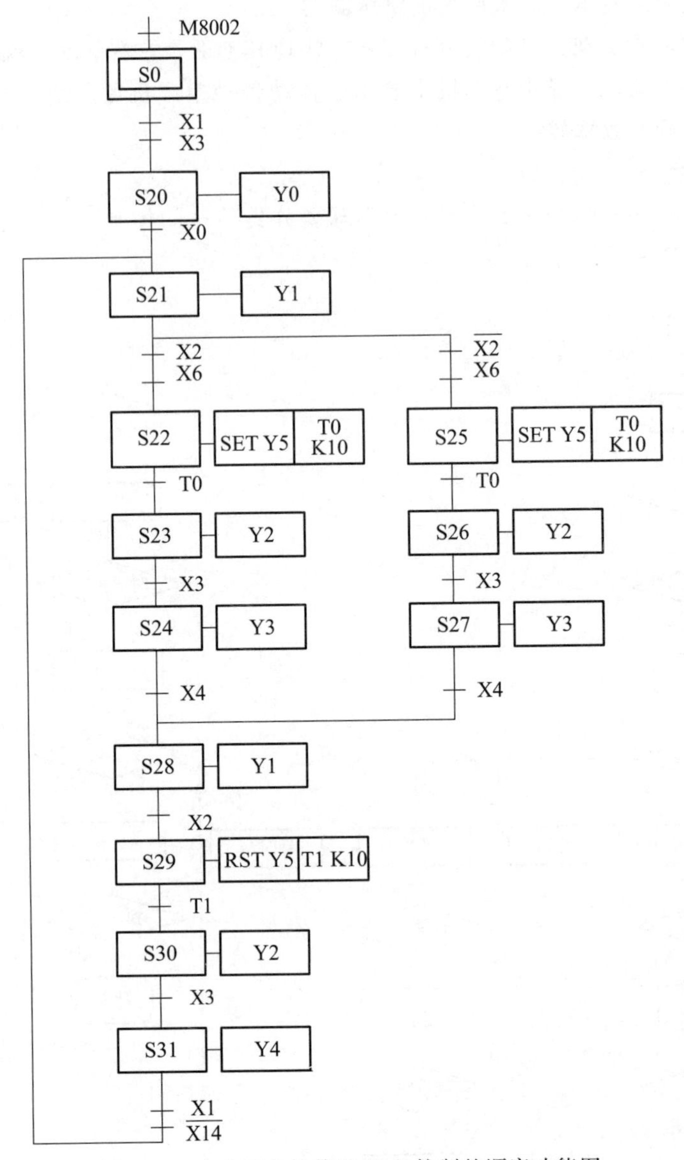

图 7-42　大小球分拣传送 PLC 控制的顺序功能图

⑤ 程序分析。电路接通后，M8002 产生触发脉冲同时按下左限开关 X1、上限开关 X3 对系统置位，原点显示 Y0 灯亮。接着按下启动按钮 X0，系统启动，开始下行，Y1 显示，到达下限 X2 时，进入选择顺序的两个分支电路。如果此时吸盘吸起的是大球，则下限位开关 X2 的常开触点闭合，电磁阀 Y5 通电吸球，延时 1s 后开始上升，Y2 显示，到达上限 X3 后即右行；若是小球，则下限位开关 X2 常闭触点闭合吸球，其余过程同大球。吸住小球向右运行，Y3 显示，到达小球右限 X4 后开始下行（大球是在到达大球右限 X5 后开始下行），Y1 显示。到达下限 X2 之后电磁阀线圈 Y5 断电放球，然后延时 1s，机械臂开始上行，Y2 显示，到达上限 X3 之后，开始向左移动，Y4 显示，回到原点后，原点显示 Y0 灯亮。

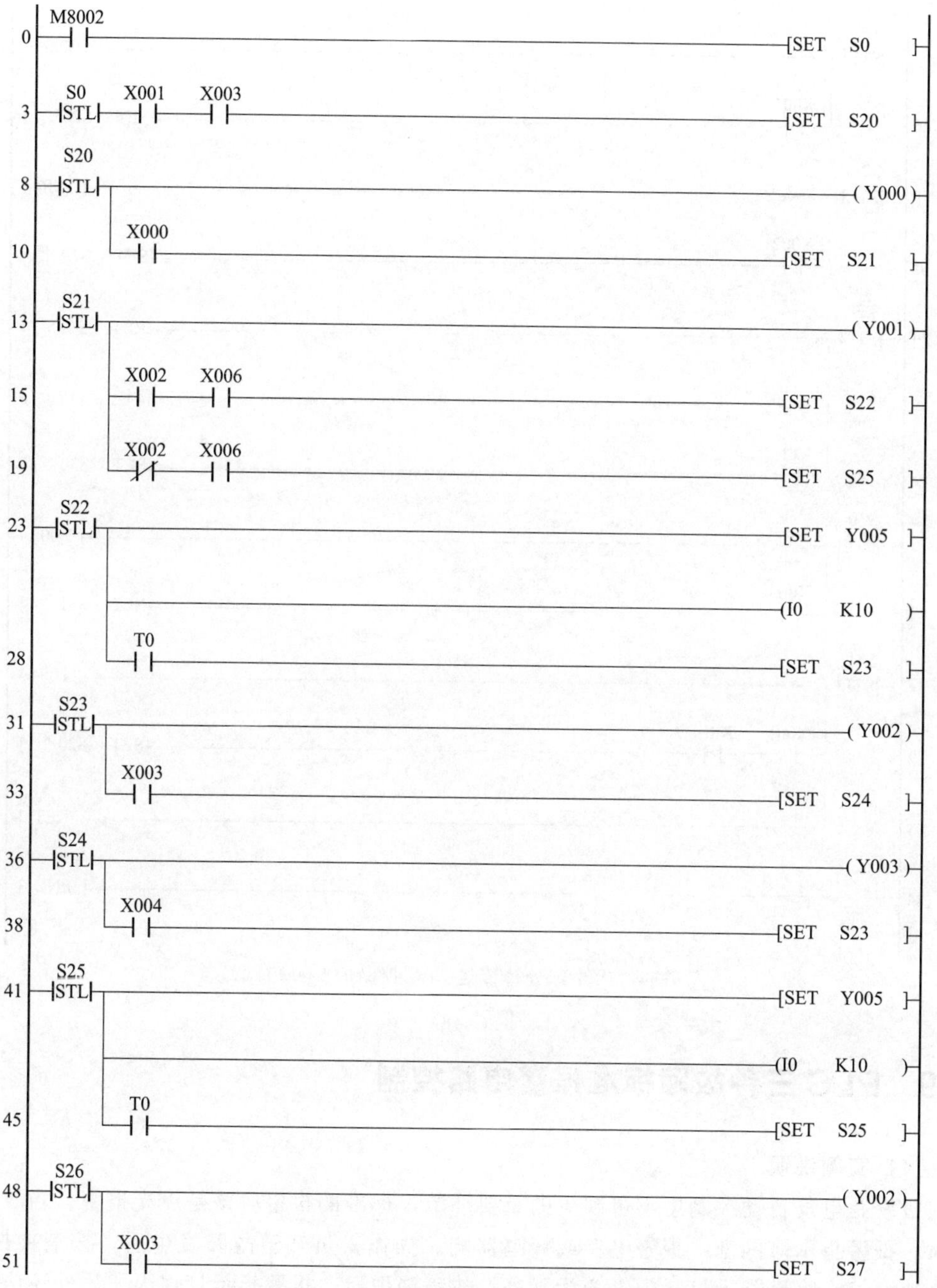

```
    M8002
0 ──┤ ├──────────────────────────────────[SET  S0  ]
     S0     X001   X003
3 ──┤STL├──┤ ├────┤ ├────────────────────[SET  S20 ]
     S20
8 ──┤STL├─┬──────────────────────────────( Y000 )
          │  X000
10        └─┤ ├──────────────────────────[SET  S21 ]
     S21
13 ─┤STL├─┬──────────────────────────────( Y001 )
          │  X002   X006
15        ├─┤ ├────┤ ├───────────────────[SET  S22 ]
          │  X002   X006
19        └─┤/├────┤ ├───────────────────[SET  S25 ]
     S22
23 ─┤STL├─┬──────────────────────────────[SET  Y005 ]
          ├──────────────────────────────(T0   K10  )
          │  T0
28        └─┤ ├──────────────────────────[SET  S23 ]
     S23
31 ─┤STL├─┬──────────────────────────────( Y002 )
          │  X003
33        └─┤ ├──────────────────────────[SET  S24 ]
     S24
36 ─┤STL├─┬──────────────────────────────( Y003 )
          │  X004
38        └─┤ ├──────────────────────────[SET  S23 ]
     S25
41 ─┤STL├─┬──────────────────────────────[SET  Y005 ]
          ├──────────────────────────────(T0   K10  )
          │  T0
45        └─┤ ├──────────────────────────[SET  S25 ]
     S26
48 ─┤STL├─┬──────────────────────────────( Y002 )
          │  X003
51        └─┤ ├──────────────────────────[SET  S27 ]
```

图 7-43 大小球分拣传送 PLC 控制的梯形图（1）

(3）实例分析

本实例在硬件与软件协调设计基础上，采用顺序控制设计方法，根据控制要求得到系统流程图，而后得到状态转移图，最后根据状态转移图得到梯形图，这种设计方法可读性强，编程与运行效率高，操作使用方便，是工程设计中常用方法和技巧，可以大大加快开发的速度。

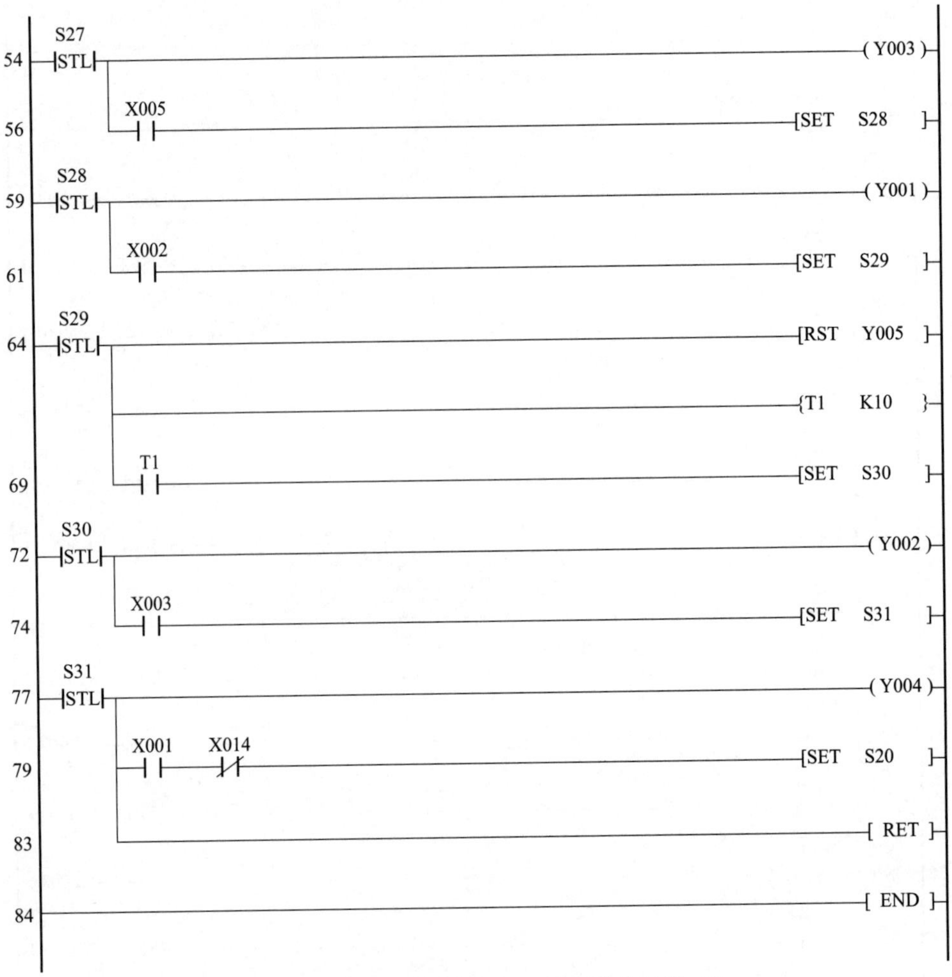

54 S27 STL ——(Y003)
56 X005 ——[SET S28]
59 S28 STL ——(Y001)
61 X002 ——[SET S29]
64 S29 STL ——[RST Y005]
——{T1 K10 }
69 T1 ——[SET S30]
72 S30 STL ——(Y002)
74 X003 ——[SET S31]
77 S31 STL ——(Y004)
79 X001 X014 ——[SET S20]
83 ——[RET]
84 ——[END]

图 7-44 大小球分拣传送 PLC 控制的梯形图（2）

7.9 PLC三种故障标准报警电路控制

（1）实例说明

报警是电气自动控制中不可缺少的重要环节，标准的报警应该是声光报警。当故障发生时，报警指示灯闪烁，报警电铃或蜂鸣器响。操作人员知道故障发生后，按消铃按钮，把电铃关掉，报警指示灯从闪烁变为常亮。故障消失后，报警指示灯熄灭。另外还应设置试灯、试铃按钮，用于平时检测报警指示灯和电铃的好坏。在实际的应用系统中可能出现的故障一般有多种。对报警指示灯来说，一种故障对应于一个指示灯，但一个系统只能有一个电铃。设计一个三种故障标准报警电路，报警具有优先级。

（2）实例实现

① 容量的估算。PLC 容量的估算包括两个方面：一是 I/O 的点数，二是用户存储器的容量。

② I/O 点数的估算。I/O 点数是衡量 PLC 规模大小的重要指标，一般来说，输入点与输入信号，输出点与输出控制是一一对应的，个别情况下，也有两个信号共用一个输入点的。表 7-11 列出了典型传动设备及电器元件所需 PLC 的 I/O 点数。

表 7-11　典型传动设备及电器元件所需 PLC 的 I/O 点数

序号	电气设备、元件	输入点数	输出点数	I/O 总点数
1	Y-△启动的笼型电动机	4	3	7
2	单向运行的笼型电动机	4	1	5
3	可逆运行的笼型电动机	5	2	7
4	单相变极电动机	5	3	8
5	可逆变极电动机	6	4	10
6	单向运行的直流电动机	9	6	15
7	可逆运行的直流电动机	12	8	20
8	单向运行的绕线转子异步电动机	3	4	7
9	可逆运行的绕线转子异步电动机	4	5	9
10	单线圈电磁阀	2	1	3
11	双线圈电磁阀	3	2	5
12	按钮	1		1
13	光电开关	2		2
14	拨码开关	4		4
15	行程开关	1		1
16	位置开关	2		2
17	信号灯		1	1
18	风机		1	1

③ 用户存储器容量的估算。PLC 的存储器容量选择和计算的第一种方法是：根据编程使用的节点数精确计算存储器的实际使用容量。第二种为估算法，用户可根据控制规模和应用目的，按照式(7-1) 来估算。为了使用方便，一般应留有 25%的裕量。

$$存储器字数=(开关量\ I/O\ 点数\times 10)+(模拟量通道数\times 150) \tag{7-1}$$

本设计共需按钮 4 个，开关 3 个，有 7 个输入信号。考虑 15%的裕量，取整数 9，需 9 个输入点。输出信号指示灯 4 个，接触器 1 个，占 5 个输出点，考虑 15%的裕量，需 6 个输出点。输入和输出点数之和为 15。

综合上面分析，可选用 FX0S-20MR-D 型 PLC，该 PLC 有 12 个输入点，8 个输出点，存储器容量满足要求。图 7-45 为 FX0S-20MR-D 型 PLC。

④ 系统硬件电路图。三种故障标准报警电路控制 I/O 分配如表 7-12 所示。由于表中故障一、故障二、故障三无法进行模拟，故用开关的状态来表示是否有故障发生。

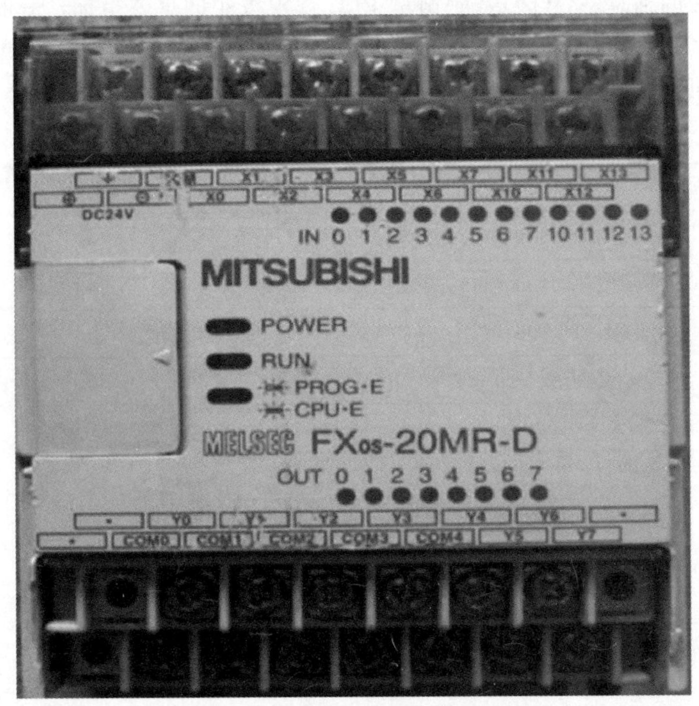

图 7-45　FX0S-20MR-D 型 PLC

表 7-12　三种故障标准报警电路控制 I/O 分配表

输入设备	输入端子	输出设备	输出端子
启动按钮 SB1	X000	系统运行指示灯 HL1	Y000
停止按钮 SB2	X001	故障一指示灯 HL2	Y001
故障一信号模拟开关 SS1	X002	故障二指示灯 HL3	Y002
故障二信号模拟开关 SS2	X003	故障三指示灯 HL4	Y003
故障三信号模拟开关 SS3	X004	报警电铃接触器 KM1	Y004
消铃按钮 SB3	X005		
试灯、试铃按钮 SB4	X006		

PLC 输入/输出端子接线图如图 7-46 所示。

⑤ 系统软件设计。

a. 系统功能分析。系统程序流程图如图 7-47 所示。

b. 控制程序设计思路。

（a）当有故障产生时，故障检测电路检测到故障信号，故障信号进入 PLC 输入口，则相应的故障指示灯闪烁，报警电铃提示。

（b）当有故障信号时，用故障信号去启动报警电铃，因为故障信号指示灯是闪烁状态，因此需要向报警电路加互锁。

（c）当按下消铃按钮时，报警电铃停止工作，故障指示灯常亮，需要将闪烁电路断开，若只用一个按钮断开，无法实现故障指示灯的常亮，因此还需要加入一个辅助继电器 M0。

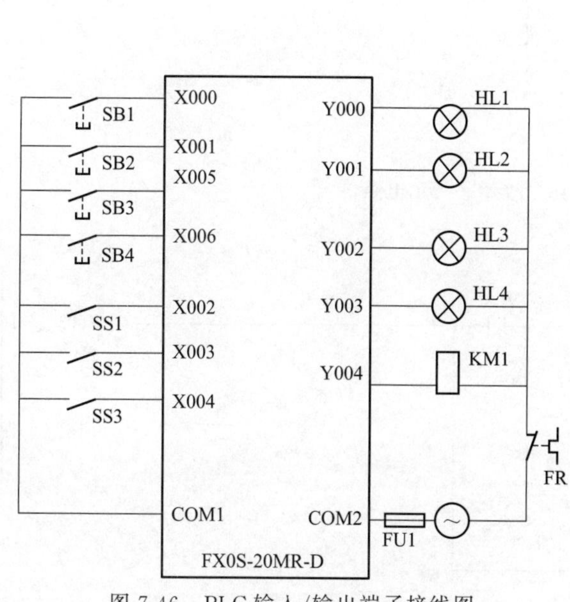

图 7-46　PLC 输入/输出端子接线图

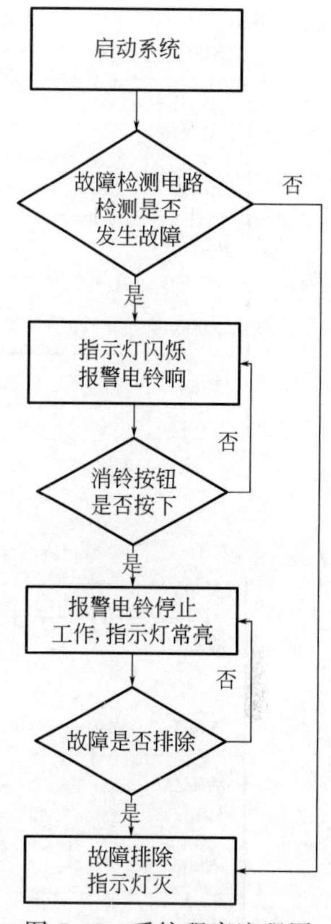

图 7-47　系统程序流程图

(d) 故障电路具有优先级，当有故障同时发生时，故障优先级最高的先提示，当故障优先级最高的排除之后，然后显示下一个优先级相对较高的故障指示灯，可以用优先级高的指示灯的常闭触点控制优先级低的电路。

⑥ 各部分功能具体实现。

a. 故障指示电路的设计。系统运行，当故障发生时，系统指示灯在 T0 影响下，故障指示灯产生闪烁效果，报警电铃响。按下消铃按钮，M0 线圈通电，M0 的常闭触电断开，常开触点闭合，故障指示灯由闪烁变为常亮，报警电铃停止工作。相应程序如图 7-48～图 7-51 所示。

b. 闪烁电路的设计。系统启动，当有故障信号发生时，T0 计时 0.5s 后通电，在 T0 通电时，T1 开始计时，0.5s 后 T1 通电，T1 的常闭触点断开，T0 断电，然后 T1 断电，T0 开始计时，计时时间到，T0 通电，以此循环，直至消铃按钮按下。程序如图 7-52 所示。

⑦ 系统调试及结果分析。

a. 系统调试。本次系统仿真如果只采用 GX Developer 中的 GXSimUlator6 进行，只能看出继电器的输出状态，因此又用了 GTDesigner3 和 GTSimUlator3 进行模拟仿真。仿真图如图 7-53 和图 7-54 所示。

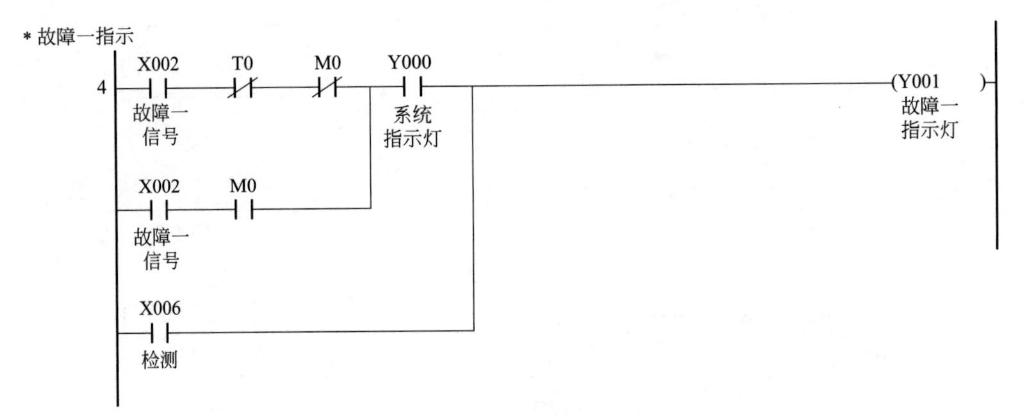

图 7-48　故障一指示电路

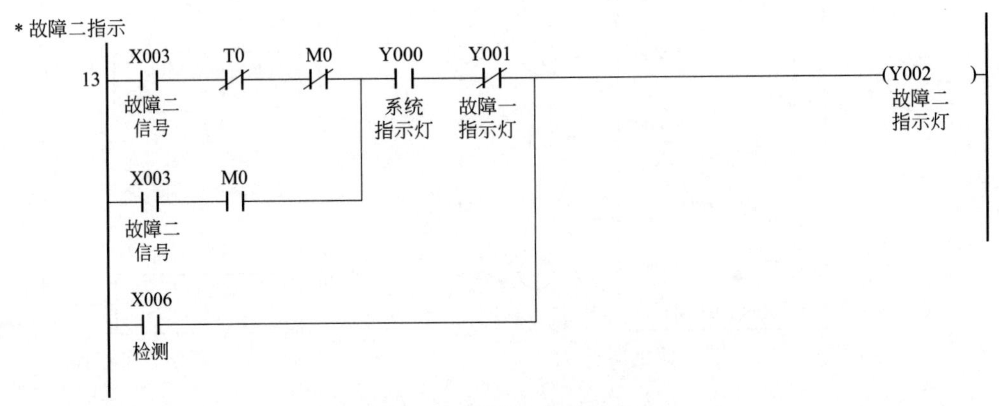

图 7-49　故障二指示电路

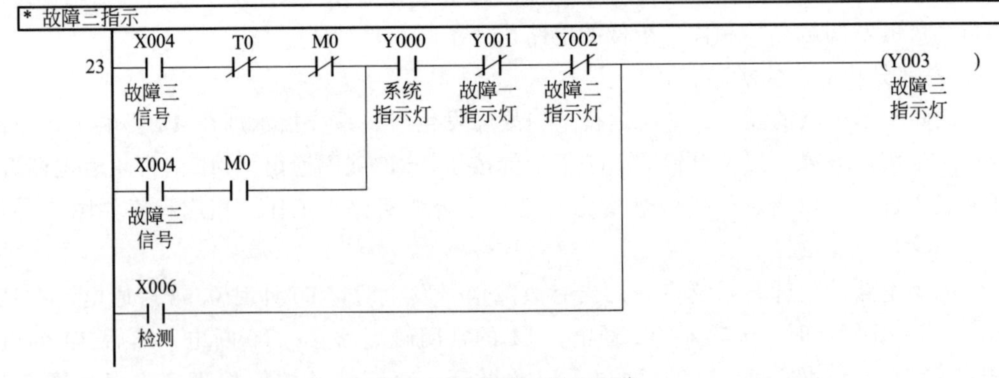

图 7-50　故障三指示电路

在仿真的时候用故障信号指示灯来控制报警电铃，由于故障信号指示灯在不消铃的情况下是闪烁状态，因此用了报警电铃的自锁，这样在设计试铃的时候，不管怎么设计总会导致报警电铃常响。后来在分析课题要求之后，改用故障信号来控制电铃，这样就可以将报警电铃的自锁去掉，在试铃的时候就不会有意外发生。

* 报警电路
34
X002
故障一
信号
M0
Y000
系统
指示灯
Y004
报警电铃
X003
故障二
信号
X004
故障三
信号
X006
检测

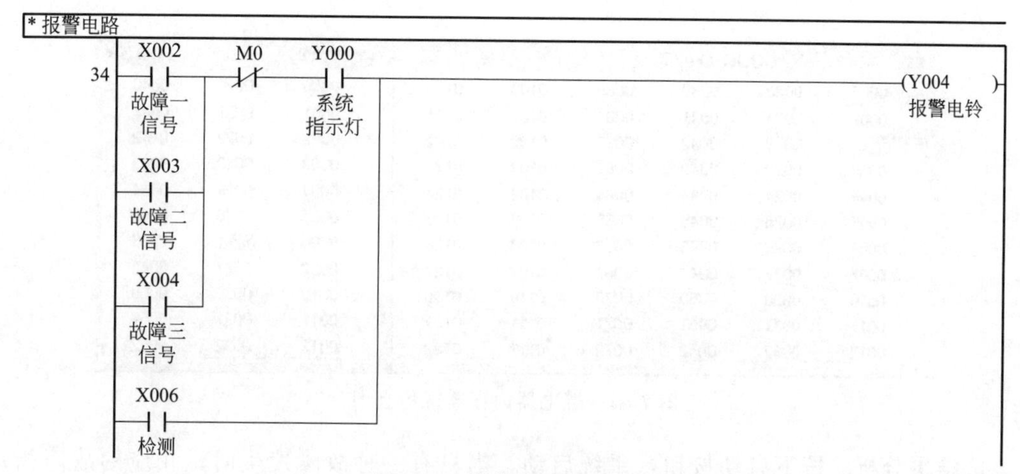

图 7-51　报警电铃提示电路

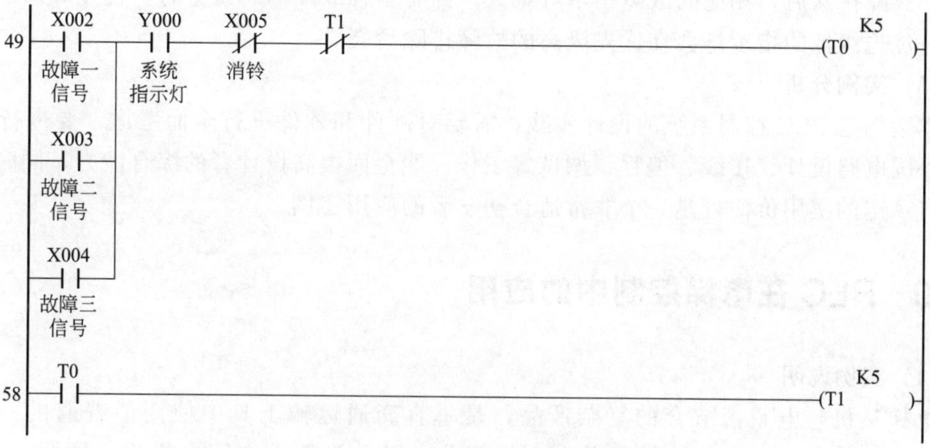

49
X002
故障一
信号
Y000
系统
指示灯
X005
消铃
T1
K5
T0
X003
故障二
信号
X004
故障三
信号
58
T0
K5
T1

图 7-52　闪烁电路设计程序图

三种故障标准报警电路控制
故障信号
故障一信号
故障二信号
故障三信号
系统运行灯
故障指示灯
检测
启动
报警电铃
消铃
停止

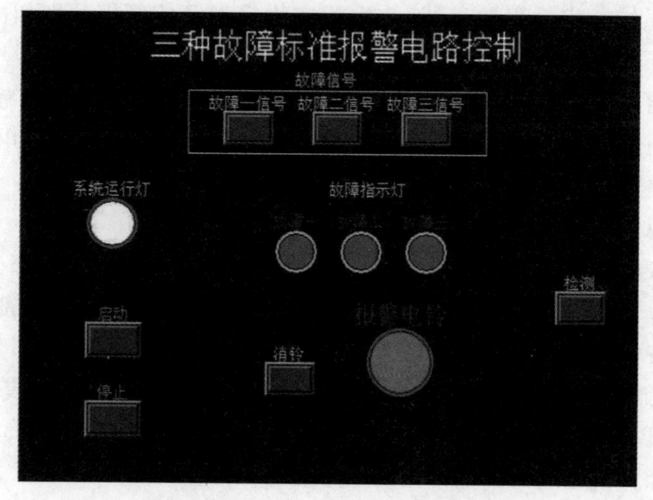

图 7-53　GTDesigner3 设计仿真图

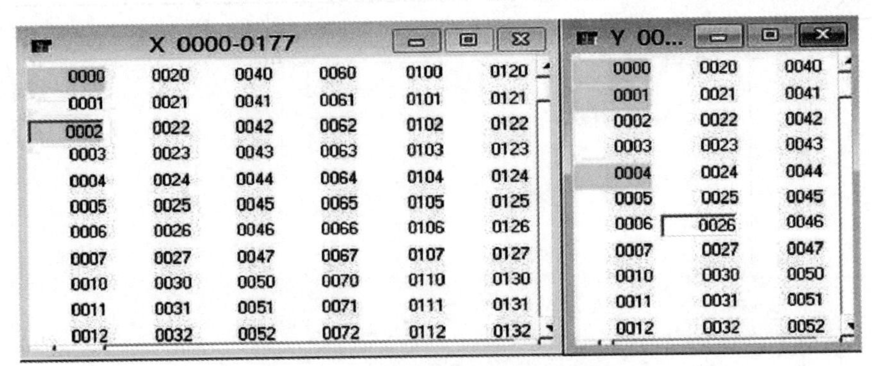

图 7-54　继电器内存监视仿真图

b. 结果分析。按下启动按钮，系统启动，当只有一种故障发生时，相应的故障指示灯闪烁，报警电铃报警，按下消铃按钮，报警电铃停止工作，故障指示灯停止闪烁，改为常亮。故障排除后，相应的故障指示灯熄灭。当有多种故障同时发生时，优先级高的指示灯亮，优先级低的指示灯会在优先级高的故障排除后亮。

(3) 实例分析

本案例是 PLC 控制系统的设计实践，需要对硬件和软件进行全面考虑，要进行 PLC 系统外围电路设计、接线、编程、调试等工作，能全面提高设计者的综合能力，同时该设计具有一定的实用价值，是一个非常适合初学者的应用实例。

7.10　PLC 在电梯控制中的应用

(1) 实例说明

电梯是机与电紧密结合的复杂产品，是垂直交通运输工具中使用最普遍的一种工具。电梯的基本组成包括机械部分和电气部分，可分为四大空间（机房、轿厢、井道、层站）和八大系统（曳引系统、导向系统、门系统、轿厢、重量平衡系统、电力拖动系统、电气控制系统、安全保护系统）。电梯实物模型及控制柜分别如图 7-55 和图 7-56 所示。

电梯系统性能设计主要要求如下：电梯应启停平稳，运行过程应具有一定的速度；电梯关门时应具有调速功能，防止与门碰撞；电梯应具有自动平层功能；电梯具有超载、超速停运功能；电梯具有主副梯停靠功能；电梯具有特殊楼层服务功能。

(2) 实例实现

① 电梯系统的硬件组成。电梯控制系统主要由控制器、人机交互部分、传感器部分、现场执行部分组成。电梯控制器选用三菱 FX2N-64MR PLC；人机交互部分包括层站外呼按钮、轿厢选层按钮、层楼指示信号灯、轿厢指示信号灯等；传感器部分包括限位开关、各层到位开关、光电编码器、称重传感器等；现场执行部分包括电梯曳引电动机及变频器、电梯门电动机、中间继电器组等。整个系统的硬件结构框图如图 7-57 所示。

考虑到各功能及信号隔离，电梯控制电路的电源部分如图 7-58 所示。

电梯控制系统的 PLC 端口接线图如图 7-59 所示。

图 7-55　电梯实物模型

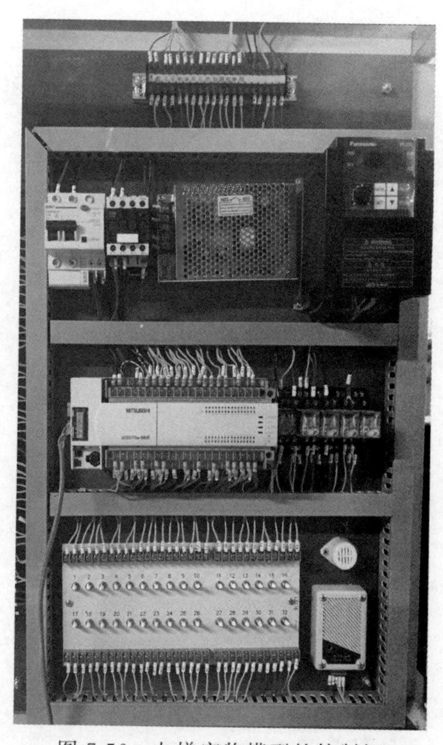

图 7-56　电梯实物模型的控制柜

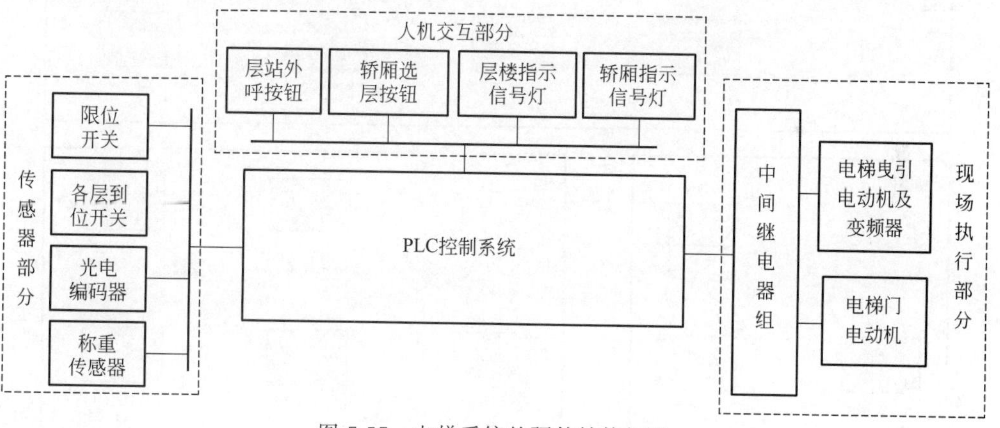

图 7-57　电梯系统的硬件结构框图

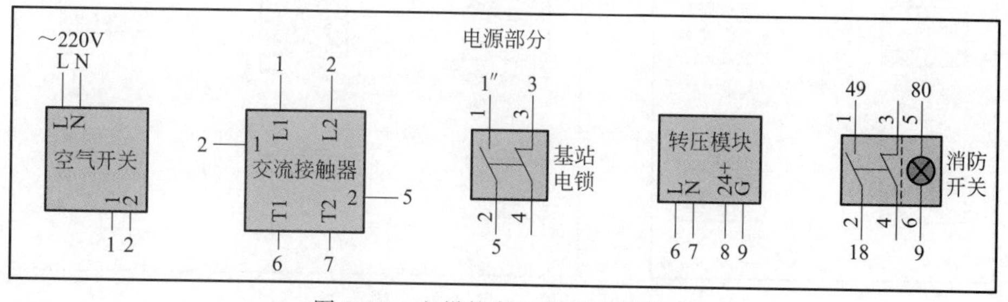

图 7-58　电梯控制电路的电源部分

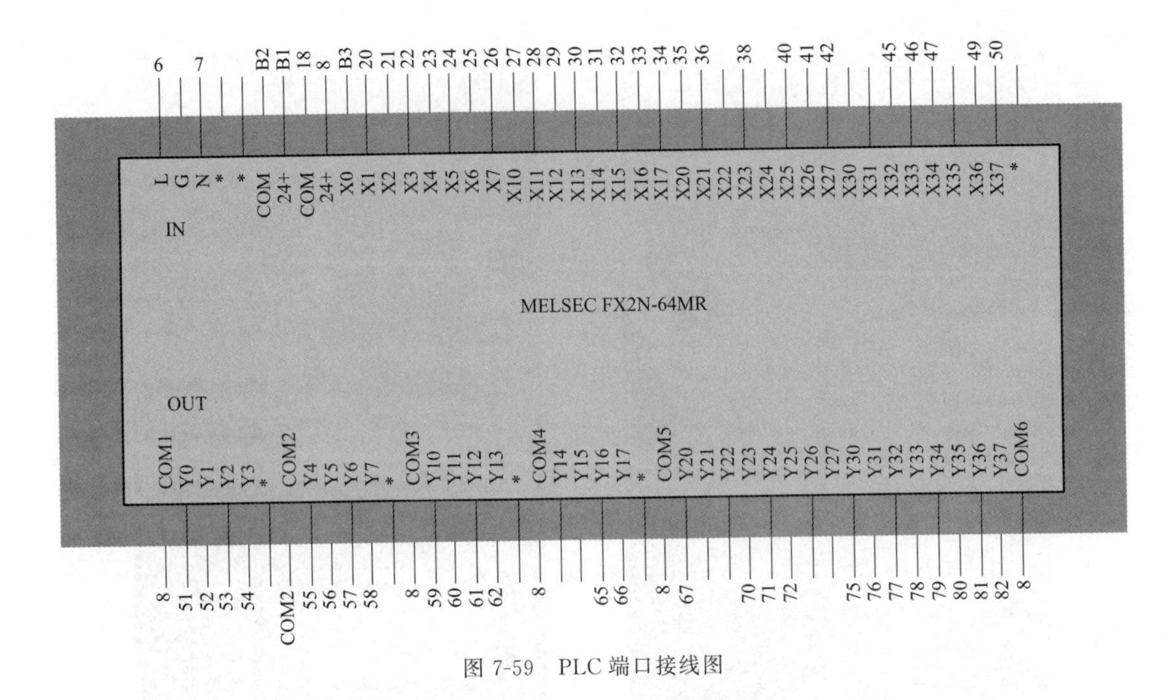

图 7-59 PLC 端口接线图

厅门开关、轿厢传感器和井道传感器，外呼面板和其他输出的控制电路，分别如图 7-60 和图 7-61 所示。

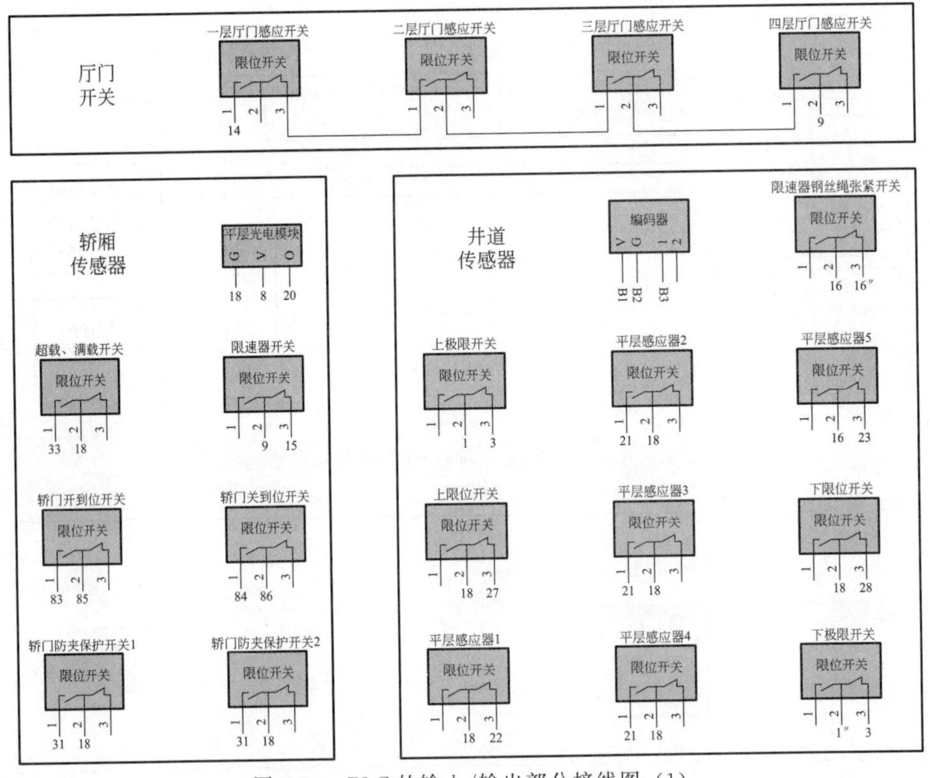

图 7-60 PLC 的输入/输出部分接线图（1）

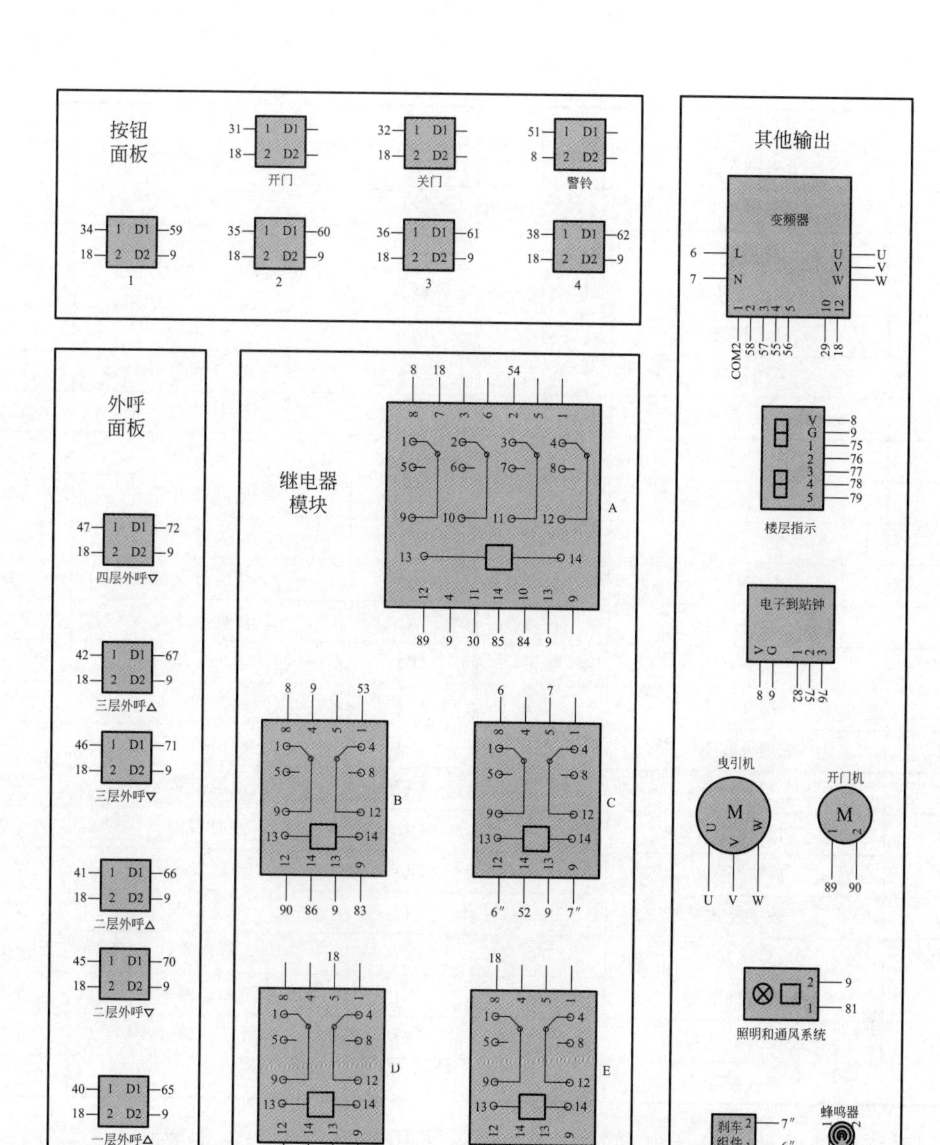

图 7-61　PLC 的输入/输出部分接线图（2）

② 设备选型及地址分配。由图 7-59、图 7-60、图 7-61 可知，为进行程序编制和电路布线，所选用三菱 FX2N-64MR PLC 的 I/O 地址分配如表 7-13 所示。

表 7-13　I/O 地址分配表

类型	功能	地址	类型	功能	地址
DI	编码器	X0	DI	平层感应器 5	X4
DI	平层光电模块	X1	DI	连接 D 继电器	X5
DI	平层感应器(2,3,4)	X2	DI	连接 E 继电器	X6
DI	平层感应器 1	X3	DI	检修模式	X7

续表

类型	功能	地址	类型	功能	地址
DI	上限位开关	X10	DO	变频器	Y4
DI	下限位开关	X11	DO	变频器	Y5
DI	变频器	X12	DO	变频器	Y6
DI	连接 A 继电器	X13	DO	变频器	Y7
DI	开门按钮	X14	DO	“1”按钮灯	Y10
DI	关门按钮	X15	DO	“2”按钮灯	Y11
DI	满载、超载开关	X16	DO	“3”按钮灯	Y12
DI	“1”按钮	X17	DO	“4”按钮灯	Y13
DI	“2”按钮	X20	DO	一层外呼上灯	Y16
DI	“3”按钮	X21	DO	二层外呼上灯	Y17
DI	“4”按钮	X23	DO	三层外呼上灯	Y20
DI	一层外呼上	X25	DO	二层外呼下灯	Y23
DI	二层外呼上	X26	DO	三层外呼下灯	Y24
DI	三层外呼上	X27	DO	四层外呼下灯	Y25
DI	二层外呼下	X32	DO	楼层指示	Y30
DI	三层外呼下	X33	DO	楼层指示	Y31
DI	四层外呼下	X34	DO	楼层指示	Y32
DI	消防开关	X36	DO	楼层指示	Y33
DI	数字模式	X37	DO	楼层指示	Y34
DO	蜂鸣器	Y0	DO	消防开关灯	Y35
DO	连接 C 继电器	Y1	DO	照明和通风系统	Y36
DO	连接 B 继电器	Y2	DO	电子到站钟	Y37
DO	连接 A 继电器	Y3			

③ 系统软件设计。设计电梯控制程序时，采用模块化编程，主要包括开关门控制、电梯换速、平层控制、电梯选向控制、楼层感应电路选择、轿内指令及轿外呼叫控制、呼梯铃控制、故障报警等。

a. 电梯开门。正常情况下，电梯开门条件：本层呼梯开门（上、下呼梯）；停车状态按轿内开门按钮；正常运行换速平层停车自动开门；关门过程中有红外线检测信号。电梯开门时必须处于非运行状态。电梯在非运行状态下，轿厢所在楼层由外部呼梯或轿厢内发出开门命令，电梯自动开门。电梯本层开门也可由平层自动或关门时红外传感器实现。电梯开门梯形图如图 7-62 所示。

b. 电梯关门。电梯关门条件：在平层状态，按轿内关门开关；在平层状态，开门状态在无人进出情况下自动关门；电梯关门时必须处于非运行状态；电梯关门动作必须在电梯开门状态进行；电梯关门必须处于非超载状态。电梯关门梯形图如图 7-63 所示。

层门关闭时要注意：当关门到位后，关门限位开关闭合，若关门过程中有开门信号或有人触及红外检测开关，则进行开门操作。若轿厢过载，则电梯停止关门，直至解除超载。

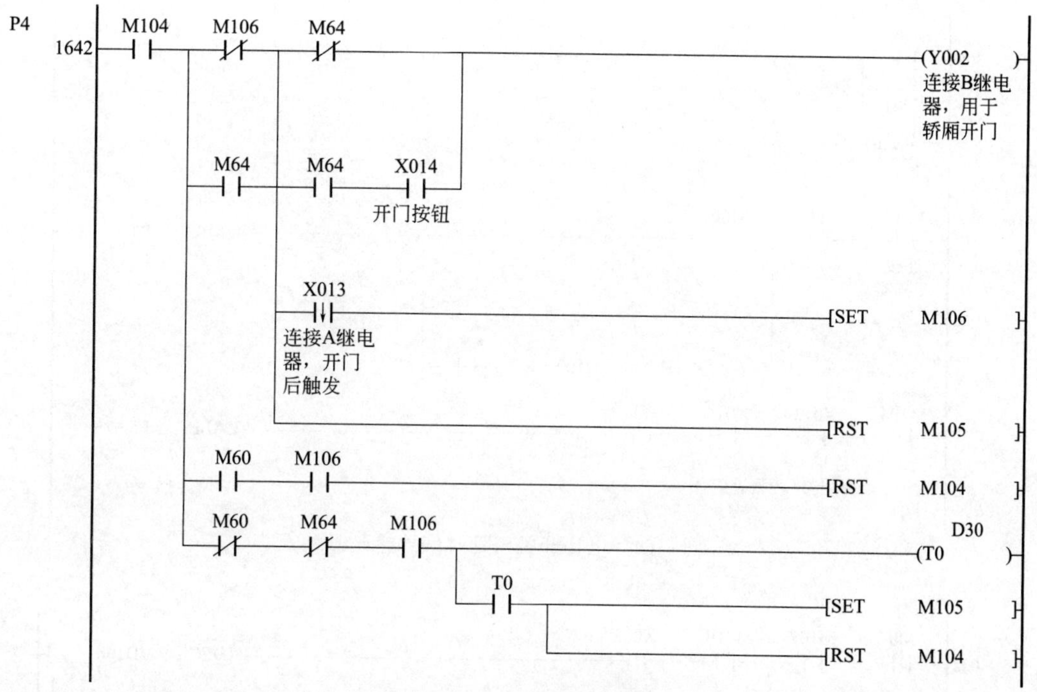

P4
1642 M104 M106 M64 (Y002)
连接B继电器，用于轿厢开门
M64 M64 X014
开门按钮
X013 [SET M106]
连接A继电器，开门后触发
[RST M105]
M60 M106 [RST M104]
M60 M64 M106 D30
(T0)
T0 [SET M105]
[RST M104]

图 7-62 电梯开门梯形图

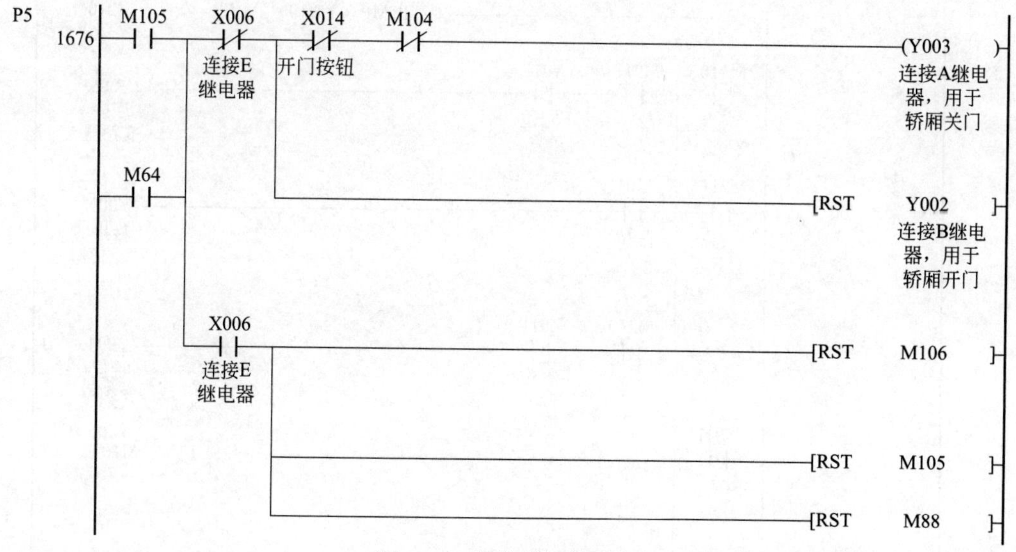

P5
1676 M105 X006 X014 M104 (Y003)
连接E继电器
开门按钮
连接A继电器，用于轿厢关门
M64 [RST Y002]
连接B继电器，用于轿厢开门
X006 [RST M106]
连接E继电器
[RST M105]
[RST M88]

图 7-63 电梯关门梯形图

电梯开关门延时信号梯形图如图 7-64 所示。

c. 电梯换速。电梯的换速层是在轿内和厅外有指令和信号的情况下，用电梯所处的位置和运行的方向选择停靠站，并发出换速停车信号，即只有具备了指令信号，又有了位置信号时才能实现选层。当电梯到达该层时，发出换速停车信号。电梯换速梯形图如图 7-65 所示。

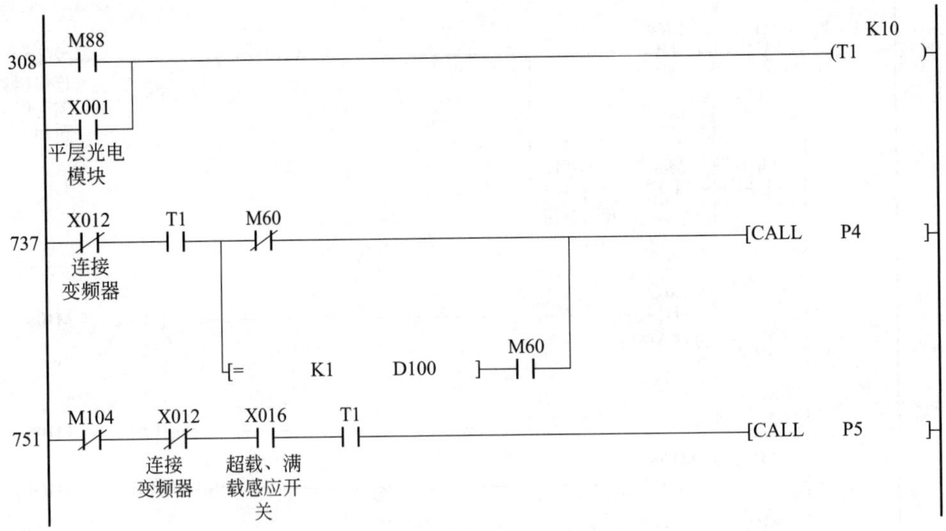

图 7-64　电梯开关门延时信号梯形图

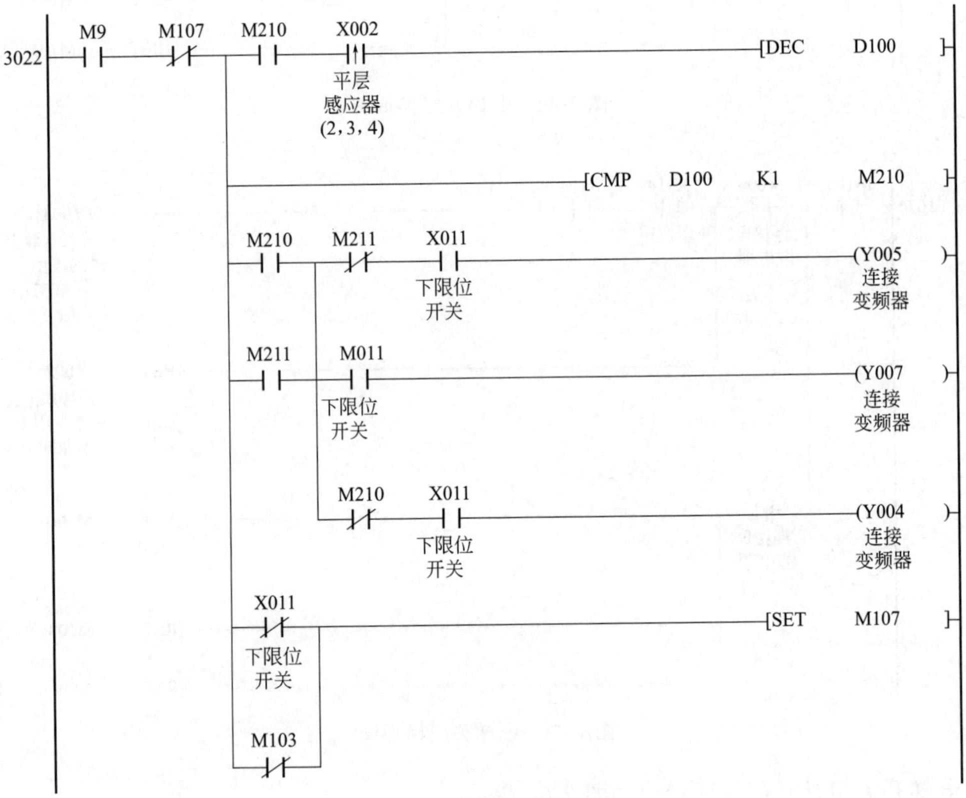

图 7-65　电梯换速梯形图

d. 电梯制动器抱闸。当电梯静止时，电梯制动器应能保证电梯在原位不动。当电梯平层制动时，制动器闸瓦与制动轮间的摩擦力，将电梯制停在平层位置上，因此制动器闸瓦与制动轮间制动力的大小直接影响电梯的平层。电梯制动器抱闸梯形图如图 7-66 所示。

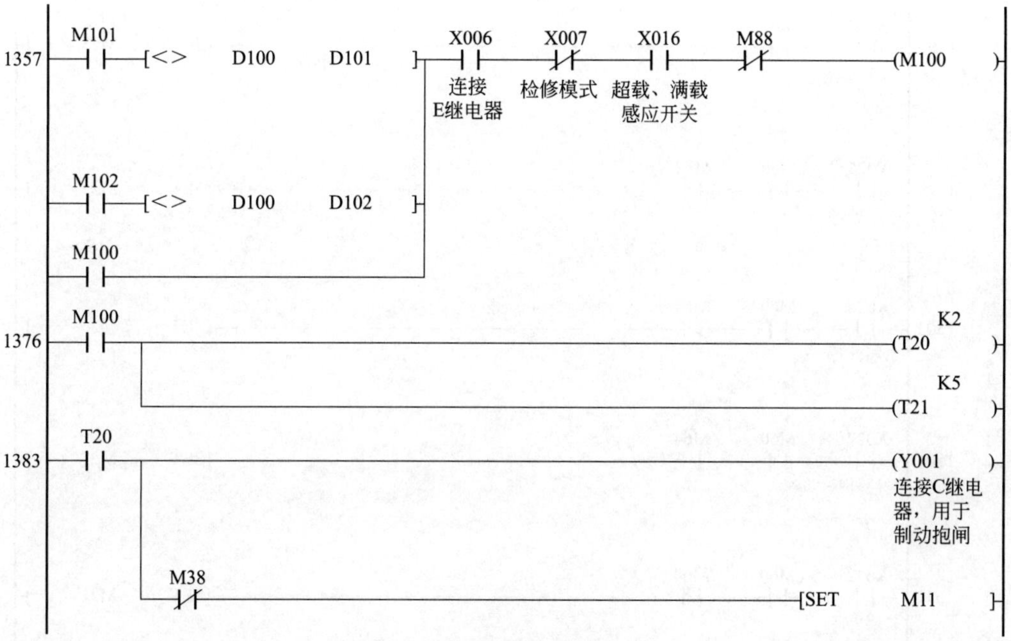

1357 M101 [<> D100 D101] X006 X007 X016 M88 (M100)
连接E继电器　检修模式　超载、满载感应开关

M102 [<> D100 D102]

M100

1376 M100 (T20 K2)
(T21 K5)

1383 T20 (Y001)
连接C继电器，用于制动抱闸

M38 [SET M11]

图 7-66　电梯制动器抱闸梯形图

e. 外指令和内指令显示。外指令信号显示是在厅外向上或向下呼梯时，PLC 控制系统一方面进行指令登记，另一方面还要在按钮位置显示本层指令的操作。这里按钮底层用信号灯显示，由 PLC 直接驱动。内指令信号显示是在轿厢内按选层按钮时，PLC 控制系统一方面进行指令登记，另一方面还要在按钮位置显示本层指令的操作。这里按钮底层用信号灯显示，由 PLC 直接驱动。内外指令梯形图如图 7-67～图 7-69 所示。

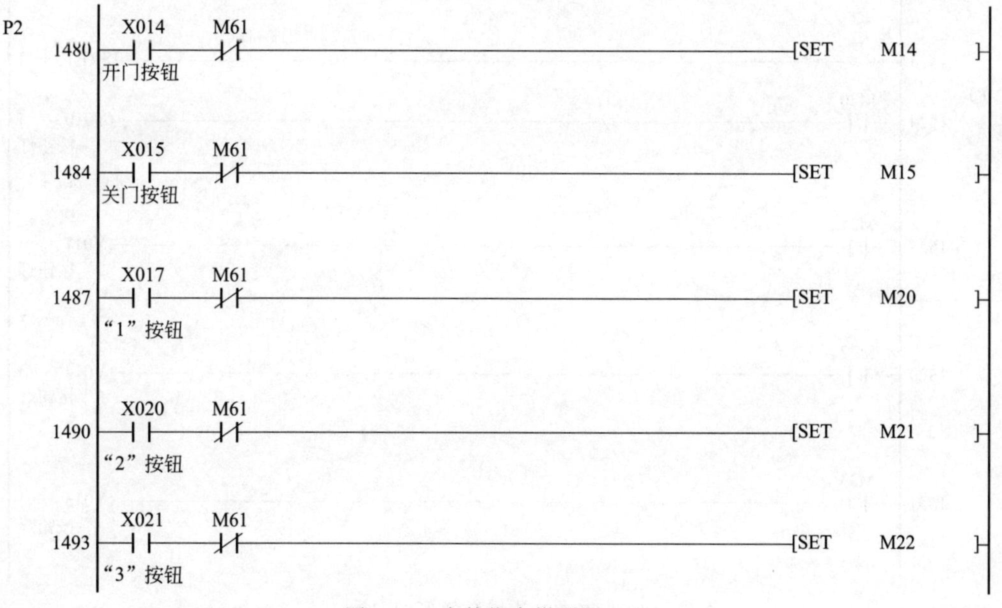

图 7-67　内外指令梯形图（1）

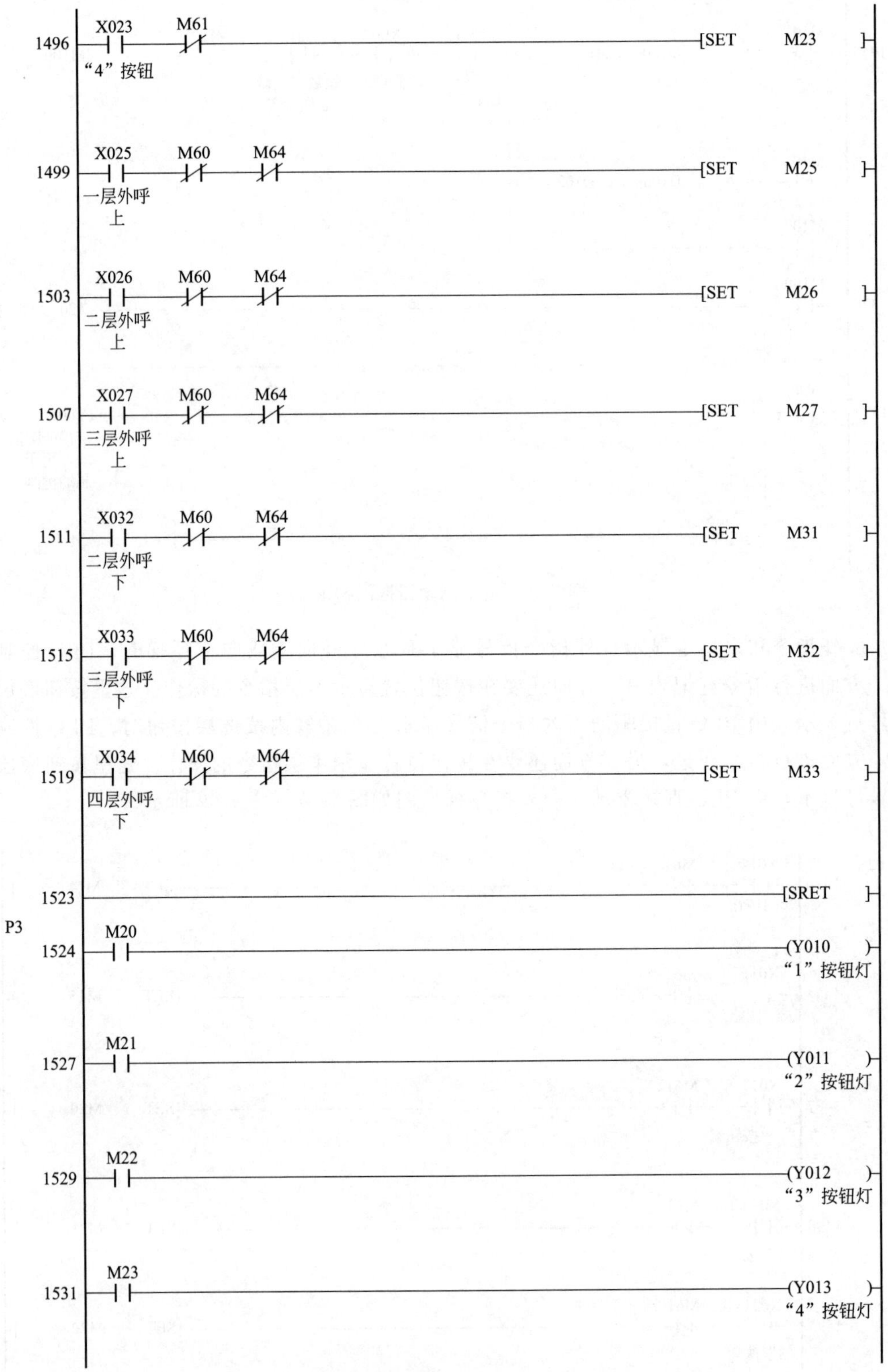

```
1496  X023 ("4"按钮)  /M61                         [SET  M23]
1499  X025 (一层外呼上)  /M60  /M64                  [SET  M25]
1503  X026 (二层外呼上)  /M60  /M64                  [SET  M26]
1507  X027 (三层外呼上)  /M60  /M64                  [SET  M27]
1511  X032 (二层外呼下)  /M60  /M64                  [SET  M31]
1515  X033 (三层外呼下)  /M60  /M64                  [SET  M32]
1519  X034 (四层外呼下)  /M60  /M64                  [SET  M33]
1523                                                [SRET]
P3
1524  M20                                           (Y010) "1"按钮灯
1527  M21                                           (Y011) "2"按钮灯
1529  M22                                           (Y012) "3"按钮灯
1531  M23                                           (Y013) "4"按钮灯
```

图 7-68　内外指令梯形图（2）

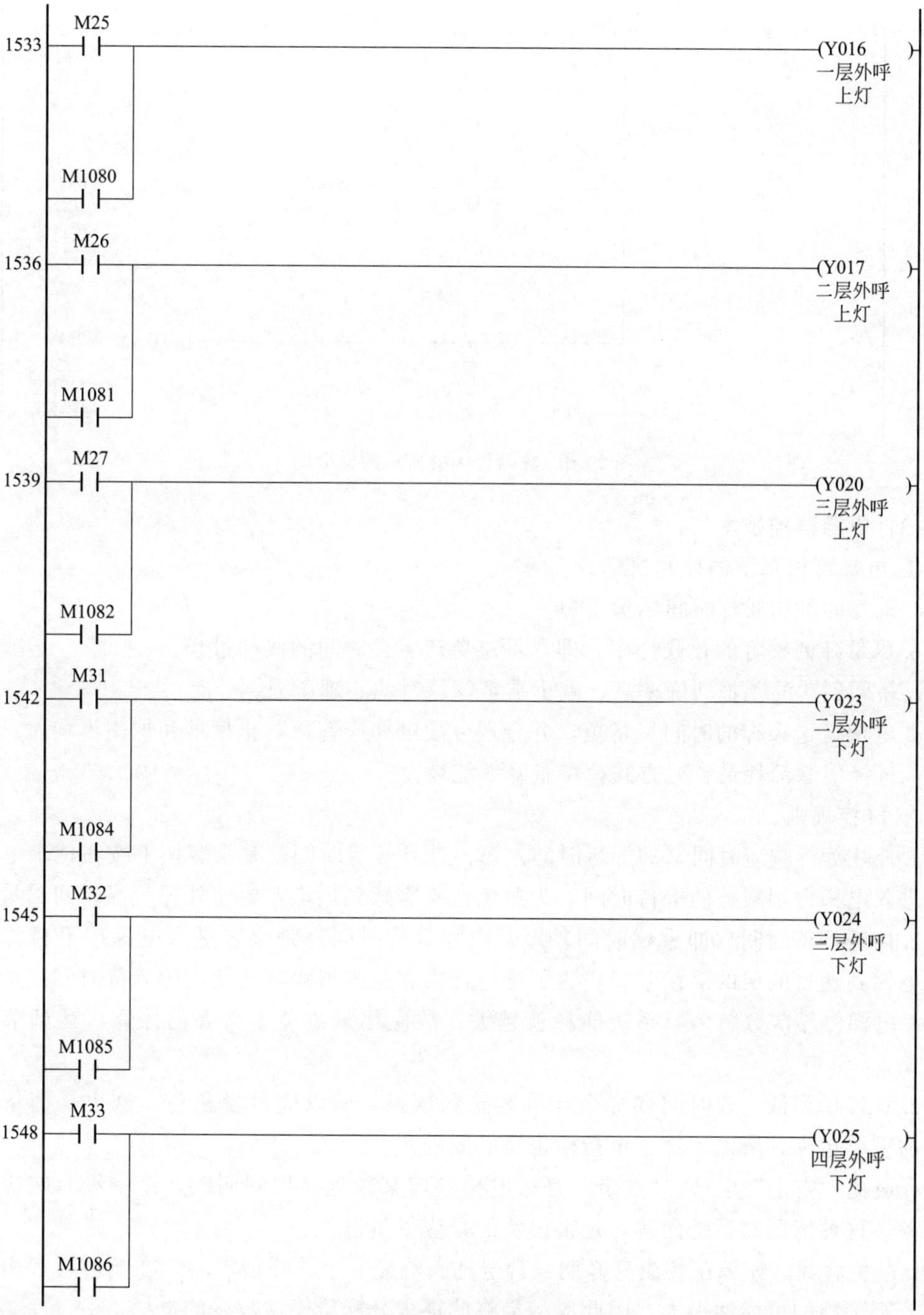

步号	触点	并联触点	输出	说明
1533	M25	M1080	Y016	一层外呼上灯
1536	M26	M1081	Y017	二层外呼上灯
1539	M27	M1082	Y020	三层外呼上灯
1542	M31	M1084	Y023	二层外呼下灯
1545	M32	M1085	Y024	三层外呼下灯
1548	M33	M1086	Y025	四层外呼下灯

图 7-69　内外指令梯形图（3）

f. 轿厢楼层位置显示。对于 4 层 4 站电梯，应有 4 块数码管用于显示电梯所在位置，PLC 输出端与 5 线串行口连接，再通过译码器控制七段数码管，由 PLC 输出端与各个数码管模块进行串行通信，驱动数码管显示楼层数。数码管楼层显示的梯形图如图 7-70 所示。

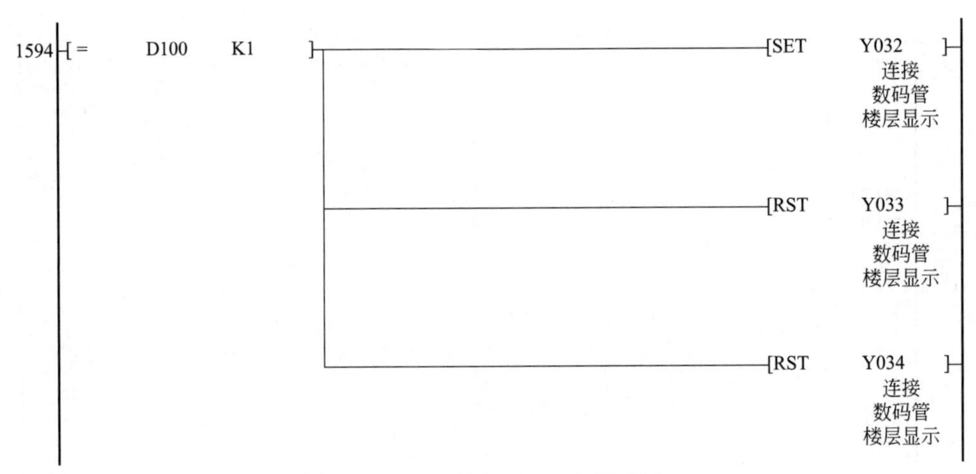

图 7-70 数码管楼层显示的梯形图

(3) 电梯群控技术

① 电梯群控系统的控制目标。

a. 乘客的平均候梯时间尽量要短。

b. 尽量降低乘客的长候梯率，即尽量避免产生长时间的候梯过程。

c. 轿厢到达的预报准确率高，减少乘客等待时的心理压力。

d. 电梯运送乘客的时间尽量短，并合理分配电梯应答，防止聚堆和忙闲不均。

e. 选择能源消耗最省时方式，尽量降低能耗。

② 群控规则。

a. 外呼等待响应时间（即等待时间）短。外呼等待时间就是乘客按下按钮请求电梯服务到进入电梯得到服务的等待时间，为避免让乘客感到烦躁，要使外呼等候时间尽量短。

b. 内呼等待时间（即乘梯时间）短。内呼等待时间就是乘客进入电梯按下目的层按钮到电梯到达目的层的等候时间，为了避免让乘客感到烦躁，要使内呼等待时间尽量短。

c. 电梯停靠次数越多，系统能耗就越大，故应尽量避免不必要的停靠，达到节能的目的。

d. 长候梯率低。长时间候梯会让乘客感到烦躁，所以应尽量避免。这也是衡量电梯系统的重要指标，所以计算这个指标也是必要的。

e. 避免“空走”电梯。“空走”是指电梯响应某较远楼层呼叫时，途中没有响应其他的服务。这种情况对系统而言，是很浪费的，应尽量避免。

f. 避免满载。如果在客流高峰期一台电梯去响应一个外呼请求时，在响应过程中停站较多，则满载的可能性很大，因此应尽量将此请求分配给停站较少的电梯。

g. 同向优先。尽量将乘客的外呼请求分配给与其同向且在途中的电梯，因为与请求异向或同向但已过请求层的电梯可能出现新的后续请求，使其响应时间加长，达不到优化的目的。

③ 群控系统的基本功能。下面以双联电梯为例，介绍常规群组、高峰群组和节能群组运行模式。群组运行模式如图 7-71 所示。

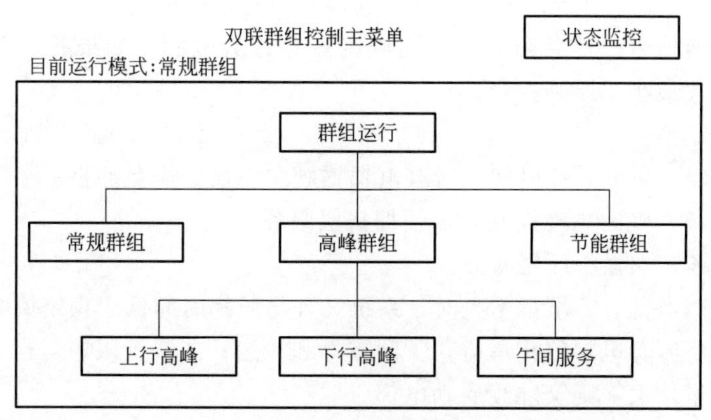

图 7-71　群组运行模式

a. 常规群组（电梯按“心理性等候时间”或“最大最小”原则运行）。常规群组控制菜单如图 7-72 所示。

“最大最小”原则：系统指定 1 台电梯应召时，候梯时间最小，并预测可能的最大等候时间，可均衡候梯时间，防止长时间等候。

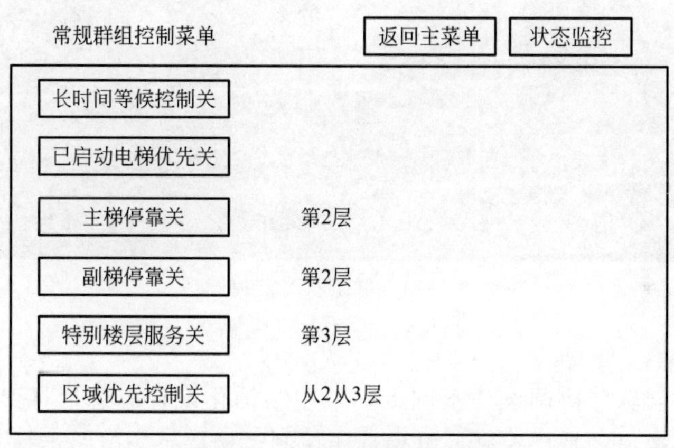

图 7-72　常规群组控制菜单

（a）长时间等候控制。开启时，若按“最大最小”原则控制出现了乘客长时间等候情况，则转入“长时间等候”召唤控制，另派 1 台电梯前往应召。

（b）已启动电梯优先。开启时，本来对某一层的召唤，按应召时间最短原则应由停层待命的电梯负责。但此时系统先判断若不启动停层待命电梯，而由其他电梯应召时乘客待梯时间是否过长。如果不过长，就由其他电梯应召，而不启动待命电梯。

（c）主梯停靠。ⓐ开启状态：主梯（左侧电梯）长时间无人乘坐时电梯自动停靠至设置的楼层。ⓑ关闭状态：主梯长时间无人乘坐时停靠至 1 层。

（d）副梯停靠。ⓐ开启状态：副梯（右侧电梯）长时间无人乘坐时电梯自动停靠至设置的楼层。ⓑ关闭状态：副梯长时间无人乘坐时停靠至 1 层。

（e）特别楼层服务。开启时，当特别楼层有召唤时，将其中 1 台电梯解除群控，专为特别楼层服务。

（f）区域优先控制。开启时，当出现一连串召唤时，区域优先控制系统首先检出“长时间等候”的召唤信号，然后检查这些召唤附近是否有电梯。如果有，则由附近电梯应召，否则由“最大最小”原则控制。

b. 高峰群组。

（a）上行高峰。早上高峰时间，所有电梯均驶向主层，避免拥挤。

（b）下行高峰。晚间高峰期间，加强拥挤层服务。

（c）午间服务。加强餐厅层服务。

c. 节能群组。当交通需求量不大时，系统又查出候梯时间低于预定值时，即表明服务已超过需求，则将闲置电梯停止运行，关闭点灯和风扇；或实行限速运行，进入节能运行状态。如果需求量增大，则又陆续启动电梯。

群组状态监控图如图 7-73 所示。

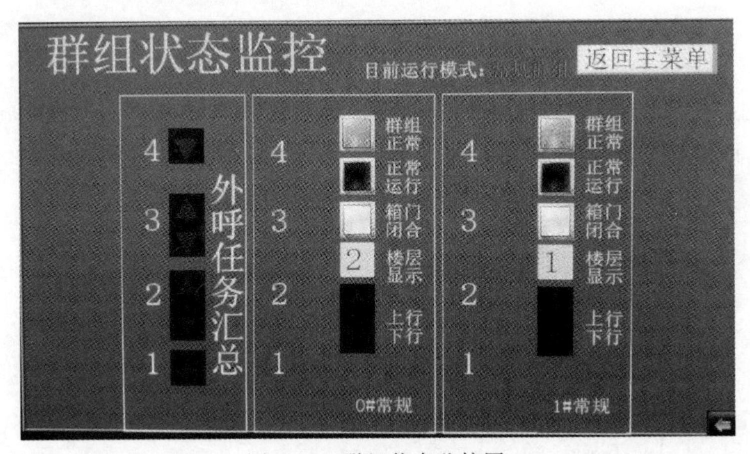

图 7-73　群组状态监控图

（4）实例分析

本实例在硬件与软件协调设计基础上，采用结构化设计思想，将 PLC 控制程序分为开关门控制、电梯换速、平层控制、电梯选向控制、楼层感应电路选择、轿内指令及轿外呼叫控制、呼梯铃控制、故障报警等，分别编出各部分程序，该控制程序结构性好、可读性强、编程与运行效率高，是工程设计中的常用方法和技巧。

参 考 文 献

[1] 许翏，许欣. 工厂电气控制设备. 第 3 版. 北京：机械工业出版社，2009.
[2] 范永胜，王岷. 电气控制与 PLC 应用. 第 2 版. 北京：中国电力出版社，2007.
[3] 高安邦，成建生，陈银燕. 机床电气与 PLC 控制技术项目教程. 北京：机械工业出版社，2010.
[4] 孙晋，张万忠. 可编程控制器入门与应用实例. 北京：中国电力出版社，2010.
[5] 何国金. 机械电气自动控制. 重庆：重庆大学出版社，2002.
[6] 徐宏海，王莉. 数控机床机械结构与电气控制. 北京：化学工业出版社，2011.
[7] 丁跃浇. 图解机械设备电气控制电路. 北京：中国电力出版社，2008.
[8] 陈继文，张献忠，李鑫，等. 电梯结构原理及其控制. 北京：化学工业出版社，2017.
[9] 林明星，范文利. 电气控制及可编程序控制器. 第 2 版. 北京：机械工业出版社，2009.
[10] 陈继文，范文利. 工程机械电气控制系统. 北京：化学工业出版社，2012.
[11] 肖雪耀. 三菱 PLC 快速入门及应用实例. 北京：化学工业出版社，2017.
[12] 初航，郭冶田，王伦胜. 三菱 FX 系列 PLC 快速入门. 北京：电子工业出版社，2017.
[13] 黄志坚. 机械电气控制与三菱 PLC 应用详解. 北京：化学工业出版社，2017.
[14] 王华忠，郭丙君，等. 电气与可编程控制原理及应用. 北京：化学工业出版社，2011.
[15] 陈继文，杨红娟，等. 机械设备电气控制机及应用实例. 北京：化学工业出版社，2012.
[16] 吴志敏，阳胜峰. 西门子 PLC 与变频器、触摸屏综合应用教程. 北京：中国电力出版社，2011.
[17] 陈继文，任秀华，等. 可编程控制器机械控制系统设计及应用实例. 北京：化学工业出版社，2014.
[18] 张万忠. 可编程控制入门与应用实例. 北京：中国电力出版社，2005.
[19] 高安邦，成建生，陈银燕. 机床电气与 PLC 控制技术项目教程. 北京：机械工业出版社，2010.
[20] 杨后川，等. 三菱 PLC 应用 100 例. 北京：电子工业出版社，2017.
[21] 陈继文，姬帅，等. 西门子 PLC 机械电气控制设计及应用实例. 北京：化学工业出版社，2018.
[22] 高安邦，姜立功，冉旭，等. 三菱 PLC 技术完全攻略. 北京：化学工业出版社，2016.
[23] 文杰. 三菱 PLC 电气设计与编程自学宝典. 北京：中国电力出版社，2015.
[24] 周军，李忠文，卢梓江. 三菱 PLC、变频器与触摸屏应用实例精选. 北京：化学工业出版社，2017.